当代动物营养与饲料科学精品专著

# 磷营养与调控技术及其在动物生产中的应用

方热军 ◎ 主编

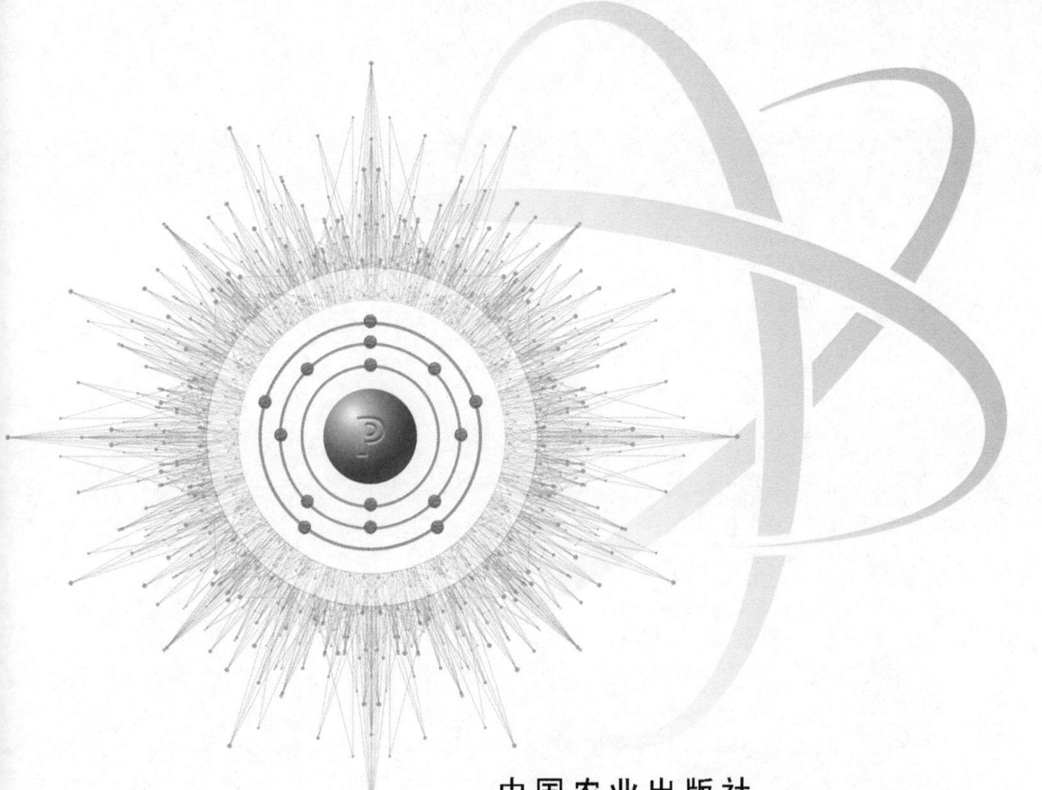

中国农业出版社
北 京

# 丛书编委会

CONG SHU BIAN WEI HUI

# 本书编写人员

BEN SHU BIAN XIE REN YUAN


主　编：方热军

副主编：禹琪芳　贾　刚　曹满湖

参　编：（以姓氏笔画为序）

王向荣　方成堃　邢廷杰　刘　虎　刘　波

刘　鸫　汤小朋　孙　飞　苏文芹　李成良

李美君　杨伟光　杨凯丽　杨润泉　何　河

邹秀云　宋雅婷　张　沙　陈　罡　陈　娟

陈文斌　周丽媛　项智锋　胡龙昌　钟金凤

姚晨歌　贺　佳　徐运杰　彭　鹏　蒋小丰

谭　新　薛俊敬

# 丛书序

粮食安全是国家安全的基本保障、治国理政的头等大事，我国一直突出强调粮食生产在保障粮食安全中的决定性作用。在口粮绝对安全的背景下，如何提升谷物自给率、保障饲料用粮供给是中国粮食安全战略的重要问题。为此，我们要以“大食物观”的新发展理念来保障国家粮食安全。

这种发展理念，一方面源于国际形势变化与全球性疫情蔓延均不同程度地冲击国际粮食市场秩序，区域性粮食危机叠加潜在不确定性因素致使粮食安全风险升高；另一方面源于国内社会经济发展下的居民膳食消费结构升级，粮食安全的内涵从口粮安全层次上升到整个食物系统安全与营养安全的新高度，以饲料用粮为达标的粮食结构安全问题引发广泛思考。在重新认知粮食安全概念的基础上，有效化解饲料用粮供需矛盾、筑牢畜牧业高质量发展的资源基础、实现肉蛋奶的稳产保供是粮食安全问题的焦点与核心。要解决饲料用粮安全，一定要树立“大食物观”，解决畜牧业对饲料用粮的过度依赖，从而缓解我国粮食安全压力。我们应当立足粮食安全之需，牢牢抓住饲料用粮供需这一亟须解决的关键问题。

“当代动物营养与饲料科学精品专著（第一辑）”，聚焦我国动物营养与饲料方面的重点选题，出版后在行业内引起了广泛反响。在第一辑的示范效应下，现又从畜牧业的可持续发展、畜禽精准饲养、饲料用粮对我国粮食发展的重要性方面出发，实时策划“当代动物营养与饲料科学精品专著（第二辑）”，抓住行业热点、紧跟国家政策、服务国家发展大局，其实施不仅有利于节约饲料资源、拓展科研和应用思路，而且对推动我国动物营养与饲料科学的发展、保证我国粮食安全具有重要理论参考价值和生产应用价值。

李德发

2024年2月

# 前言

集约化养殖场的大量粪便污水和有毒有害污染物集中排放在有限的土地上，对环境造成了严重破坏，延长了生态恢复周期。氮、磷是畜禽生长必需的主要营养元素，同时也是一方面资源紧缺而另一方面却利用不充分、过量排泄导致环境严重污染的两种元素。据统计，2019 年中国饲料产量为 2.61 亿 t，按磷酸氢钙添加量 1.0％计，则年消耗量近 261 万 t，所占原料费用达 52.4 亿元。与此相反的是，畜禽养殖业中磷的过量排放导致的环境污染日益严峻，已成为一个全球性问题。据估算，一个万头猪场每年要排放 3 万 t 粪尿，其中包含 107 t 氮（相当于 375 t 尿素）和 31 t 磷（相当于 375 t 过磷酸钙），按最高水平施肥量来计算，也至少需要 1 300～4 000 $hm^2$ 农田来得以消耗。如此大量的粪尿排放量不可能单纯依靠土壤等自然生态消化。但以猪真可消化氨基酸、真可消化磷和净能需要量为核心的配方技术及绿色饲料添加剂产品，能够使猪全程料重比达到（2.5～2.8）：1，可比国外同等水平提高 5％～8％，减少猪粪中氮排放量 10％～15％，减少磷酸氢钙用量 10％～20％（20～50 kg 生长猪）、30％～40％（50～80 kg 育肥猪）、40％～50％（80～100 kg 育肥猪），具有明显的环境效应和生态改良效应。因此，氮、磷资源的合理有效利用是保持畜牧业持续发展的关键。

笔者及其课题组近 20 年来主要从事猪、鸡有关饲料磷营养价值评定及技术，磷营养代谢调控，环境安全技术和生产应用方面的研究工作。在此期间，笔者作为高级访问学者在加拿大 Guelph 大学和美国 Purdue 大学主要考察了猪、鸡饲料中添加天然物对养分利用及排泄物中氮、磷、有害气体含量的影响；先后主持完成了国家自然科学基金面上项目“猪小肠 NPT-Ⅱb 调控蛋白的筛选与鉴定”和“EGF 对猪小肠磷吸收通道蛋白 NPT-Ⅱb 调控的分子机制”，以及国家留学回国人员科研启动基金项目“饲料有效磷评定新方法的研究”，参与完成了中国科学院“百人计划”项目“猪对磷的利用和减少猪排泄物中磷对环境的污染”和“$^{15}N$ 标记绿肥稻草 N、P、K 在土壤—作物—家畜生态系统的转化循环”等与氮、磷资源合理有效利用相关的课题研究。系统评定了我国40种猪常用饲料氨基酸的真消化率和19种植物性饲料中磷的真消化率，并建立了饲料氨基酸和磷真消化率的数据库，以及预测了猪饲料氮回肠真消化率的模型、饲料真可消化磷的二元或三元模型、谷物类副产品真可消化磷的模型，这些研究结果填补了美国国家研究委员会（National Research Council，NRC）猪营养需要量和中国饲料营养成分数据库的部分空白；在磷资源利用和代谢调控的机理上研究发现，$Na^+$依赖型无机磷转运蛋白（$Na^+$/Pi-Ⅱb）被认为是在猪小肠中调节无机磷跨膜转运的最重要通道蛋白，并利用RACE技术成功克隆了猪$Na^+$/Pi-Ⅱb基因全长cDNA序列；在检测小肠区段、雌二醇及糖皮质激素对$Na^+$/Pi-Ⅱb基因转录影响基础上，提出了高浓度雌激素对猪小肠$Na^+$/Pi-Ⅱb基因转录的正向调节作用，并从转录水平和蛋白质表达水平证实了mTOR及其信号通路参与雌激素对$Na^+$/Pi-Ⅱb基因的调控。这些研究结果对进一步调控猪对磷的吸收、提高饲料中磷的利用率、降低养殖业对水资源和生态环境的污染具有重要的理论意义及现实意义。

《磷营养与调控技术及其在动物生产中的应用》一书是笔者近20年来在猪、鸡饲料磷营养研究与生产实践的基础上，结合课题研究所取得的成果编写而成的。全书共八章，系统介绍了磷在动物体内的生理功能、磷在动物体内的代谢调控、磷酸盐在猪及鸡配合饲料中的应用、含磷矿物质饲料的质量控制等方面的技术要点，内容全面，既有学术性、科学性，又充分结合了生产实际，对磷资源的合理有效利用及畜牧业的可持续发展都具有重要的借鉴意义。

本书在编写过程中，得到了有关专家、学者的指导与帮助，也参阅了大量相关的专著与学术论文，对参阅的文献资料，有的已在书后列出，有的则限于多种原因及疏漏未能一一标注，在此深表歉意，并再次向提供帮助的老师与参考文献的原作者表示衷心的感谢。

由于水平有限，本书在编写中难免有不足之处，恳请读者及同行谅解并给予指正。

方热军

2023年4月

# 目录

丛书序
前言
第一章 磷在动物体内的生理功能及代谢调控 …… 1
第一节 磷在动物体内的生理功能 …… 1
一、磷的存在形式及在动物体内的分布 …… 1
二、磷的生理功能 …… 4
三、磷的吸收与代谢 …… 6
四、磷与动物代谢疾病 …… 11
五、磷与其他矿物质元素的关系 …… 13
第二节 磷在动物体内的代谢调控 …… 14
一、磷的稳态理论 …… 14
二、磷在体内代谢的分子基础 …… 20
三、影响磷吸收的作用因子 …… 24
四、磷代谢调控的分子机理 …… 27
第二章 动物对磷的营养需要 …… 32
第一节 磷营养需要量的研究方法 …… 32
一、衡量动物营养需要的标征 …… 32
二、动物营养需要的研究方法 …… 33
三、定量确定营养需要量的原则 …… 35
四、《猪营养需要》NRC（2012）中磷需要量研究方法的修订 …… 36
第二节 影响动物磷需要量的因素 …… 37
一、磷需要量的表示方法 …… 37
二、影响磷吸收的因素及机制 …… 38
第三节 家禽的磷营养需要 …… 41
第四节 猪的磷营养需要 …… 43
第五节 牛羊的磷营养需要 …… 46
一、奶牛的磷营养需要 …… 46
二、肉牛的磷营养需要 …… 49

三、羊的磷营养需要 …… 50
第六节 鱼虾的磷营养需要 …… 50
第三章 饲料磷的生物学效价评定技术及其影响因素 …… 52
第一节 饲养试验法 …… 52
一、绝对生物学效价的评定 …… 52
二、相对生物学效价的评定 …… 54
第二节 体外法 …… 56
一、溶解度法 …… 56
二、体外透析法 …… 56
三、外翻肠囊法 …… 57
第三节 不同饲料中磷的生物学效价 …… 58
一、动物性饲料中磷的生物学效价 …… 58
二、植物性饲料中磷的生物学效价 …… 58
三、无机磷盐中磷的生物学效价 …… 59
第四节 影响饲料磷生物学效价评定的因素 …… 61
一、植酸磷的含量和处理方法 …… 61
二、日粮中的钙磷水平 …… 61
三、氟含量 …… 62
四、维生素 $D_3$ …… 62
第四章 植酸酶与环境保护 …… 63
第一节 植酸与植酸磷 …… 63
一、植酸与植酸盐 …… 63
二、植酸磷 …… 64
三、植酸及其盐类的抗营养作用 …… 66
四、植酸磷对环境的污染 …… 66
第二节 植酸酶与植酸酶磷当量 …… 67
一、植酸酶 …… 67
二、植酸酶磷当量 …… 71
第三节 低磷日粮的应用及畜禽粪便中磷污染控制技术 …… 72
一、低磷日粮的应用 …… 72
二、畜禽粪便中磷污染控制技术 …… 76
第五章 植酸酶及磷酸盐在猪鸡饲料中的应用 …… 80
第一节 植酸酶在猪鸡饲料中的应用 …… 80
一、植酸酶在猪鸡饲料中的适宜添加量 …… 80
二、植酸酶在猪饲料中的应用 …… 85
三、植酸酶在鸡饲料中的应用 …… 87

第二节　磷酸盐在猪鸡饲料中的应用 …… 92
一、磷酸盐在猪饲料中的应用 …… 93
二、磷酸盐在鸡饲料中的应用 …… 95
**第六章　含磷矿物质饲料制作及质量控制** …… 97
第一节　含磷矿物质饲料制作 …… 97
一、磷矿资源 …… 97
二、含磷矿物质饲料的生产工艺 …… 100
三、含磷矿物质饲料的发展趋势 …… 112
第二节　含磷矿物质饲料质量控制 …… 112
一、含磷矿物质饲料的种类 …… 113
二、含磷矿物质饲料的质量标准 …… 117
三、含磷矿物质饲料的监控 …… 120

参考文献 …… 125
附录 …… 130
附录 1　饲料中植酸磷的测定方法 …… 130
附录 2　饲料有效磷的测定——体外透析法 …… 133

# 第一章

# 磷在动物体内的生理功能及代谢调控

磷（phosphorus，P）是动物营养中一种重要的常量元素，对动物体内的各种代谢过程起重要作用。在自然界中没有发现游离状态的磷，它总是以磷酸盐的形式存在，地壳中以各种化合物形式存在的磷——正磷酸盐矿物质钙氟磷灰石［$3Ca_3(PO_4)_2CaF_2$］和羟基磷灰石［$3Ca_3(PO_4)_2 \cdot Ca(OH)_2$］约占地壳元素总量的 0.12%。天然磷是磷稳定的同位素$^{31}P$，在 6 个人造磷放射性同位素中，只有 1 个即$^{32}P$ 被用于生物学研究，其半衰期为 14.2 d，放射能为 1.71 MeV（霍启光，2002；李德发，2005）。磷在地球生物圈内分布广泛，普遍存在于动植物组织中，参与各种生命活动的代谢过程，是动植物生长发育的必需矿物质元素之一。自 1669 年德国 Hennig Brandt 首次从干馏尿残渣中获得单质磷开始，磷营养研究已有 300 多年的历史。1748 年 Gahn 证明了磷存在于动物骨骼中，1803 年开始使用石灰磷酸盐治疗儿童的佝偻病，1850 年 Gobley 把从脑脂肪中提取的有机磷化合物命名为磷脂。

磷以磷酸根（$PO_4^{3-}$）形式存在于生物体中，参与细胞功能的维持和代谢。在细胞内，磷脂是细胞膜的重要组成部分，核苷酸参与 DNA 和 RNA 的形成，三磷酸腺苷与能量代谢密切相关，磷酸化则是细胞内信号转导的重要途径；在细胞外，羟基磷灰石是骨无机质的主要成分，还有一部分磷在血浆中循环，即生理学上所熟知的血清磷。动物体内磷的代谢调控是动物机体维持正常活动及正常机能的生命体内存在的“网络化”程序，是酶、蛋白质、激素、细胞因子等相互作用协调的结果。

随着生命科学和生物技术的发展，近年来对磷在动物体及人体中的代谢调控有了许多新的研究进展，本章第一节对磷的生理功能进行概述，在此基础上第二节对磷代谢调控的机理机制问题作进一步阐述。

## 第一节　磷在动物体内的生理功能

磷是动物生长或生存必需的矿物质元素之一，是动物机体组成和代谢过程中必不可少的成分，是继蛋白质、能量之后第三种最昂贵的饲料原料，同时也是畜禽养殖过程中容易导致环境污染的主要元素。大多数脊椎动物体内约含有 4%的矿物质，其中 70%为钙和磷。

### 一、磷的存在形式及在动物体内的分布

#### （一）磷的存在形式

植物中的磷多以有机化合物的形式存在，即植酸盐、磷脂、核酸及其他化合物，其在

谷类植物中的概略分布为：可溶性植酸盐和不可溶性植酸盐占 50%～70%，磷脂、磷蛋白、核酸占 20%～30%，磷酸盐矿物质占 8%～12%，磷在谷类植物籽实中的含量是秸秆中含量的 3～4 倍。谷物中的植酸磷含量为 0.35%～0.45%，牧草中的植酸磷含量为 0.25%～0.3%，油饼、油粕、麦麸及动物性饲料中磷的含量也都相当丰富（屠焰等，1998；旷昶等，2005；易中华等，2008）。

成年动物体内 83%的磷以羟基磷灰石的形式存在于骨组织中，按新鲜组织计算其含量为 0.6%～0.75%，按干组织计算为 1.9%～2.5%，按灰分计算则为 16%～17%。不同动物种类或不同生长阶段的动物其体内的磷含量存在较大差异，如牛、猪体内的磷含量比兔和禽的高，这种差异在骨骼钙化期间相对扩大（霍启光，2002）。

自然界中的磷主要有无机磷（inorganic phosphate，Pi）和有机磷两种存在形式。无机磷主要以磷酸盐的形式存在于矿物质、动物的骨骼中，而有机磷（植酸磷）则主要存在于植物性饲料中。

畜禽的大部分营养元素都来源于植物性饲料，植物性饲料中的磷对于保证畜禽磷营养供给起着非常重要的作用。磷在植物性饲料中的存在形式多样，分布也较为广泛，主要包括无机磷、核酸、磷脂和植酸等。植酸磷是植物性饲料中磷的主要存在形式，其在禾谷类籽粒和油料种子中的含量丰富，占总磷的 60%～90%。植酸在籽实中的分布并不均匀，如在稻谷中 80%的植酸磷存在于米糠中，玉米中 90%的植酸磷集中在胚芽中；但豆类籽实中植酸磷不存于某个特定的部位，而是分布在整个种子的蛋白质络合物中，并且植酸磷/总磷的比例稍低。植酸因其易与一些蛋白质络合成盐，或与钙、镁、锌和铁等螯合形成极难溶解的复合物，所以在动物肠道内变得难以被吸收，而被列为抗营养因子。植酸磷必须在植酸酶的作用下，分解产生正磷酸盐等无机磷的形式，才能为动物所利用。因此，磷的存在形式是影响植物性饲料中磷生物学效价的主要因素。

植物性饲料原料中总磷的 1/3 约为非植酸磷，另外 2/3 则为不能被单胃动物所利用的植酸磷。但植物性饲料原料中的植酸磷可在植物性饲料原料和动物肠道内源植酸酶的作用下部分被利用，而且由于非植酸磷中的磷也不一定完全可被动物吸收利用，因此，一般情况下对植物性饲料原料中磷的利用率进行实际测定，以准确评定植物性饲料原料中的有效磷水平。大量研究表明，由于校正了内源性磷的排泄量，因此饲料原料磷真消化率比表观消化率能更准确地反映单胃动物对植物性饲料原料磷的真实利用情况。因而只有研究评定动物对植物性饲料原料磷的真消化率，用真消化有效磷来指导饲料配方，才能在满足动物磷需要量的基础上，减少无机磷酸盐的添加量，从而避免动物过量排泄磷而造成的环境污染。

### （二）动物体内磷的含量

磷是动物体内第二大矿物质元素，不同种新生动物体内的磷含量存在较大差异，如牛、猪的磷含量比兔、禽的高，在骨矿化期间含磷量相对增加。体重为 600 kg 奶牛、100 kg 母猪、50 kg 绵羊、20 kg 犬和 2 kg 母鸡的总磷含量分别平均为 3 600 g、460 g、280 g、135 g 和 13 g。对于同一类成年动物来说，个体差异可能是由不同脂肪沉积程度引起的，若按脱脂组织计算磷含量，则这种差异很小（表 1-1）。

表 1-1 成年动物体内的磷含量（g/kg，脱脂组织）

| 元素 | 牛 | 猪 | 犬 | 兔 | 鸡 |
|---|---|---|---|---|---|
| 钙 | 12 | 10 | 4.9 | 4.8 | 4.0 |
| 磷 | 7 | 5.8 | 3.9 | 3.6 | 3.3 |

新生动物体的钙、磷比取决于它们出生时的生物学成熟程度。新生犊牛体内的钙、磷比接近于最适值［（1.7～1.8）：1］，而鸡只有在 90 d 后才能达到此水平，大鼠和兔则更晚。这些动物在出生后生长发育期间体内磷的积累速度比钙的慢，含量也少。

### （三）动物体内磷的分布

**1. 骨骼中的磷** 钙和磷是动物体内必需的矿物质元素，也是体内含量最多的矿物质元素。动物体内 98%～99%的钙及 80%的磷存在于骨骼和牙齿中，其余的磷则分布于细胞外液和细胞中。正常成年动物骨骼的组成成分如下：45%的水、25%的灰分、20%的蛋白质、10%的脂肪。骨骼中的钙、磷分别约占骨灰分的 36%和 17%。钙、磷主要以两种形式存在于动物骨骼中：一种为结晶型化合物，主要成分是羟基磷灰石；另一种为非结晶型化合物，主要成分是碳酸钙、磷酸钙和磷酸镁。骨骼中正常的钙、磷比为 2：1 左右，但是由于动物种类、年龄和营养状况不同，因此钙、磷比也存在一定的变化。

从组织结构看，骨是一个由有机物质组成的组织，分散在其中的是骨细胞和骨盐结晶。骨盐结晶间有介质存在，介质可能是半液态的，许多离子悬浮在其中。羟基磷灰石在结构上是稳定的，不易溶解的部分和不与体液中的离子进行交换的部分称为骨盐的不易交换部分。骨盐结晶体极小，而总的表面积却很大。晶体间介质中的离子则是易于溶解并易于和体液中的离子进行交换的，称为骨盐的易交换部分。动物在生命过程中，体液和骨骼不断进行钙、磷的交换。

骨骼中磷主要与钙一起以羟基磷灰石的形式存在骨基质中，骨骼中还有镁、钠、磷酸钙及许多微量矿物质。骨无机质与骨有机质（胶原蛋白、非胶原蛋白，如糖聚蛋白和骨连接蛋白）、骨基质细胞及骨组织间液构成动物体的所有骨骼，以支撑体重，并与相关肌肉一起完成运动功能。动物骨骼中的钙、磷主要在个体发育的早期沉积，后期沉积速度则较慢，至成年时基本上维持在一个恒定水平。鸡骨骼中的钙、磷在鸡出生后的第 1 个月沉积速度最快，可达成年鸡的 80%。动物在其生命活动过程中，体液中的钙和磷不断进入并沉积在骨骼中，同时骨骼中的钙和磷也不断地被动员而进入血液。因此，骨盐不仅是维持骨的硬度所必需，而且也是体内钙、磷的储存库。当动物由饲料中摄入的钙、磷不足或者机体对钙、磷的需要增加（如妊娠、泌乳或产卵）时，钙、磷就由骨组织动员出来以满足机体的需要。

**2. 体液中的磷** 成年动物体内 15%～25%的磷分布在各种软组织和体液中，其中多为有机形式，部分为矿物质形式。有机磷化合物包括磷蛋白、核酸、己糖磷酸酯、高能磷酸酯（ATP、ADP、肌酸磷酸酯）等。总磷、酸溶解磷和 ATP 磷在所有组织中都随动物年龄的增长而增加，而磷脂磷水平则趋于降低。其中，磷脂浓度在肝脏中最高，而 ATP 磷浓度在肌肉中最高。

体液中钙、磷的含量虽然很少，但对维持机体的正常机能作用很大。在正常生理情况下，血液中的磷含量一般相对稳定，因为动物可以通过小肠磷吸收和肾脏磷排泄维持机体的磷平衡。血液中的磷主要以 3 种形式存在，即离子状态、蛋白质结合状态及复合物。其中，以离子和蛋白质结合状态存在的磷约占血浆总磷的 70%，这些磷可以跨膜运输，而且离子状态无机磷在生理状态 pH 下主要以 $H_2PO_4^-$ ∶ $HPO_4^{2-}$ （1∶4）形式存在。大量的研究表明，血清无机磷和胫骨磷含量直接受到饲料中磷水平的影响。

血液中含有的磷也是以有机化合物和无机化合物形式存在的，两者之比在反刍动物中为（3～4）∶1，在禽类中为 10∶1。与钙离子不同，磷酸盐阴离子不仅存在于血液和细胞间液中，而且存在于细胞质中（0.15～0.30 mg/g），主要为磷酸一钾和磷酸二钾形式。血浆中的无机磷几乎全部可超滤并被离子化。磷在哺乳动物血清中主要以离子状态存在，少量与蛋白质、脂类、糖类结合存在；在红细胞内主要以有机磷酸酯的形式存在。血清磷不如血清钙稳定，易受到生理因素的影响而变动，如糖代谢增强时，血中无机磷进入细胞，使血中无机磷含量下降。各种动物血液总磷和无机磷含量的变动范围是：血浆中 110～130 mg/L 和 40～70 mg/L，红细胞中 450～600 mg/L 和痕量，且不同生理阶段血清磷水平易发生变化。研究发现，无机磷水平在泌乳高峰期及临近泌乳末期呈增加趋势。母鸡产蛋前和产蛋期间磷血症的增加也是由于肝脏中磷蛋白和磷脂的大量合成所致。

瘤胃内容物中磷的浓度为 0.30～0.40 mg/g，主要是无机磷，来源于有机化合物的水解。瘤胃微生物生存活动的最适磷浓度尚未测定，但是把磷加到缺磷介质中能增强体外微生物的纤维分解活力。瓣胃中磷的浓度高于瘤胃，微生物体自身的磷浓度是 0.12～0.15 mg/g，多为有机结合的蛋白质磷。

## 二、磷的生理功能

磷在动物体内具有众多重要的生理功能，其功能的发挥与其存在形式有着密切联系，其主要功能有：构成骨骼和牙齿，参与体液的内稳衡机制调节，保证细胞膜的平衡，参与许多物质的代谢过程，影响胃肠道中的微生物区系。

### （一）磷与机体构成

动物体内大部分磷存在于骨骼和牙齿中，其中主要是不溶性的稳定化合物。骨组织的组成成分主要有 3 种：有机物质、无机物质（骨灰）和水。三者紧密结合，融为一体。在成熟的骨骼中，3 种成分的比例为 38∶32∶30。随着动物年龄的增长和饲养条件的改变，该比例也将发生变化，在不同骨骼、不同部位以至不同组织结构中的含量也不尽相同。在骨骼的有机组分中，胶原部分占到 95%。胶原具有典型的纤维状结缔组织结构，胶原纤维是由硫酸软骨素这种胶原黏多糖连结在一起的。

骨组织具有很强的活性和可塑性，并可以连续不断地进行结构性的代谢活动。在动物的整个生命期内，骨骼都在进行重建活动（包括新合成骨板晶体的形成和吸收），幼龄动物和生长中的动物则更明显。骨组织的生长和重建随着动物年龄的增长而降低，完全矿物化的骨组织非活性成分在成年动物体内的含量增加。

### （二）磷与细胞功能

细胞膜是细胞或细胞器的外围结构，保证了内部生化反应的有序进行。细胞膜结构复杂，并具有重要生理功能，如产生并传导神经冲动、胞间识别、对光照及气味的感觉、能量在细胞中的转换、酶活性的变化等。不管形状、体积和功能如何不同，但所有的膜都由两种类型的物质组成：蛋白质和复合脂类。膜的基本结构可分为 3 层：在 2 个单层的蛋白质中间镶嵌着 1 个双层的脂类，这些脂类都是糖和磷酸的衍生物（葡萄糖脂和磷脂）。

脂质分子上磷酸根基团的存在使膜具备了特殊的理化特性，如通道性、离子转移和神经冲动的产生。在线粒体这一细胞器内进行的氧化磷酸化过程中，ATP 由 ADP 和无机磷酸盐合成，而催化这一过程的酶就位于线粒体的膜上。

### （三）磷与物质代谢

磷几乎对动物体内的各种代谢过程都起着重要作用。磷作为核酸、磷脂、辅酶的组成成分参与非常重要的代谢过程，如糖和脂肪的吸收、代谢都需要有含磷的中间产物参加，B 族维生素只有经过磷酸化才能具有生物活性而发挥辅酶作用。并且磷参与构成三磷酸腺苷、磷酸肌酸等供能（储能）物质，在能量的产生、传递过程中起着非常重要的作用。因此，磷是机体内的一种极其重要的矿物质元素。磷酸化合物参与体内各种物质的合成过程，如骨骼的形成、肌肉重量的增加、乳汁的合成、蛋的形成、毛的生长等。另外，磷还是影响家畜肉品质的重要元素。

作为信息传递载体的核酸不仅含有磷，而且核酸中的磷还发挥着重要作用。核酸是核苷与磷酸缩合而成的磷酸酯（与核糖核苷生成核糖核酸即 RNA，与脱氧核苷生成脱氧核糖核酸即 DNA），存在于动物任何一个细胞的细胞核和细胞质中，是生物遗传的物质基础。DNA 还可以把信息转录给 RNA，以 RNA 为模板，把从 DNA 转录来的信息再翻译给新合成的蛋白质等。在这些重要的生命活动中，都离不开磷的直接参与。以 ATP（三磷酸腺苷）为代表的高能磷酸化合物，是机体能量的万能积蓄器和供能物质。在生物氧化过程中，氧化还原反应释放的能量通过 ADP（二磷酸腺苷）磷酸化，形成 ATP 中的高能磷酸键而被储存起来，供机体需要时使用。ATP 中的高能磷酸键在水解时能释放出大量的能量。据测定，水解 1 mol ATP 的高能磷酸键能产生 30.54 kJ 的能量。

由此可见，磷与体内所有种类（蛋白质、脂类、矿物质及能量等）的代谢过程都有着密不可分的关系。

### （四）磷与内环境稳定

磷参与内环境稳定的维持和代谢过程，如磷酸盐组成体内的缓冲系统，参与维持体液的酸碱平衡。此外，还可通过共生微生物的作用间接影响新陈代谢。在动物消化道的不同部位，微生物区系活动需要稳定的条件。如反刍动物的前胃和盲肠，猪、兔的盲肠，禽类的嗉囊、胃和盲肠，若无微生物区系的活动，将无法进行正常的消化过程。已知反刍动物的胃是一个密闭的微生物系统，前胃中有多种丰富的微生物区系参与消化过程。为了维持微生物所需的稳定内环境（缓冲作用、渗透压、离子的相对浓度），需要外部的流入（唾液分泌）和前胃壁的双向渗透，在此过程中 $HPO_4^{2-}$ 等具有特别重要的作用。磷的稳衡调节机制是通过内源性磷的排泄和唾液循环完成的，内源粪磷、唾液循环磷与日粮磷的采食量和吸收率有密切关系。大量试验表明，磷作为细胞能量代谢和繁殖所必需的矿物质元素既为微生物所需，也为宿主动物所需，同时磷还参与微生物最适生存环境的形成。

### （五）磷与酶系统

酶是高度专一性的催化剂，具有重要的生理功能。许多辅酶的成分中都含有磷，如乙酰辅酶 A 辅助因子、氨基转移辅酶（吡哆醛磷酸盐）、氧化还原酶辅酶（二磷酸吡哆醛二核苷酸和三磷酸吡哆醛二核苷酸）、羟化辅酶和脱羟化辅酶等。

## 三、磷的吸收与代谢

影响磷吸收和代谢的因素很多，动物的种类、年龄、生理状态、激素、机体代谢水平和生产性能等都会影响磷的代谢。此外，动物肠道的内环境也会影响磷的吸收，如肠道内pH低时，处于离子溶解状态的磷更容易被机体吸收，日粮中过量的铝、铁、锰、钾、镁等元素都能够与磷在肠道中形成难溶的磷酸盐而影响磷的吸收。

### （一）植物性饲料磷的消化降解

植物性饲料被动物采食后，不同存在形式的磷会经历不同的消化降解过程。以离子形式存在的磷可直接被肠壁细胞吸收，以无机化合物形式存在的磷后需在溶解后才能为动物所利用，以有机化合物形式存在的磷经酶分解释放出无机磷后方可被动物吸收利用。例如，核酸磷、核蛋白在胃内被胃酸水解成为核酸和蛋白质，核酸在肠道内胰核酸酶的作用下被降解为核苷酸，释放出的核苷酸继而可被碱性磷酸酶和核苷酸酶水解为核苷和磷酸，后者可被肠道吸收利用。磷脂中的磷也可通过酶的作用释放磷酸，如卵磷脂；胰液中含卵磷脂酶生成甘油磷脂酸胆碱或甘油磷脂酸胆胺，在肠黏膜所分泌的酶的作用下，还可进一步分解为脂肪酸、甘油、磷酸、胆碱或胆胺；除脂肪酸是脂溶性的外，其余产物中大多数为水溶性物质，易于被吸收。

植物性饲料中的植酸磷可被植酸酶降解，产生正磷酸和其他磷酸肌醇的中间代谢产物。大量的植酸酶存在于小麦、大麦、黑麦等谷物及其加工副产物中，除外源微生物植酸酶外，植酸酶还通常存在于某些谷物类种子（如小麦）、肠道微生物和肠黏膜中。各种植物性饲料中磷生物学利用率的高低，受该种饲料所含植酸酶活性大小的影响。例如，玉米和高粱中磷的生物学利用率很低，大约为12%，而大麦和小麦磷的利用率平均达到30%～50%，原因主要是玉米和高粱中植酸酶的活性低于大麦和小麦。研究发现，动物自身也能分泌植酸酶，如猪肠道黏膜就能分泌植酸酶，该酶在空肠中的含量最高，以降解低肌醇磷酸酯的形式来补充外源植酸酶而发挥作用。

对小鼠粪便中植酸磷的分析表明，在饲喂高钙和低钙日粮的情况下，普通小鼠粪便中的植酸磷含量分别为78%和44%，说明小鼠大肠微生物对植酸磷存在消化降解作用，并受日粮中钙水平的影响。通过常规玉米和低植酸磷玉米的试验发现，猪后肠段可在一定程度上降解植酸磷。但也有研究认为，后肠段对植酸磷的降解对猪和环境来说均无意义，也就是说在后肠道只存在植酸磷的降解，而不存在磷的吸收。

### （二）磷的吸收

动物通过采食进入消化道中的磷（外源磷）与各种消化液、肠道壁细胞分泌的磷及消化道脱落细胞中的磷（内源磷）共同组成消化道内的总磷源。其中，无机磷在消化道溶解后可直接被动物吸收利用，而以有机化合物形式（如植酸磷）存在的磷，需经酶水解释放出无机磷后才能被动物吸收利用，仅少量有机磷（如磷脂）可直接被动物吸收利用。

早在1956年，McHardy和Parsons就通过体内灌注试验发现，小鼠空肠磷吸收与其浓度呈线性相关，认为空肠磷的吸收方式是细胞间的简单扩散。因为小肠上皮组织的渗透性较强，具有相对较低的跨膜电势差和低电阻，所以水分子和包括磷酸根在内的小的离子可以通过自由扩散的方式被吸收。后来的大量试验表明，除自由扩散外，小肠还通过跨细胞顶膜的主动运输方式来吸收磷，但此过程需要$Na^+$的参与，因此无机磷的主动运输过

程被称为 $Na^+$ 依赖型无机磷转运（sodium-dependent inorganic phosphate co-transport）。

对反刍动物而言，瘤胃中的磷来源于饲料磷和唾液磷。唾液磷是对瘤胃微生物效价极高的无机磷（正磷酸盐），约为瘤胃磷总量的50%，占肠道内源再循环磷的80%，其分泌量主要取决于干物质的采食量，当采食多纤维日粮时分泌量也会增加。瘤胃微生物需要磷维持其自身代谢和生长，从而维持瘤胃内容物的正常降解，一般瘤胃微生物体内的总磷含量占干物质的2%～6%。研究认为，要使微生物能够充分降解饲料原料，瘤胃内每千克可发酵有机物中由饲料和唾液供应的有效磷应不少于5 g。另外，据体外试验推算，每消化1 kg有机物，微生物平均合成30 g氮，需要4～6 g磷，一般正常瘤胃微生物所需无机磷的浓度为70～80 mg/L，用于植物细胞壁降解和微生物蛋白的合成。

有些动物，特别是禽类，难以降解植酸盐，尤其是钙和植酸磷，对其中磷的吸收率很低。对于猪，只有小部分植酸磷在胃中被植物性的植酸酶所水解，而大部分植酸磷不能被吸收。用生长猪进行的同位素研究表明，磷酸二氢钠中有71%的磷被吸收，而由于小麦麸中的磷多是以植酸磷形式存在，因此其中仅37.5%的磷可被吸收。用体重17～31 kg猪进行试验，日粮中的磷全部来自植物性饲料，结果表明，当饲料中的植酸磷含量增加时猪对磷的吸收从63%降到22.7%。而对于反刍动物，前胃中由于细菌植酸酶的作用，因此可以水解植酸磷。

动物磷的吸收过程主要发生在肠道和肾脏，吸收方式包括简单扩散和主动运输两种。小肠的吸收和肾脏的重吸收与排泄作用在一定程度上共同维持着机体的磷平衡。肾脏磷的重吸收可在严格的生理调控下对体内磷水平作出迅速调整，而小肠对肠腔中磷水平变化的适应速度则相对较慢。当肠道内容物中磷的浓度较高时，磷主要以简单扩散的方式被吸收。随着肠道对无机磷的吸收，肠道内容物中磷的浓度逐渐降低，无机磷转为主要以 $Na^+$ 依赖型主动转运的方式被吸收。当动物采食低磷日粮时，小肠磷吸收也是以需要耗能的主动转运占主导位置。磷的主动转运需要磷转运蛋白的参与，目前小肠中唯一被发现的磷转运蛋白为 $Na^+$/Pi-Ⅱb。在大多数动物小肠中，磷的主动吸收过程还需要 $Na^+$ 浓度梯度驱动无机磷的跨膜转运，无机磷随着 $Na^+$ 在细胞内外流入和流出，从而完成吸收，这种过程被称为“继发性主动转运”。Hilfiker 等（1998）在小鼠小肠刷状缘膜中发现了 $Na^+$/Pi-Ⅱb 型磷转运蛋白，并提出了 $Na^+$ 依赖型无机磷转运的分子机制。

关于磷的主要吸收部位报道不一，普遍认为磷主要在小肠前段被吸收，但不同种类的动物有所差异。有研究表明，磷的消化率在十二指肠最低，依次在空肠增加，至回肠达最高，在大肠及粪便中磷含量趋于稳定，即大肠对磷没有吸收作用。对反刍动物、小鼠、鸡和猪的试验结果都表明，磷的主要吸收部位在小肠前段。但也有学者认为，猪内源性磷在小肠前半段进入肠道内，而在小肠后半段则主要是经过肾脏的重吸收再回到体组织。

消化道后段对磷的吸收有不同的研究报道。Jongbloed 等（1992）和 Peerce 等（1997）报道，大肠对饲料磷几乎没有吸收作用。Fan（2001）研究表明，大肠可以吸收内源性磷，同时可将饲料中的磷转化为可溶性无机磷，但不具有吸收作用。Shen 等（2002）研究报道，生长猪回肠末端与全消化道内源性磷的排泄量及磷真消化率均没有显著差异，表明大肠对内源性磷和日粮来源的磷均没有吸收作用。但是通过同位素耳缘静脉注射到猪体内研究磷元素在肠道内的转移规律，分别检测48 h内几个时间点胃、小肠、盲肠、结肠和直肠肠壁组织，以及肠道内容物中总磷、放射性磷含量的结果表明，组织中总磷的含量随肠道由前向后逐渐降低，肠道内容物中总磷含量的变化正好相反；并且经放射性分析发现，小肠食糜中放射性磷的含量最高，是胃中含量的 4～5 倍，同时也高于后肠段中的磷含量。由此说明，小肠是内源性磷的主要排泄场所，而大肠对内源性磷有重吸收的作用，并且此作用要大于对日粮磷的吸收作用。线性回归方法发现，回肠末端内源性磷的排泄量高于粪便中内源性磷的排泄量。由此推断，猪肠道后端存在对内源性磷的吸收过程。关于不同肠道对内源性磷和日粮来源磷的消化吸收作用还有待进一步深入研究。

在反刍动物中，磷的吸收大部分在小肠前段，用未施手术动物进行试验，以及用在瘤胃施以“巴甫洛夫胃”的动物试验表明，瘤胃上皮对磷几乎是不可渗透的，瓣胃和皱胃对磷的吸收程度也很小。反刍动物小肠中肠磷酸酶的活性较高，即前胃中的微生物对饲料消化、对小肠中的磷酸酶活性，特别是磷酸化合物的吸收无显著影响。

### （三）磷的排泄

磷主要经粪便和尿液排泄，日粮中未被消化吸收的磷主要通过粪便排泄，内源性磷则主要通过尿液排泄，吸收后的磷主要储存在骨骼中。

**1. 由粪便排泄** 从肠道吸收的磷在体内形成有机磷的化合物分布于各个组织器官。从粪便中排泄的磷大部分是饲料中未被吸收的磷，称外源性磷；小部分随消化液分泌而未被吸收的磷，称内源性磷。经过体内代谢的内源性磷主要从粪便中排泄，而尿液中仅含有少量的磷。

已知猪等单胃动物体内大多数内源性磷在小肠中分泌，奶牛和绵羊体内磷的主要分泌部位在瘤胃。内源性磷的测定在反刍动物是非常重要的，因为这些内源性磷的排泄几乎全部经由消化道，内源性磷的含量很可能超过饲料中未消化的磷的含量。

试验表明，奶牛内源性磷每天的平均损失为 6～30 mg/kg（以活体重计），绵羊内源性磷每天的平均损失为 43～48 mg/kg（以活体重计），并随日粮中磷水平的增加而提高，大量的磷（70%～80%）随唾液一起进入牛和羊的胃肠道。同位素试验结果表明，体重为 35～40 kg 的成年绵羊，每小时有 180～200 mg 磷进入瘤胃，5～30 mg 磷进入皱胃，10～12 mg磷进入小肠。这意味着，进入消化道的总磷的 3/4 以上都进入了前胃，在前胃功能尚不发达、自发流涎水平很低的幼年反刍动物中，内源性磷（其相对含量很低）可能大多进入小肠和皱胃。

**2. 由尿液排泄** 在正常生理条件下，肾脏是无机磷排泄的重要途径。磷在尿液中主要以可溶性磷酸盐的形式排泄，少部分以二磷酸钙盐和镁盐的形式排泄。由尿液排泄磷酸盐是受到调控的，肾小球滤过的大部分磷被肾小管重吸收。

尿液中磷的排泄量受血浆中磷浓度的影响。研究表明，血清磷含量与肾脏磷排泄量密切相关。在不同磷水平饲料情况下，关于肠道磷吸收及肾脏磷排泄有两种不同的观点：一种认为当饲料磷水平超过需要量时，肠道磷吸收会降低；但另有研究者认为，该情况下肠道磷吸收不会降低，只是肾脏磷的排泄增加。Stein 等（2008）在猪上的研究表明，当饲料磷水平超过需要量时，猪主要通过增加肾脏磷排泄来维持机体的磷稳态。这说明了肾脏磷排泄在机体磷稳态中的重要调控作用。另外，肾脏还具有重吸收磷的功能，当动物缺磷时肾脏磷重吸收显著增加。

近年来，钠磷协同转运蛋白的发现，为揭示肾脏磷重吸收的分子机制提供了新的证据。Huber 等（2006）以 24 周龄产蛋母鸡进行了为期 15 d 的试验，分为低磷组（总磷含量为0.07%)、中等磷组(总磷含量为0.20%)及高磷组(总磷含量为0.34%)3个处理组,研究结果表明,肾脏中钠磷协同转运蛋白mRNA的表达水平随饲料磷水平的增加而降低。甲状旁腺素(parathyroid hormone,PTH)对肾脏磷重吸收的影响主要与其作用于相应的$Na^+$依赖型载体有关,其机制可能与PTH通过磷脂酰肌醇信号途径和蛋白激酶A信号通路抑制肾脏$Na^+$/P-Ⅱa的基因表达有关。PTH抑制肾脏磷重吸收的主要目的在于增加磷的排泄量,降低血清磷水平。

**3. 由乳排泄和随蛋排泄** 动物主要通过粪便和尿液排泄磷,另外,泌乳动物有大量的磷分泌到乳中,因此也由乳中排泄大量的磷。研究发现,乳中磷的浓度高于血液中的浓度。此外,产蛋母鸡则由蛋中排泄一定含量的磷。

### (四)磷的排泄与环境

水体富营养化是指在人类活动的影响下,生物所需的氮、磷等营养物质大量进入湖泊、河口、海湾等缓流水体,引起藻类及其他浮游生物迅速繁殖,水体溶解氧量下降,水质恶化,鱼类及其他生物大量死亡的现象。动物排泄物中含有大量的氮、磷及其他无机盐类,天然水体接纳这些排泄物后水中的营养物质增多,促使自养型生物生长旺盛,特别是蓝藻和红藻的个体数量迅速增加,而其他藻类的种类则逐渐减少。藻类及其他浮游生物死亡后被需氧微生物分解,不断消耗水中的溶解氧;或被厌氧微生物分解,不断产生硫化氢等气体,致使水质恶化,造成鱼类和其他水生生物大量死亡。藻类及其他浮游生物残体在腐烂过程中,也把大量的氮、磷等营养物质释放入水中,供新的一代藻类等生物利用。

大量的磷排入水中很容易造成水体的富营养化,引起严重的环境问题,其影响主要有以下几方面:①使水变得腥臭难闻。处于富营养化状态的水体中,许多藻类过度繁殖,使水产生霉味和臭味,大大降低了水的质量。②降低水体的透明度,使其旅游、观赏的美学价值受到严重影响。在富营养化水体中,生长着以蓝藻、绿藻为优势种类的水藻,这些水藻在水体表面形成一层绿色浮渣,使水质变得浑浊,透明度明显降低。③消耗水体中的溶解氧。由于表层有密集的藻类,阳光难以透射进入水体深层,故深层水体的光合作用受到了明显限制而减弱,溶解氧的来源随之减少。同时,藻类死亡后不断地向水底沉积,不断地腐化分解,消耗了水体中大量的溶解氧。④向水体释放有毒有害物质。许多藻类能够分泌、释放有毒有害物质,不仅危害动物,而且对人体健康也产生了严重影响。⑤导致水生生物的稳定性和多样性降低,破坏了水体的生态平衡。一旦水体处于富营养化状态,水体的正常生态平衡就会被扰乱,生物种群量就会出现剧烈波动,某些生物种类就明显减少,而另一些生物种类显著增加,导致水生生物的稳定性和多样性降低,水体生态平衡遭到破坏。

另外,过量的磷流入土壤后,会被土壤颗粒所吸收而腐蚀土壤,影响植物对其他营养元素的吸收和利用;而在这种土壤中生长的植物通过根系吸收土壤中的磷,还能造成磷在植物体内富集,进一步影响动物和人体健康。

### (五)磷的代谢及其调控

动物体内磷的动态平衡与血浆中的磷水平有关,是由激素作用于小肠、肾脏和骨骼3个靶器官进行调节的。血浆中的无机磷酸盐主要经肾小球过滤从尿液中排泄,正常情况下,动物可通过肾脏无机磷的排泄来控制无机磷的吸收速度,从而维持体内磷的平衡。

从肠道吸收的无机磷在体内形成有机磷化合物后,迅速扩散到机体各部位。虽然血液中的无机磷浓度较低，但还是与骨骼中的磷酸盐和组织中的含磷化合物处在动态平衡之中。用放射性$^{32}P$作静脉注射的试验结果表明，$^{32}P$构成的磷酸盐不仅在骨骼中可以找到，而且在软组织中也能被发现。它不仅能迅速地与 ATP 和肌酸磷酸盐分子结合，也能在糖类的磷酸盐中出现。$^{32}P$在磷蛋白中的出现也很迅速，在磷脂等类脂中的出现则稍晚。$^{32}P$进入体内的最初 48～72 h 就沉积在骨骼中，其沉积的程度与家畜的年龄、骨骼的矿化水平呈负相关，其代谢强度在不稳定的骨骼和海绵状骨质中比在致密骨骼中强。

骨骼是钙、磷代谢的活跃组织，在日粮磷不能满足需要时，骨骼中的钙、磷常被大量动用。如在泌乳早期，血液中的钙、磷水平降低，促使机体提高甲状旁腺激素的分泌量，进而刺激 1，25-（$OH)_2$-$D_3$的合成，促进骨钙、磷的动员。当 10 个钙离子从骨骼中动员出来时就有 6 个磷酸根离子被释放进入血液，从而间接提高了血液中的磷含量。在泌乳中后期，降血钙素则抑制破骨细胞活性，减少钙、磷的释放，抑制小肠吸收和促进唾液磷的分泌，磷又与钙结合成羟基磷灰石和磷酸钙而沉积到骨骼与牙齿之中。

磷进入器官和组织的多少取决于该器官、组织中磷的总含量。磷的更新速度与组织的生长速度呈正相关。在组织中磷的代谢速度随着动物年龄的增长而降低，但在繁殖活动时期又重新提高。妊娠后期母牛对磷的吸收和骨骼中磷的沉积不断增加，以提高妊娠期机体磷的储备，供胎儿生长和为泌乳做准备。

血浆的酸溶解性磷主要为无机磷，在 pH 为 7.4 的条件下，4/5 的磷为二价的阴离子$HPO_4^{2-}$，1/5 为一价的阴离子 $H_2PO_4^-$，而三价的阴离子 $PO_4^{3-}$ 则很少。正常细胞外液中磷的浓度与其他无机离子不同，它随动物年龄的变化而变化。对磷浓度的基本调节在于肾小管的功能，即取决于磷在肾小管的重吸收与在肾小球滤过率二者的关系。在动物的生长发育阶段，磷的浓度高些，以满足骨及软骨生长及矿化需要。成年动物的血清磷水平比较恒定，这是由于其骨骼已经稳定。

维生素 D 是维持细胞外液包括血浆无机磷生理浓度的一个重要因素。1，25-（$OH)_2$-$D_3$能促进肠道对磷的吸收，25-（OH）-$D_3$也能直接作用于肾小管细胞，增加肾小管对磷的重吸收。1，25-（$OH)_2$-$D_3$和 25-（OH）-$D_3$均能作用于甲状旁腺，以减少甲状旁腺素的分泌。甲状旁腺素对肾脏排泄磷的调节作用比对钙的调节作用更为明显。甲状旁腺素作用于近端肾小管，使其细胞内的环磷酸腺苷（cyclic adenosine monophosphate，cAMP）增多，cAMP 对磷和钠的吸收均有抑制作用。此外，降钙素也能抑制近端肾小管对磷的重吸收，使尿磷含量增加，从而导致血清磷含量降低。

研究表明，骨骼磷沉积与组织非特异性碱性磷酸酶（tissue nonspecific alkaline phosphatase，TNAP）的关系密切。TNAP 参与骨矿化过程，主要与焦磷酸盐有关，焦磷酸盐能抑制骨骼中磷的矿化。TNAP 可以水解焦磷酸盐，从而使磷更多地在骨骼中沉积。研究发现，磷还可能作为信号分子，通过 ERK1/2 信号通路参与成骨细胞和软骨细胞分化，抑制破骨细胞的重吸收而参与骨矿化。

由成骨细胞和软骨细胞分泌的成纤维细胞生长因子 23（fibroblast growth factor 23，FGF23）也参与磷的代谢调节。Shimada 等（2004）研究表明，静脉注射 *FGF23* 基因后 9 h、13 h 血清中的磷含量显著降低。敲除大鼠 *FGF23* 基因能严重影响骨骼发育，骨细胞数量减少，血清磷及 1，25（$OH)_2$-$D_3$含量显著增加，肾脏 1-α 羟化酶活性和 $Na^+$/Pi-Ⅱa 表达水平也增加，表明 *FGF23* 基因可能通过抑制肾脏 1-α 羟化酶活性和 $Na^+$/Pi-Ⅱa 的表达水平来调节机体磷代谢。血清磷可以直接调节骨 *FGF*23 的表达，而 *FGF*23 通过调节肾脏 $Na^{+}$/Pi-Ⅱa的表达来维持机体的磷稳态。另外，*FGF*23 可作用于甲状旁腺而抑制甲状旁腺素的合成，与甲状旁腺的 Klotho 作用后再与 *FGF*23 受体特异性结合而发挥作用。

另外，主要在成骨细胞中表达的基质胞外磷糖蛋白（matrix extracellular phosphoglycoprotein，MEPE）可能也参与磷的组织代谢调节。给小鼠灌注 MEPE 后发现，其能降低血清磷浓度，活性形式的维生素 $D_3$ 浓度也增加；敲除 MEPE 可增加骨矿化，抑制肠道、肾脏钠磷协同转运蛋白的表达。MEPE 调节动物组织磷的代谢可能主要是通过抑制钠磷协同转运蛋白及调节维生素 $D_3$ 代谢而间接发挥作用的。MEPE 还可以抑制近端肾小管磷的重吸收，并表现剂量依赖型。生物信息学的研究表明，哺乳动物 MEPE 在鸡上即为 Ovocleidin（OC-116），但关于 OC-116 如何参与鸡体内磷的代谢调节还有待研究。

## 四、磷与动物代谢疾病

### （一）磷的缺乏

动物机体缺磷不仅影响骨骼的形成，而且影响血液凝固、酸碱平衡、神经和肌肉等正常功能的发挥，生产上表现为饲料转化率下降、增重速度减慢、骨骼发育不良等。

日粮中磷缺乏或维生素 D 不足会影响动物对钙、磷的吸收和利用。当磷严重缺乏或缺乏时间较长时，骨骼和牙齿将受到损害，畜禽的生长速度、产蛋量和产奶量下降，饲料转化率降低，动物出现异食癖。同时，动物的繁殖性能也会受到损害。值得注意的是，这些缺乏症的表现并非钙、磷缺乏的特有表现，钙、磷缺乏可通过血液和组织中特殊的生化指标、组织学变化，以及与此同时出现的临床症状加以区别。

日粮中磷缺乏首先表现出血液中无机磷酸盐含量下降，同时从骨储存中释放出一定的钙和磷进入血液。随着这些变化的出现，血液中的磷酸酶含量上升，血清钙浓度略有上升，可从原来的 90～110 mg/L 上升到 130～140 mg/L。成年动物血液中正常的无机磷含量为 40～60 mg/L，幼龄动物的为 60～80 mg/L。饲喂低磷日粮几周或几个月后，血清磷就会降低到 20～30 mg/L，严重缺磷的奶牛可能降到 10～20 mg/L。

幼龄动物的主要磷源是乳，乳中 96%～99%的磷能被吸收。饲料中无磷或严重缺磷时，动物出生几天或几周内就会死亡。日粮中磷缺乏是低磷型佝偻病发生的主要原因，并伴有生长缓慢或完全停止、骨矿化受阻、幼畜瘫痪率高等。特定的生物化学指标（低钙型佝偻病所没有的）是血液中无机磷、磷脂和胆固醇含量降低。由于胡萝卜素转化成维生素 A 的程度小，因此肝脏和血液中的维生素 A 含量降低，血液中碱性磷酸酶活性急剧增加。低磷症的一个典型症状是异食癖。在成年动物中，低磷症表现为骨软化、牙齿脱落、上门牙松动等症状。由于饲料消耗量减少，因而这种疾病的最初症状是体重下降（育肥时体重增加），产奶量降低。从表面上看，饲料的消化似乎未变，但能量的利用率降低。另外，动物还会变得呆滞，行动迟缓，毛发粗糙，在情况严重且被忽视时可能产生共济失调和瘫痪。

日粮中缺磷可引起动物繁殖力降低，导致卵巢发育不全和性周期紊乱，并因明显的卵巢机能障碍导致发情抑制、迟缓或不规则。奶牛日粮中长期缺磷是失配、空怀、流产及新生犊牛体质虚弱和活力减弱的主要原因。放牧的牛、羊群中长期缺磷也常导致繁殖力下降。据报道，放牧时不添加矿物质，则牛群的繁殖率仅为 51%，而补加骨粉后繁殖率可提高到 80%。在饮水中加入脱氟磷酸盐后，血清磷水平有所提高，母牛的妊娠率上升，产犊至妊娠的间隔时间缩短，不孕母牛的淘汰率降低。

饲喂缺磷日粮的母羊所生羔羊行动呆滞，即使体重正常但也表现出消化不良的症状。这种病可能发生于饲喂低精饲料或无精饲料（尤其是含过量钙的饲料）的反刍动物，也可能发生于在缺磷草地上放牧的其他动物。高产泌乳奶牛比低产其他非泌乳动物更易产生这种疾病。资料显示，按牧草干物质计算，0.26%的磷足以使母牛富有活力，并确保每天 13 kg 的产奶量；0.20%的磷则足以维持生命并每天产奶 9 kg；而 0.15%～0.17%的磷则导致缺磷症。在这种牧场上放牧的母牛在 2 个月之内，血液中无机磷的水平降低 2%～2.5%，可导致生产力下降，繁殖功能减弱，如不发情、受精率低、泌乳期短等。

磷缺乏也影响产蛋率、孵化率和蛋壳质量，但影响程度比缺钙的低，因为蛋鸡的需磷量较低。在以谷物为主的蛋鸡基础日粮中，虽然磷含量较高，但大部分是母鸡不易利用的植酸磷，如不添加无机磷酸盐或骨粉，常会影响产蛋率和孵化率。

家畜缺磷较为常见。例如，短期缺磷情况下牛血浆中的无机磷浓度约为 50 mg/L，如不及时补充则其浓度将下降至 25～10 mg/L；同时，血液中的磷脂质和胆固醇水平降低，碱性磷酸酶活性明显升高。长期缺磷后出现生长缓慢或停顿、异食癖、骨矿化作用破坏、被毛粗糙、脱色等症状。牛采食生长在含磷量很低的土壤中的牧草、过熟牧草或含磷量低于 0.25%的作物（干物质基础）时最容易发生磷缺乏症状，表现为羸弱、采食量下降、生长速度降低、产奶量降低、繁殖性能下降等；同时，缺磷奶牛还可能会出现慢性低磷血症（血浆中的磷浓度较低，每 100mL 有 2～3.5 mg）。缺磷严重时，骨骼因矿物质流失而变脆。另外，有研究发现，低磷对奶牛红细胞溶血速率、膜脂流动性、总磷脂、渗透脆性、ATP 酶活性均有明显影响。关于低磷动物红细胞膜损伤的分子机理研究表明，低磷致动物红细胞膜蛋白组分、磷脂组分、红细胞形态发生改变和膜抗氧化能力下降，以及肝功能异常影响膜蛋白及磷脂的合成。在这些因素的联合作用下，红细胞膜分子发生病理生理学及生物化学改变，导致红细胞溶血而引发血红蛋白降低。

由于动物具有自身调节机制，因此磷缺乏尤其是轻微缺乏，在生产上短期内不易被发现。一些容易测定的常规指标，如骨骼、粪便、唾液、血液磷含量等皆可作为反映机体磷代谢的标征，为动物生产和科研工作提供依据。

### （二）磷的中毒

磷过量在牛、马、羊、猪和鸡中都有报道，其原因多半与过量饲喂含磷丰富的饲料（如棉仁饼、糠麸等）有关。此时，钙、磷比例失调，呈 1∶1、1∶2、1∶3 或更高，而血浆中磷的含量明显升高。磷过量时会影响钙的代谢，并导致甲状旁腺机能亢进，骨骼中大量的磷释放进入血液，造成组织营养不良，出现骨软化、运动无力、跛行和多发性骨骼碎裂等症状。

长期饲喂过量磷的日粮能引起血清磷浓度升高，同时出现骨骼重吸收过度，产生尿结石等钙代谢问题。短期内通过口服或大剂量补充磷酸盐，不会产生很高的毒性，但会造成轻度腹泻。动物可通过唾液分泌和粪便排泄来排出过剩的磷，以维持正常的血清磷浓度。虽然与粪磷排泄相比，尿磷排泄比例很小，但日粮磷含量过高时尿磷排泄量也会有所增加。

## 五、磷与其他矿物质元素的关系

磷与其他矿物质元素有着复杂的关系，在正常动物体内它们处于一种动态平衡状态，磷的过多或者缺乏将会影响其他矿物质元素的吸收和利用。反过来其他物质也可以影响磷的吸收和利用，如部分难溶性磷酸二氢钙和磷酸三钙与脂肪酸反应，形成螯合物后被吸收，过量的铁、铝、铅、镁和钙由于形成难溶解的磷酸盐而阻碍磷的吸收。

### （一）磷与钙

虽然钙和磷对动物生长发育至关重要，但过量摄入会对其吸收有很大影响。可利用的磷过量摄入后会在肠中和钙结合形成难溶性磷酸钙从而影响钙的被动转运；同理，机体摄入的钙过多也必然影响磷的吸收。日粮中的含钙化合物（除草酸钙外）进入动物的胃以后，在胃内酸性溶液中形成的氯化钙几乎全部被解离成离子，很容易被吸收；反刍动物可以通过瘤胃内微生物分解草酸，并能够利用草酸钙。但是，未能被吸收的钙在肠道的碱性环境中易与磷酸根结合成不溶性的磷酸盐，不能被动物吸收和利用。畜禽日粮中钙、磷的比例对钙、磷的吸收有很大影响。若是钙多磷少，则过多的钙与磷酸根结合成不溶性的磷酸钙，影响磷的吸收；若是磷多钙少，过多的磷酸根与钙结合成不溶性的磷酸钙，也影响钙的吸收。因此，钙、磷摄入比例对动物非常重要，二者中有一种吸收不足都会影响动物健康。一般认为，日粮中的钙、磷比例为（1～2）：1时对于大多数畜禽来说是合适的。

### （二）磷与锌

磷影响锌的吸收。猪对日粮中锌的需要量与日粮中植酸磷的含量关系密切。当喂以肉粉、鱼粉等动物性蛋白质饲料时，由于这些动物性蛋白质饲料中植酸磷和纤维素含量低，因而锌的需要量可适当降低。

### （三）磷与铜、锰

铜通过促进钙、磷在软骨基质上沉积而参与骨骼及牙齿形成。当动物对钙、磷的需要量增加时，对铜的需要量也增加。

锰参与形成骨骼基质中的硫酸软骨素，促进骨骼中磷酸酶的活性，因而是骨骼正常形成的必需元素。锰可促进钙、磷的吸收，但饲料中锰含量过多时则可抑制钙的吸收。给予奶牛大量锰盐时可引起钙、磷的负平衡。试验表明，饲料中钙、磷含量过高，会增加动物对锰的需要量，原因可能是过量的钙、磷降低了锰的利用率。

### （四）磷与镁

动物体内约70%的镁以磷酸盐和碳酸盐的形式存在于骨骼和牙齿中，约25%的镁与蛋白质结合成络合物，存在于软组织中，镁是构成骨骼和牙齿的成分。镁与磷之间有颉颃作用，饲料中磷含量过多时则对镁的吸收不利；反之，镁含量过多时可促进磷酸镁的形成，并抑制钙和磷的吸收与沉积，从而影响骨骼和牙齿的形成。

### （五）磷与铝

铝与磷存在颉颃作用，铝能阻碍肠道内磷的吸收，使血清磷浓度降低，能阻止由继发性副甲状腺机能亢进所引起的血清磷浓度增高。但过多的铝则影响磷的吸收，这主要是由于肠道中的铝能与磷酸盐形成不溶性的磷酸铝盐，从而使肠道内磷的吸收量、血液和组织中的磷含量减少，粪磷排泄量增多。研究表明，大鼠饲料中含铝量达0.4%、豚鼠和兔饲料中含铝量达1.4%时，血液和骨骼中的磷含量减少；雏鸡饲料中含铝量达0.44%时，则可引起严重的佝偻症。含铝量过多也能影响磷的代谢，使磷脂和核酸中的磷含量减少，血清中的 ATP 减少，组织内磷酸化的过程会受到不良影响。

### （六）磷与硒、镍

饲料中的磷元素对硒有颉颃作用，磷可缓解硒中毒，饲料中磷的含量能影响动物对硒的需要量。日粮中镍不足会影响骨骼中钙、磷和镁的代谢，从而影响骨骼的正常生长和发育。

### （七）磷与氟

氟吸附在牙齿釉质的羟基磷灰石晶体表面，能形成一层抗酸的氟磷灰石，因而对牙齿有保护作用，可防止龋齿。但日粮中氟含量过多，则干扰钙、磷代谢，常出现骨骼和牙齿病变。日粮中过多的氟可与消化道和血液中的钙结合成难溶性的 $Ca_2F$，从而使动物对钙的吸收减少，血清钙浓度降低。

# 第二节　磷在动物体内的代谢调控

## 一、磷的稳态理论

磷以无机磷（磷酸盐）或有机磷（磷酸酯）的形式分布于动物体内，参与动物生长、发育、骨骼形成及细胞代谢等多种过程。为了保证这些生理过程的正常进行，细胞外液和细胞内液的磷浓度必须维持在一个较窄的范围内，机体各组织的磷浓度也必须维持在一定范围内，以维持机体的磷稳态（phosphorus hemostasis）。

磷稳态调节的重要器官是肾脏、肠道和骨骼（图 1-1）。动物机体主要通过以下 3 种机制维持机体磷稳态：肠道的吸收、肾脏的重吸收、骨磷的沉积与释放。磷稳态对于机体十分重要，研究磷的吸收代谢对维持机体磷稳态及一些疾病的治疗具有十分重要的意义。

### （一）维持机体磷稳态的机制

**1. 肠道磷的吸收**　小肠是磷吸收的重要场所，肠道磷的吸收主要包括两种方式：细胞旁路途径（paracellular transport）和 $Na^+$ 依赖型转运途径（sodium-dependent transport）。细胞旁路途径（被动转运）依赖肠上皮层细胞紧密连接处的电化学梯度，紧密连接部位受信号转导通路调节，与细胞骨架间存在相互作用，且有离子特异性。有研究发现，紧密连接的主要成分与闭锁蛋白（Occludin、Claudin 蛋白）和离子特异性相关，但目前尚不清楚是否存在与磷吸收相关的特异性紧密连接蛋白。目前研究集中于经细胞途径的磷转运机制，而对细胞旁路途径的机制了解甚少。$Na^+$ 依赖型转运途径由 $Na^+$/Pi-Ⅱb蛋白以 3∶1（$Na^+$ ∶ $HPO_4^{2-}$）的比例将磷从肠腔刷状缘外转至基底侧，其最大亲和常数（$k_m$）为 10 mol/L。$Na^+$ 依赖型无机磷转运属于主动运输方式中的协同运输，运输动力来自无机磷电化学浓度梯度，并通过 $Na^+$-$K^+$-ATP 酶维持电化学梯度。该转运途径对磷的高亲和力提示一般饮食情况时磷饱和，以被动扩散为主；随着肠道对无机磷的吸收，肠道无机磷浓度降低，$Na^+$ 依赖型无机磷转运占无机磷转运总量的 50%～70%；在低磷饲料情况下，$Na^+$ 依赖型无机磷转运吸收可达总磷吸收的 75%～90%。此时，$Na^+$ 依赖型无机磷转运吸收对总磷转运吸收起决定性作用。1，25-$(OH)_2$-$D_3$ 和饮食磷被认为是肠道磷吸收的最重要调节因子。

对鸡、大鼠、小鼠、山羊、绵羊及人类研究发现，小肠是无机磷最有效的吸收场所，

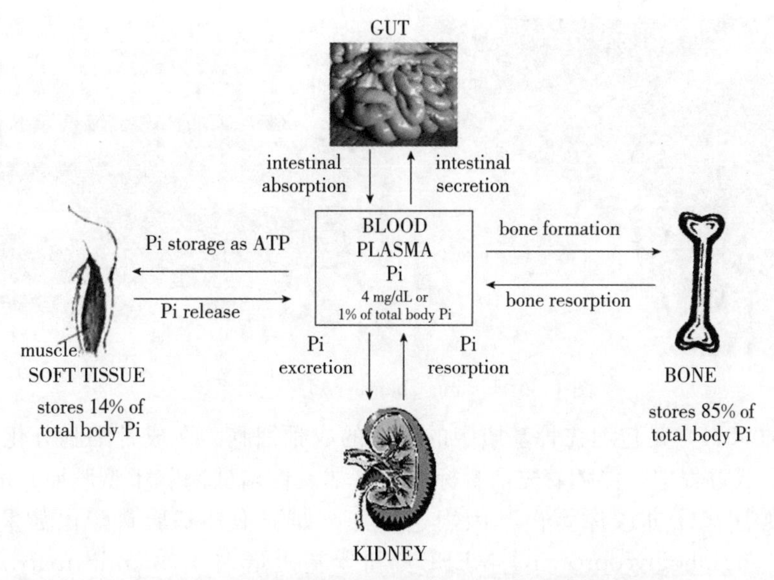


图 1-1　动物通过肠-肾-骨骼轴维持机体中的磷稳态

注：GUT，肠道；SOFT TISSUE，软组织；KIDNEY，肾脏；BONE，骨骼；BLOOD PLASMA Pi，血浆磷；intestinal absorption，肠道吸收；intestinal secretion，肠道分泌；Pi storage as ATP，磷储存为 ATP；Pi release，磷释放；muscle，肌肉；stores 14% of total body Pi，储存全部机体磷的 14%；Pi excretion，磷排泄；Pi resorption，磷吸收；born formation，骨的形成；bone resorption，骨的吸收；stores 85% of total body Pi，储存全部机体磷的 85%；4 mg/dL or 1% of total body Pi，4 mg/dL 或 1%的机体磷。

大肠对无机磷的吸收能力非常有限。动物不同，无机磷在小肠中的最大吸收部位会有差异：兔中 $Na^+$ 依赖型无机磷转运主要发生在十二指肠刷状缘膜，大鼠中空肠无机磷的转运速度最快，而小鼠中 $Na^+$/Pi-Ⅱb 转运蛋白表达量和 $Na^+$ 依赖型无机磷转运速度在回肠中最快。利用体内灌注试验发现，当大鼠肠腔无机磷浓度为 12.5～100 mmol/L 时，Pi 的吸收速度没有受到限制，且吸收速度与其浓度呈线性关系。由此推断，大鼠空肠无机磷的吸收方式是简单扩散。大鼠小肠外翻肠囊能在浆膜溶液中逆电化学梯度吸收 Pi。利用 Ussing Chamber 短路电流系统（图 1-2）对大鼠空肠体外研究发现，Pi 转运是一种主动过程。无机磷主动吸收过程对 $Na^+$ 的依赖型逐渐被发现并证实。大鼠小肠刷状缘膜囊泡（brush border membrane vesicle，BBMV）对 Pi 转运包括两部分：饱和 $Na^+$ 依赖型 Pi 转运（$Na^+$/Pi）和线性非 $Na^+$ 依赖型 Pi 转运（非 $Na^+$/Pi）。当兔十二指肠 BBMV 介质中的 Pi 浓度不高于 1.0 mmol/L 时，Pi 吸收以主动运输为主，其占总 Pi 吸收量的50%～90%。

**2. 骨磷的动态交换**　处于正常骨转换状态的成人每天约有 350 mg 的磷进出骨骼，完成骨磷和血清磷交换。这部分磷的动态平衡对维持骨矿化极为重要，而矿化是骨骼重要的特性之一。维持合适的矿化度对保持骨骼生物力学特性至关重要，骨矿化不足和矿化过度都会使机体产生疾病，如骨软化症及骨硬化症。

生理情况下的骨矿化主要局限在骨骼和牙齿组织中。骨组织中含有多种功能细胞和一组复杂的细胞外基质（extracellular matrix，ECM）。成骨细胞主要集中在骨的表面，专职骨形成和分泌 ECM 的有机或无机成分。分泌的羟基磷灰石和羟基磷酸钙结晶在一些非胶原蛋白的控制下沉积在Ⅰ型胶原三股螺旋纤维的“孔隙”中。陷窝细胞（骨细胞）占所

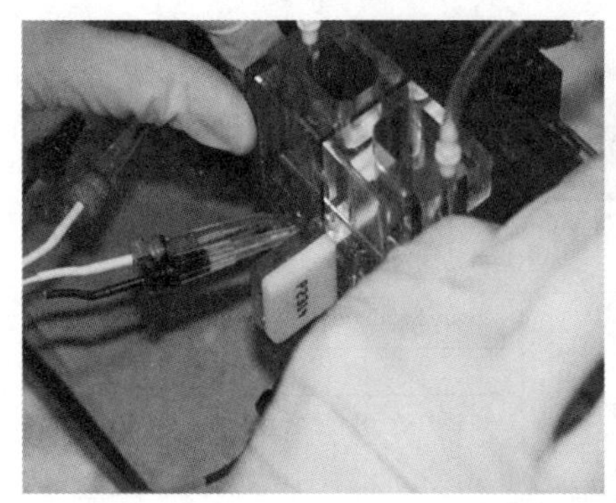
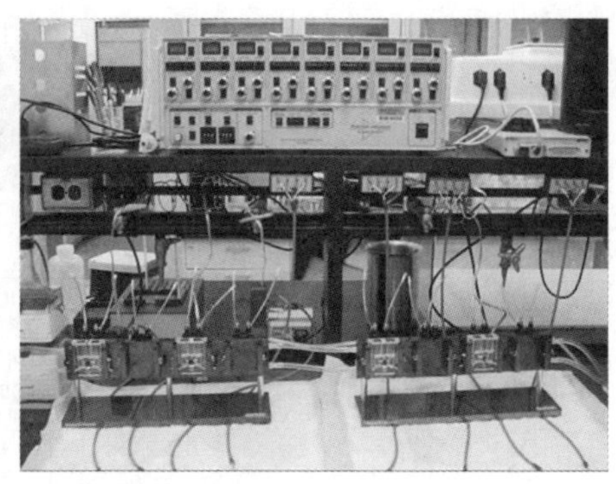

图 1-2 Ussing Chamber 短路电流系统

有骨骼细胞的 90%，是包埋在骨基质中的陈旧的成骨细胞。在成骨细胞分化成为陷窝细胞的骨细胞形成过程中，伴随着先前骨标志物（如碱性磷酸酶和Ⅰ型胶原）的调节过程，有多种编码的阴离子非胶原蛋白基因表达增加，如细胞外基质磷酸化糖蛋白（matrix extracellular phosphoglycoprotein，MEPE）和牙基质蛋白 1（dentin matrix protein 1，DMP1）。骨骼细胞所合成的有机质或无机质以自分泌或者旁分泌的方式参与骨矿化的精密过程，而其所需要的磷主要来自对血液中磷的摄取及 ATP 和 AMP 的水解生成。羟基磷灰石结晶形成的第一步发生在成骨细胞细胞器——膜结合基质囊泡（membrane bound matrix vesicles，MVs）中。随着焦磷酸盐（PPi）的排出，磷酸盐（Pi）不断堆积成为羟基磷灰石，之后 MVs 膜破裂，羟基磷灰石结晶流至细胞外液，结晶在细胞外液中进一步生长和扩大并成为细胞外基质的一部分。矿物质离子 $Ca^{2+}$ 和 Pi（$H_2PO_4^-$/$HPO_4^{2-}$）是这一基本生物学过程的调节枢纽，磷酸盐是其中细胞结构和功能的关键成分。

骨骼局部 PPi 和 Pi 的比值直接影响骨矿化的调节。PPi 包含被羟化的高能酯键连接的 2 个无机磷分子，它是多数组织中许多细胞内代谢反应的副产品，在细胞内外中普遍存在。成人血浆中 PPi 的浓度为 1.19～5.65 μmol/L，而血清磷的含量范围为 0.85～1.44 mmol/L。细胞外 PPi 缺乏会导致骨骼中的羟基磷灰石过度形成，骨矿化受细胞外液 Pi 和 PPi 的严密调控。成骨细胞表达的组织非特异性碱性磷酸酶（tissue-nonspecific alkaline phosphatase，TNAP）可以将细胞外的 PPi 水解成为 Pi。受Ⅰ型胶原纤维调控的 TNAP 共表达，促使羟基磷灰石在骨基质中沉积。一系列调控 PPi 产生和降解的过程维持 PPi/Pi 平衡，进而参与骨矿化和磷稳态的调节。细胞外 PPi 是抑制细胞外磷与钙结晶形成的关键因子，因此可以抑制羟基磷灰石的形成。细胞内 PPi 的形成、转运和降解受成骨细胞中特定基因表达产物的调控。PPi 的形成由核苷酸焦磷酸酶磷酸二酯酶-1（nucleotide pyrophosphatase phosphodiesterase-1，NPP-1）催化三磷酸核苷酸生成的。PPi 向细胞外的转运由多通道跨膜蛋白 ANKH（一种鼠进行性关节强直基因所编码的产物）完成，可以将生成的 PPi 自细胞液中转运到 ECM，以抑制羟基磷灰石结晶的过度生长。PPi 是一种具有矿物质结合能力的小分子，具有抑制磷酸盐与钙结晶形成羟基磷灰石的作用，它的酶促清除作用是促使骨矿化的基础。ECM 中的 PPi 水解主要依赖存在于成骨细胞表面的 TNAP，所以 TNAP 在控制骨骼中的 PPi 水平中起关键作用。TNAP 在通过提供羟基磷灰石形成所需的 Pi 促使骨矿化的同时，还可使 PPi 维持在较低水平，以防止其对矿化的抑制作用。

**3. 肾脏对磷的重吸收**　肾脏通过调节尿磷排泄、在维持机体磷的动态平衡方面起重要作用。肾脏磷排泄取决于肾小球滤过率和肾小管重吸收之间的平衡。磷在肾脏中的重吸收主要是在近端肾小管，正常成年人每日经由肾小球滤过的磷约 9 g，60%～70%在近端小管被重吸收，10%～20%在远端肾小管被重吸收，余下的随尿液排出体外。如图 1-3 所示，在肾小管上皮细胞刷状缘管腔侧存在钠磷协同转运蛋白转运，在 $H^+$ 控制下的 $Na^+$ 依赖型过程进行磷的主动转运，钠吸收的增加亦会增加磷的吸收。在管腔侧，$H^+$ 通过抑制 $Na^+$ 与载体的结合来降低 $Na^+$ 吸收，从而减少磷的重吸收；而在刷状缘的另一侧，$H^+$ 可促进 $Na^+$ 的吸收，再由 $Na^+$ 增加磷的重吸收，这个过程是磷的主动吸收过程。在肾小管上皮细胞基底部 $Na^+$-$K^+$-ATP 酶将 $Na^+$ 自肾小管上皮细胞内泵到间质液中，磷则通过电位梯度的改变被动扩散出去。

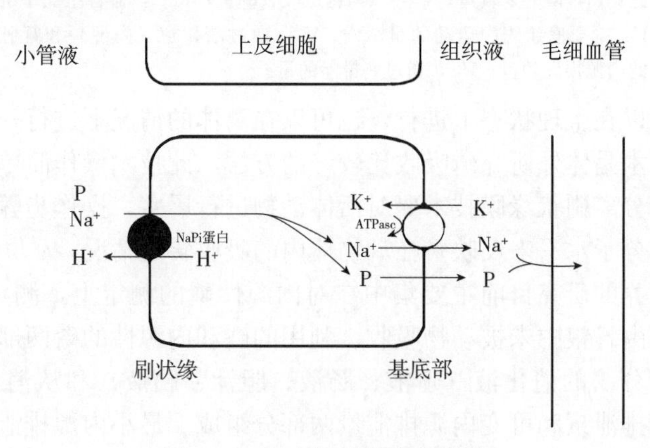


图 1-3　肾小管对磷的重吸收

在磷的重吸收过程中，限制和调节其重吸收的关键点是磷通过刷状缘膜顶端，主要依靠Ⅱa 型钠磷协同转运蛋白（$Na^+$/Pi-Ⅱa）。当血清磷含量降低时，肾小管对磷重吸收的能力增强，尿磷排放量减少，正常肾脏磷阈值约 0.65 mmol/L（2 mg/dL）；当血清磷≤0.65 mmol/L（2 mg/dL）时，尿磷等于或接近 0。人体每日摄入的磷除部分由粪便排出外，约 2/3 经由肾脏排出，因而肾脏对于血清磷水平的调控起关键作用。

动物通过磷的吸收与代谢维持着体内磷的稳态。动物采食的各种饲料（或饮水）进入消化道后，其所含的磷源（外源部分）与各种消化液（唾液、肠液、胆汁、胰液）、消化道脱落细胞中的磷源和消化道壁细胞所分泌进入消化道的磷（内源部分）共同组成消化道内的总磷源。其中一部分在肠道中与其他有机物发生相互作用，形成复合物，难以被动物吸收，而与饲料中未能被分解、吸收的磷一起随粪便排出体外（图 1-4）。在消化道分泌的磷进入胃肠道内容物的同时，被消化道壁中的血管摄取的磷也进入血液，两个过程何者处于优势要视消化道的不同段落而定。进入血液中的磷用于组织合成和矿物质化（特别是骨骼的矿物质化），部分磷经代谢从肾脏和消化道损失。动物胃肠道与血液中的磷，骨骼中沉积与释放的磷，以及肾、肠道中吸收与排泄的磷处于动态平衡之中。

## （二）磷吸收代谢的研究方法

磷的吸收转运影响其稳态。传统的研究方法主要是通过动物个体及组织培养等检测磷的吸收转运，主要体现在动物营养学上的机体研究水平，主要包括体内外微灌注技术、组织培养技术和分离刷状缘膜技术。这 3 种技术从 3 个方面分析了磷的吸收转运情况。体内

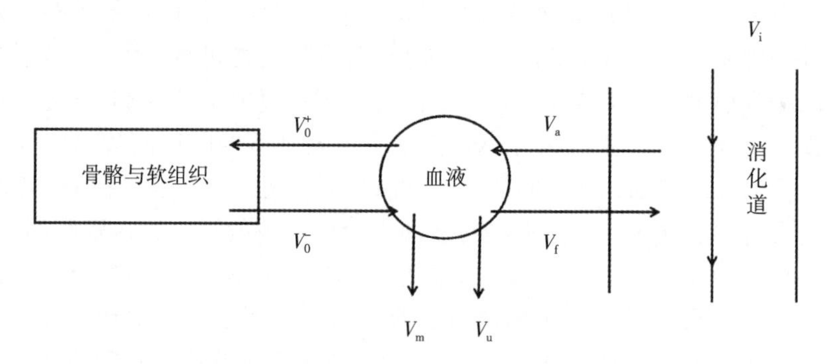


图 1-4　磷在动物体内的消化代谢

注：$V_i$，磷的采食量；$V_a$，从消化道吸收的量；$V_0{}^+$，器官组织中沉积的量；$V_0{}^-$，器官组织中运动的量；$V_f$、$V_u$，通过消化道（粪便）和肾脏（尿液）的内源损失的量；$V_m$，通过奶排泄的量。

外微灌注技术既可以在生理状态下进行，也可以在离体的情况下进行，兼有体内外操作的优势。组织培养技术是体外研究磷吸收比较好的方法，此技术操作简单，条件易控制，具有较好的重复性。分离刷状缘膜技术要对活体动物进行屠宰，操作步骤相对较复杂，但可以从蛋白质水平和分子水平来反映磷在动物体内的吸收转运情况。

对于体内磷营养的研究目前主要集中在对内源性磷的测定上，测定方法如图 1-5 所示。排泄物中的磷由日粮中未被动物吸收、利用的磷和内源性的磷两部分组成。内源性磷主要来自消化道所分泌的消化液（唾液、肠液、胆汁、胰液）和从消化道脱落的上皮细胞，它由最小内源排泄量和可变内源排泄量两部分组成。最小内源排泄量是动物生命活动中不可避免的最小损失量。在正常饲养条件下动物最小内源性磷的排泄量虽小，但仍不可忽略；可变内源排泄量容易受到采食量和矿物质元素生物学效价的影响。其实，最小内源排放量和可变内源排泄量两部分从化学性质上讲没有区别，仅为定义上的不同，但一般文献中谈到的“内源”问题并没有对其加以澄清。

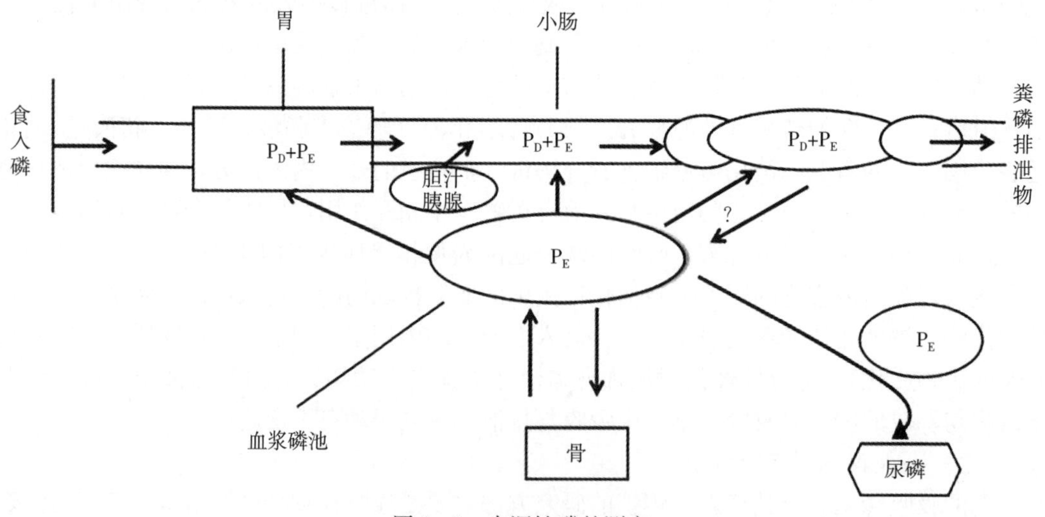


图 1-5　内源性磷的测定

注：$P_D$，日粮磷；$P_E$，内源性磷。

影响内源性磷排泄量的营养因素主要包括饲养水平以及日粮中的钙磷比值、磷水平、纤维素含量、矿物质元素之间的相互作用等。当日粮磷水平接近实际需要量时，内源性磷的排泄量和饲料中磷的真消化率相对稳定，可准确测定。正如内源性氮是准确评定饲料蛋白质氨基酸利用率的基础一样，内源性磷是准确评定饲料磷生物利用率的基础。矿物质元素在体内代谢交换速度快和在消化道的重吸收等原因，使得对内源性磷的测定相对困难。常用的测定内源性磷和磷真消化率的方法包括同位素示踪法、梯度回归法、差量法和体外法 4 种。

**1. 同位素示踪法** 同位素示踪法的原理是当标记的同位素（$^{32}P$）在体内达到稳衡状态时，标记有$^{32}P$的物质在体内各部分与未标记的该物质之比恒定。根据这一关系，就可从标记物和可测组分的量推算出不可测组分的量。以猪为例，其计算方法为：在饲喂待测饲料时，通过静脉向猪体内定量引入放射性同位素$^{32}P$，在待测饲料磷进入小肠以前，血液中同位素达平衡后，测定其在血液中的比放射活性，随后连续 7～10 d 收取粪样，以测定其在粪中的比放射活性，按下列公式计算粪总磷中内源性磷的百分含量：

粪总磷中内源性磷的含量＝（粪中$^{32}P$比放射活性/血液中$^{32}P$比放射活性）×100％

Whittemoro 和 Thompson（1969）首次用$^{32}P$同位素稀释技术测定了内源性磷和饲料中有效磷的含量。但由于示踪同位素在消化道的内循环速度快，因此势必高估内源性磷的排泄量，再者应用此法需要装备良好的放射性同位素实验室，以确保实验人员免遭辐射；同时，应对放射性废物及动物进行妥善处理。但由于满足上述要求的实验室并不多，故该方法至今未能得到广泛应用。

**2. 梯度回归法** Fan 等（2001）借鉴猪内源氨基酸研究的回归截距法，来研究断奶仔猪（5～20 kg）内源性磷的排泄获得了满意的结果。其基本假设为：在日粮某一含磷范围内，消化道食糜或排泄物中磷的总流量与其食入量之间呈线性关系，并设其内源性磷的排泄量不随食入量的变化而变化，此时外推至当食入量为 0 时磷的排泄量（回归截距）即为内源性磷的排泄量。该法的关键是要先检验磷的食入量和排泄量之间是否存在线性关系。在饲喂低磷日粮时，食入磷和粪磷之间的线性关系显著。当粪磷的排泄量用“g/kg DM 日粮”表示时，可以用梯度回归（regression method，REG）法来估测内源性磷的排泄，既克服了无磷日粮法非正常生理条件下动物的不适应性，又避免了同位素稀释技术的不足，是在相对正常饲养条件下测定的结果。

为了探究无磷酸氢钙日粮对生长猪的影响，将 48 头杜×长×大三元杂交生长猪随机分为 2 组，分别饲喂正常磷水平日粮和无磷酸氢钙日粮。结果表明，与正常磷水平日粮组相比，无磷酸氢钙日粮组可显著提高磷的表观消化率，减少粪便中磷的排放，对保护猪场周边的生态环境起到了积极的作用。此研究验证了用 REG 法测定的生长猪有效磷需要量和几种饲料原料磷的真消化率在实际生产条件下是可行的，用 REG 法测定的饲料原料中磷的真消化率来指导饲料生产，不仅可以节约资源、降低成本、增加收入，而且对于保护环境也做出了极大的贡献。

**3. 差量法** 差量法测定磷的真消化率是在进行反刍动物试验时提出来。其基本原理是：假设在一定的磷摄入范围内，内源性磷的排泄量不变，动物前后两次摄入磷之差减去前后两次粪磷之差，即扣除了内源性磷的多摄入磷的真消化量（吸收量），再除以前后两次多摄入磷的量即为所摄入磷的真消化率，用它来代表整个磷的真消化率。差量法使用的前提是前后两次喂给动物磷源的消化率或组成磷源的模式相同，同时内源性磷的排泄不受前后两次摄入磷差异的影响。可以看出，差量法和 REG 法的假设基本一致。因此，用二者测定的结果可以进行相互比较，以检验测定的准确性。通过差量法和回归法测定生长猪内源性磷的排泄量及真消化率发现，两种方法测定的结果基本一致，所得磷真消化率规律相同，证实了差量法和回归法的可行性。

**4. 体外法** 体外法的原理是根据被测饲料的理化特性（主要针对无机磷源）或人工模拟动物胃、肠道消化过程后的某一指标定量测定的结果来表示饲料磷的可利用率，再与动物试验的结果进行相关分析来评价其可行性。

目前，动物磷的需要量大部分建立在加拿大和美国学者以斜率比方法测定的总可利用磷的基础上。现在研究表明，内源性磷的循环对机体磷平衡有重要作用，故在测定动物磷需要量时有必要考虑内源性磷循环的作用。此外，文献数据表明，NRC（1998）推荐的磷需要量很可能高估了猪磷需要量，新版 NRC（2012）建议采用回肠末端法评估猪磷需要量。在测定内源性磷的基础上用真消化率来表示饲料中磷的利用率，并在此基础上配制动物饲料。这样对准确评定饲料中磷的有效含量（或磷的生物学效价）、精确测量磷的营养需要量、充分利用磷资源、降本增效、减少由过量磷的排泄所造成的环境污染都具有重要的理论意义和实际意义。

## 二、磷在体内代谢的分子基础

前文已叙述磷稳态在机体内的重要性，而磷在动物小肠中的吸收和在肾脏中的重吸收是实现动物体内磷稳态和维持磷水平恒定的重要环节。磷的吸收起始于钠与钠磷协同转运蛋白的结合，钠结合协同转运蛋白后，诱导其构型发生改变，结果导致磷酸盐和协同转运蛋白的亲和力增强。在钠离子和磷酸盐结合到协同转运蛋白上以后，协同转运蛋白的二级结构发生改变，随着转运蛋白二级结构的改变，钠和磷从胞外被转运到胞内。

### （一）磷载体转运蛋白

用蛋白酶处理大鼠肠道刷状缘膜囊泡（BBMV）后发现，Pi 的转运活性完全消失，说明特定蛋白参与了对磷的转运吸收。之后人们对磷载体转运蛋白进行了深入研究。目前已经识别了 3 种不同的磷载体转运蛋白类型，分别为 $Na^+$/Pi-Ⅰ、$Na^+$/Pi-Ⅱ和 $Na^+$/Pi-Ⅲ。不同磷载体转运蛋白类型及特点见表 1-2。

**表 1-2 磷载体转运蛋白类型及特点比较**

| 类型 | $Na^+$/Pi-Ⅰ | $Na^+$/Pi-Ⅱ | | | $Na^+$/Pi-Ⅲ |
|---|---|---|---|---|---|
| | | $Na^+$/Pi-Ⅱa | $Na^+$/Pi-Ⅱb | $Na^+$/Pi-Ⅱc | |
| 染色体位点 | Chr 6 | Chr 5 | Chr 4 | Chr 4 | Chr 2 或 Chr 8 |
| 氨基酸数量 | 465 | 635 | 697 | 672 | 679 或 656 |
| 跨膜结构域 | 6～8 | 8 | 8 | 8 | 10 |
| $k_m$ | 0.2～0.3 mmol/L | 0.1～0.2 mmol/L | 0.05 mmol/L | 0.05～0.2 mmol/L | 0.025 mmol/L |

（续）

| 类型 | Na⁺/Pi-Ⅰ | Na⁺/Pi-Ⅱ | | | Na⁺/Pi-Ⅲ |
|---|---|---|---|---|---|
| | | Na⁺/Pi-Ⅱa | Na⁺/Pi-Ⅱb | Na⁺/Pi-Ⅱc | |
| pH 依赖型 | 不依赖 | 依赖高 pH | 依赖低 pH | 依赖低 pH | 依赖低 pH |
| 组织表达 | 肾脏、肝脏 | 肾脏 | 小肠、肺脏 | 肾脏 | 普遍 |
| 细胞定位 | 细胞外膜 | 细胞外膜 | 细胞外膜 | 细胞外膜 | 细胞基质 |
| 调控因子 | 胰岛素、胰高血糖素 | 日粮磷、GH、PTH、维生素 $D_3$、GC、EGF 等 | 日粮磷、GH、维生素 $D_3$、GC 等 | 日粮磷、GH、PTH、维生素 $D_3$、GC、EGF 等 | 日粮磷、维生素 $D_3$ |

**1. $Na^+$/Pi-Ⅰ** 兔 $Na^+$/Pi-Ⅰ是此蛋白家族中第 1 个被克隆的成员，其由 465 个氨基酸序列及 6～8 个跨膜螺旋构成，目前该蛋白已在兔、小鼠、大鼠、人类成功克隆。已发现 $Na^+$/Pi-Ⅰ mRNA 主要在肾皮质、肾小管、肝脏及大脑中表达，该蛋白在体内磷稳态调控中发挥了重要作用。$Na^+$/Pi-Ⅰ蛋白表达调控的特性为依赖于介质中 pH 的变化、介质中 Pi 浓度的低依赖型、不受日粮磷水平及甲状旁腺素（PTH）调控等。

**2. $Na^+$/Pi-Ⅱ** 目前认为，$Na^+$/Pi-Ⅱ型蛋白家族在磷的主动转运调控中发挥了主要作用，$Na^+$/Pi-Ⅱ蛋白基因敲除小鼠其小肠磷的主动吸收降低 70%～90%。已发现的 $Na^+$/Pi-Ⅱ型蛋白家族包括 3 个成员，即 $Na^+$/Pi-Ⅱa、$Na^+$/Pi-Ⅱb 和 $Na^+$/Pi-Ⅱc，分别由 *SLC34A1*、*SLC34A2* 和 *SLC34A3* 基因编码。$Na^+$/Pi-Ⅱ型蛋白家族与 $Na^+$/Pi-Ⅰ蛋白在系列上存在 20%的同源性。已有的研究表明，$Na^+$/Pi-Ⅱa 由 640 个氨基酸残基和 8 个跨膜螺旋构成，而 $Na^+$/Pi-Ⅱb 由 690 个氨基酸残基和 8 个跨膜螺旋构成，NPT-Ⅱc 由 601 个氨基酸残基和 8 个跨膜螺旋构成。3 个蛋白成员在跨膜螺旋上存在高度的相似性，其序列上的差异主要存在于 N-末端及 C-末端。$Na^+$/Pi-Ⅱa 首次在小鼠和人的肾皮质 cDNA 文库中被克隆，其主要表达部位是肾小管刷状缘膜囊泡微绒毛，其他表达部位有骨骼和神经元。其中，在肾传代培养细胞（opossum kidney cells，OK cells）中的表达活性最强，其分子质量大小为 80～90 ku。对 $Na^+$/Pi-Ⅱa 分子结构的研究表明，其三级结构中存在的胞内环（ICL1）与胞外环（ECL3）是该蛋白参与磷主动转运的关键功能结构域。ICL1 与 ECL3 之间蛋白片段的剪切，导致磷的主动吸收降低 50%。$Na^+$/Pi-Ⅱa 表达的特点主要是 $Na^+$ 依赖（Na：Pi=3：1）、顺电化学梯度、pH 依赖（在 6.0～8.0 范围的表达量较高）及对 0.1～0.2 mmol/L 浓度介质 Pi 的高亲和性。目前认为，$Na^+$/Pi-Ⅱa 参与肾脏磷的重吸收调控主要受血清磷、血清钙、PTH、磷调素（phosphatonins）、Klotho 蛋白等因素的影响。$Na^+$/Pi-Ⅱa 与 $Na^+$/Pi-Ⅱc 序列上有 57%～75%的同源性，与 $Na^+$/Pi-Ⅱa功能相似，$Na^+$/Pi-Ⅱc 被认为是肾脏磷重吸收的另外一个重要通道蛋白。通过对爪蟾卵母细胞 $Na^+$/Pi-Ⅱa 的反义杂交及小鼠肾皮质 $Na^+$/Pi-Ⅱa mRNA 的消减杂交试验发现，$Na^+$/Pi-Ⅱa 被抑制表达后，仍然存在 30%的磷被主动吸收，随后人们从人、小鼠及大鼠肾脏中分离出了 $Na^+$/Pi-Ⅱc 蛋白。$Na^+$/Pi-Ⅱc 蛋白的表达与年龄相关，在新生小鼠中的表达量最高，随后逐步递减。与 $Na^+$/Pi-Ⅱa 蛋白表达特点相似的是：$Na^+$/Pi-Ⅱc 也存在 pH 依赖，当 pH 由 5.5 增加到 7.5 时，磷的吸收率增加 93%。但不同的是，$Na^+$/Pi-Ⅱc 电化学属性为电中性，$Na^+$ 依赖量为 Na：Pi=2：1。

$Na^+/Pi$-Ⅱb是目前在动物小肠中唯一被发现的调节无机磷跨膜转运的通道蛋白。该蛋白首次在人体肺脏组织中被克隆，随后在多种组织（小肠、结肠、肝脏、大脑、肾脏、睾丸和卵巢等）中检测到表达。小鼠小肠 $Na^+/Pi$-Ⅱb 大小为 108 ku，位于小肠内膜。$Na^+/Pi$-Ⅱb 和 $Na^+/Pi$-Ⅱa 具有很大程度的结构相似性，其 N-末端及 C-末端都伸向细胞内侧，抗原决定簇都位于蛋白的第 1 和 4 亲水区。区别包括蛋白质的 2 个末端和胞外环，$Na^+/Pi$-Ⅱb 蛋白包含 6～10 个半胱氨酸残基，而 $Na^+/Pi$-Ⅱa 则没有。胞外环结构的差异包括：前者为 45 个氨基酸，后者为 27～28 个氨基酸。在表达特点上，与 $Na^+/Pi$-Ⅱa 比较，$Na^+/Pi$-Ⅱb 的表达也是 $Na^+$依赖（Na：Pi＝3：1）、顺电化学梯度、pH 依赖及介质 Pi 的高亲和性，但 $Na^+/Pi$-Ⅱb 对 pH 的依赖不如 $Na^+/Pi$-Ⅱa 敏感（pH 在 6.0～8.0 内，蛋白表达的增加量不明显），且介质 Pi 的最适宜浓度为 0.05 mmol/L。通过对基因敲除突变型小鼠（$Na^+/Pi$-Ⅱb）的研究发现，$Na^+/Pi$-Ⅱb 缺失小鼠其小肠各段磷吸收率比野生型降低 90% 以上。在人低磷血症（hypophosphatemia）、遗传性低血磷性佝偻病（hereditary hypophosphatemic rickets with hypercalciuria，HHRH）患者中也检测到了小肠 $Na^+/Pi$-Ⅱb 的突变基因。由此表明，$Na^+/Pi$-Ⅱb 载体蛋白在动物小肠磷运转及吸收中发挥着核心作用，是关键的功能性蛋白。目前在多种生物（包括啮齿类、人、兔及鸡）小肠中已克隆出该蛋白基因。由于猪是磷污染最主要的排放源，因此猪小肠 $Na^+/Pi$-Ⅱb 的克隆及分子特性则显得尤为重要，该基因 cDNA 完整序列克隆已由方热军教授所领导的课题组完成。

**3. $Na^+/Pi$-Ⅲ** $Na^+/Pi$-Ⅲ转运蛋白最初被认为是长臂猿白血病病毒（gibbon ape leukemia virus，GALV）细胞表面受体和鼠双嗜性白血病病毒（amphotropic murine leukemia virus，AMLV）受体，它与Ⅰ、Ⅱ型转运蛋白的同源性很低（<20%），在绝大多数组织中表达，具有 10 个跨膜区。人类 $Na^+/Pi$-Ⅲ 转运蛋白（inorganic phosphate transporter，PiT）同工体为 PiT-1 和 PiT-2。Ⅲ型钠磷协同转运蛋白是细胞表面滤过性毒菌受体，其表达普遍存在，相关的 mRNA 已经从肾脏、甲状旁腺、骨骼、肝脏、肺脏、横纹肌、心脏和大脑中分离得到。从 mRNA 水平上讲，Ⅲ型钠磷协同转运蛋白要比Ⅱ型钠磷协同转运蛋白低 2 个数量级。它在近端肾小管中的作用似乎不是磷的跨膜转运，而是当进入细胞内的磷不足时，为满足细胞代谢进行的细胞内磷吸收。到目前为止，Ⅲ型钠磷协同转运蛋白在细胞膜上的定位尚不是很清楚，其表达似乎也不受甲状旁腺素（PTH）的调控。

### （二）动物肠道 $Na^+/Pi$ 转运的特点

**1. $Na^+/Pi$ 摄入量随动物生长阶段的不同而发生改变** 动物肠道刷状缘膜囊泡（BBMV）中 $Na^+/Pi$ 转运的最大速度（$V_{max}$）随动物日龄的增加而降低，但米氏常数（$k_m$）值不变。动物肠道 $Na^+/Pi$ 转运随年龄的变化与 $Na^+/Pi$-Ⅱb 蛋白及其基因表达相关。初生仔猪和哺乳仔猪肠道 BBMV 中 $Na^+/Pi$ 转运 $V_{max}$分别为 1.9～2.2 nmol/（mg 蛋白・10 s）和0.4～0.6 nmol/（mg 蛋白・10 s）。小鼠肠道 BBMV 中 $Na^+/Pi$ 转运的 $V_{max}$ 在 14 日龄时最高，随后逐步降低，大鼠和兔肠道 BBMV 中 $Na^+/Pi$ 转运呈现类似变化趋势。$Na^+/Pi$-Ⅱb 表达也随动物日龄的增加出现类似变化。小鼠肠道 $Na^+/Pi$-Ⅱb 的表达随日龄增加而降低，14 日龄时 $Na^+/Pi$-Ⅱb 转运蛋白及 mRNA 水平最高，以后随日龄降低。反刍动物肠道 Pi 吸收率升高趋势可以持续较长的时间。研究显示，山羊出生后第 1 周，空肠就呈现出 Pi 的较高转运能力，以后持续上升，直到 11 周龄才开始下降。

$Na^+$/Pi-Ⅱb转运蛋白及其 mRNA 的表达量呈现相同趋势。

**2. $Na^+$/Pi 转运分布的组织差异**　哺乳动物吸收 Pi 的主要部位是小肠，而马的大肠和反刍动物的前胃也可吸收部分 Pi，虹鳟幽门盲囊中存在 $Na^+$/Pi 主动转运方式。$Na^+$/Pi-Ⅱb 转运蛋白也可在动物的不同器官中表达。研究表明，小鼠小肠、结肠、肺脏、肝脏、大脑、肾脏和睾丸中都有 $Na^+$/Pi-Ⅱb 转运蛋白分布。Hiromi 等（1998）在大鼠脑神经细胞中发现了脑特异性 $Na^+$/Pi 转运体和与分化相关的 $Na^+$/Pi 转运体。$Na^+$/Pi-Ⅱ转运系统在同种动物不同肠段的分布也不尽相同。兔 $Na^+$/Pi 转运在十二指肠 BBMV 最高，大鼠十二指肠对磷表现出最高的转运速度，小鼠回肠中 $Na^+$/Pi-Ⅱb 转运蛋白含量最多，BBMV 中 $Na^+$/Pi 转运速度也是回肠中最高。但是这并不能表明大鼠回肠的 Pi 摄入量最高，因为食糜在各个肠段的停留时间并不相同。

**3. Na/Pi 转运受低磷日粮的调控**　动物小肠能够根据日粮 Pi 的摄入量来调整 Pi 的吸收速度。低磷情况下，Pi 吸收效率提高。低磷日粮提高了小肠 BBMV 转运蛋白对 Pi 的 $V_{max}$，而 $k_m$ 不受影响。在小鼠、鸡、绵羊、大鼠等动物小肠 BBMV 的 $Na^+$/Pi 转运研究中都得到了相似的结论。

低磷日粮可以提高小肠 $Na^+$/Pi-Ⅱb 转运蛋白及其 mRNA 表达水平。研究发现，低磷日粮增加了小鼠十二指肠和空肠 $Na^+$/Pi-Ⅱb 转运蛋白含量及其 mRNA 丰度。维生素受体缺陷型小鼠采食低磷日粮后，其小肠中 $Na^+$/Pi-Ⅱb 蛋白和 mRNA 水平显著升高，野生型小鼠呈现类似趋势。对维生素 D 受体缺陷型和缺乏 1-a 氢化酶的小鼠肾脏 $Na^+$/Pi-Ⅱa 和肠道 $Na^+$/Pi-Ⅱb 转运蛋白的研究证实了上述结论。小鼠采食低磷日粮后，其肠道细胞 BBMV 中 $Na^+$/Pi-Ⅱb 转运蛋白含量增加，$Na^+$/Pi 转运效率提高，但 $Na^+$/Pi-Ⅱb 转录水平没有随日粮磷水平的变化而发生改变。

### （三）猪鸡无机磷的主动转运吸收

**1. 猪 $Na^+$依赖型无机磷转运**　猪小肠和肾脏刷状缘膜囊泡（BBMV）中存在相似的 $Na^+$/Pi 转运系统，对于因维生素 D 缺乏造成的软骨病猪，其小肠和肾脏 BBMV 中的 $Na^+$/Pi转运速度都降低。猪肠道 $Na^+$/Pi 转运速度受到 $Na^+$ 浓度、pH 和维生素 D 的影响。$Na^+$/Pi 转运呈 S 曲线形式，运输过程中多个 $Na^+$ 参与吸收 1 个 Pi。提高 $Na^+$ 水平可增加转运系统对磷的表观亲和力，但对磷转运 $V_{max}$ 的影响较小，提高 pH 可增加磷的转运。屠宰前 3 d 给患佝偻病的仔猪注射维生素 $D_3$，可增加其小肠黏膜 $Na^+$/Pi 的转运速度。但维生素 $D_3$ 对 Na/Pi 转运的影响可能与猪生长阶段有关，新生和哺乳仔猪肠道对磷的吸收不需要维生素 $D_3$ 的参与，典型的维生素 $D_3$ 依赖型磷吸收机制直到断奶才发生。

猪肾脏 LLC-PKl 细胞磷转运系统与肠道刷状缘膜中 $Na^+$/Pi 系统相似。孵育介质中磷、$Na^+$浓度和 PTH、地塞米松、砷酸盐、乌本苷、2，4-二硝基酚或 KCN 均可影响磷的转运。据报道，猪肾脏磷转运经饱和依赖 $Na^+$、不饱和不依赖 $Na^+$ 两种方式形成。磷通过刷状缘膜 $Na^+$/Pi 转运进入肾脏近端肾小管，转运活性在降低磷供应量后显著升高。无磷介质显著提高了 $Na^+$/Pi 摄入量的 1.8～5.8 倍，但降低了细胞磷（70%～80%）和 ATP 含量（17%～30%）。磷吸收量的增加依赖于基因转录和蛋白合成，此过程受到环己酰亚胺和 3-脱氧腺苷的抑制作用。可能有两种机制参与猪肾脏对低磷的适应过程：一是长期适应，涉及新蛋白的合成；二是短期适应，涉及已存在的转运系统激活即钝化反应。试验显示，降低猪肾脏细胞外磷浓度 10 min 后，$Na^+$/Pi 转运活性提高 30%；而在无磷介质中温育 15 h 后，$Na^+$/Pi 转运速度提高了 2 倍。

温育介质中 $Na^+$ 可显著提高 $V_{max}$，但对 $k_m$ 无影响。研究肾脏、肝脏和心脏细胞对低磷的适应性发现，所有细胞对磷吸收都呈现出依赖 $Na^+$ 的特性；当 $Na^+$ 被取代之后，磷的摄入量降低。地塞米松可促进肾脏 $Na^+$/Pi、$Na^+$-$SO_4^{2+}$ 转运速度和 $Na^+$/Pi-Ⅱ蛋白及其 mRNA 的表达，而 PTH、砷酸盐、乌本苷、2，4-二硝基酚和 KCN 可抑制 $Na^+$/Pi 转运。

对猪 $Na^+$/Pi-Ⅱb 分子结构及特性研究表明，$Na^+$/Pi-Ⅱb cDNA 序列长度为 2 016 bp，含有 671 个氨基酸的开放编码区，且猪与人、鸡该序列的相似度分别达到了 83.1%和 78.7%。而关于 pH 对 $Na^+$/Pi-Ⅱb 的影响研究表明，生长猪 BBMV 对磷的主动吸收在酸性 pH 下受到抑制。$Na^+$水平影响 BBMV 对磷的主动吸收，在 pH 为 7.4 条件下，转运 1 个磷酸根离子，至少需要 2 个 $Na^+$ 与其协同转运；在 pH 为 7.4 条件下，五指山猪空肠磷转运系统对磷的亲和力较大白猪高，且 $V_{max}$ 也比后者略高，但是差异均不显著。在五指山猪十二指肠中未检测到 $Na^+$/Pi-Ⅱb 蛋白，根据不同肠道 $Na^+$/Pi-Ⅱb 的 mRNA 水平和蛋白表达水平表明，$Na^+$/Pi-Ⅱb 磷转运系统主要存在于猪回肠中，而在十二指肠中由 $Na^+$/Pi-Ⅱb 介导的磷吸收较少。

**2. 鸡 $Na^+$ 依赖型无机磷转运** 家禽 Pi 吸收部位主要在小肠前段，$Na^+$/Pi-Ⅱb mRNA 表达量也随肠道向后推移而降低。用内标法（钇 Y91）研究发现，维生素 $D_3$ 对 Pi 吸收起最大作用的肠道部位是空肠上段。外翻肠囊法研究发现，Pi 吸收效率随肠段的后移而降低，即十二指肠＞空肠＞回肠。通过 northern blotting 方法对 28 日龄肉鸡肠段进行检测，结果显示，十二指肠中 $Na^+$/Pi-Ⅱb mRNA 表达量最高，空肠次之，回肠最低。通过实时定量 RT-PCR 方法也进行了相关研究，与前期结果一致，即随肠段向后推移，$Na^+$/Pi-Ⅱb mRNA 表达量降低。

维生素 $D_3$ 提高 $Na^+$/Pi 转运而增加总 Pi 转运，对非 $Na^+$/Pi 转运没有影响。通过小肠原位结扎、外翻肠囊，以及刷状缘膜囊泡法等研究显示，维生素 $D_3$ 及其活性形式 1，25-（OH）$_2$-$D_3$ 可促进肠道 Pi 转运，不影响 $k_m$ 值。三碘甲状腺原氨酸（T3）和四碘甲状腺原氨酸（T4）都可提高鸡胚小肠 $Na^+$/Pi 转运。用鸡胚小肠培养法发现，孵育时间为 48 h 时，T3 显著提高了 Pi 的摄入量。同样方法研究显示，T4 可单独作用促进 Pi 转运；但当与维生素 $D_3$ 协同作用时，可进一步提高 Pi 的摄入量。而在发育早期（17 d）鸡胚小肠中，没有与 1，25-（OH）$_2$-$D_3$ 相互作用而显著提高 Pi 的转运。另外，$NH_4Cl$ 与赖氨酸、乌苯苷及代谢抑制剂都能够阻断鸡小肠 Pi 跨膜转运。

探讨不同日粮磷水平对 $Na^+$/Pi-Ⅱb 的影响研究表明，血清磷随日粮磷水平的提高而升高，血清钙随日粮磷水平的提高而下降；日粮总磷水平在 0.8%时，血清碱性磷酸酶的活性最低，而钙磷代谢率最高；与对照组相比，较低磷（TP 为 0.4%）提高了肉鸡空肠前段和空肠后段 $Na^+$/Pi-Ⅱb mRNA 的表达水平，而高磷（TP 为 0.8%、1.0%）则降低了肉鸡十二指肠、空肠段 $Na^+$/Pi-Ⅱb mRNA 的表达水平；十二指肠和空肠前段对磷的吸收率随饲料磷水平的提高而下降，各肠段对磷的体外吸收率在较低磷（TP 为 0.4%）时最高。结果提示，在低磷日粮条件下，提高日粮磷水平可上调 $Na^+$/Pi-Ⅱb mRNA 的表达量，促进磷的吸收；当日粮磷水平过高时，则可抑制 $Na^+$/Pi-Ⅱb mRNA 的表达。

## 三、影响磷吸收的作用因子

前文已经述及，机体磷稳态是指包括骨磷、细胞内磷、a-Klotho、维生素 D、PTH、

FGF23及各种细胞因子、信号通路等在内的一个完整系统的平衡。磷稳态的调节主要是通过肾脏磷重吸收与排泄、小肠磷吸收和骨骼中磷动态交换3个主要环节来维持。在调节体内磷稳态的多个因子中，维生素D、PTH、表皮生长因子、FGF23、糖皮质激素、1，25-（OH)$_2$-D$_3$、EGF等尤其重要，不同作用因子的作用部位与作用条件均不同。

### （一）维生素D

维生素D$_3$对磷酸盐的动态平衡起重要的调节作用，其活性形式是1，25-（OH)$_2$-D$_3$，主要在肾脏中，由25-OH-D$_3$合成而来。研究显示，1，25-（OH)$_2$-D$_3$增加磷的吸收是通过对钠、磷协同转运蛋白的调节来实现的。维生素D是保证钙、磷有效吸收的基础。维生素D为类固醇衍生物，其中较为重要的2种是维生素D$_2$和维生素D$_3$。皮下组织的7-脱氢胆固醇经紫外线照射后可转化为维生素D$_3$，酵母和植物油也可经紫外线照射转化为维生素D$_2$。当维生素D缺乏时，机体对钙、磷的吸收减少，血清钙、血清磷降低，在成骨细胞合成骨基质和胶原纤维时不能进行钙化，骨骺端出现膨大和变宽的骨样组织，骨结构变软不能支持体重而发生畸形，严重影响骨代谢。因此，维生素D最主要的生理功能是在钙、磷吸收过程中具有决定性的调节作用，其主要靶器官是肾脏、小肠和骨骼。

**1. 对肾脏中磷吸收的作用**　维生素D$_3$在肝细胞线粒体中经维生素D$_3$-25-羟化酶系的作用和在辅酶Ⅱ（NADPH）、O$_2$的参与下羟化为25-（OH）-D$_3$。25-（OH）-D$_3$和血浆中的$\alpha_2$-球蛋白结合被运输到肾脏。在肾脏近曲小管上皮细胞线粒体，经1-α羟化酶系的作用和NADPH、O$_2$的参与继续羟化为1，25-（OH)$_2$-D$_3$。1，25-（OH)$_2$-D$_3$是活性最高的维生素D，可直接增强近曲小管对钙、磷的重吸收，使血清钙、血清磷浓度升高及尿钙、尿磷浓度降低。肾线粒体存在的24-羟化酶可将25-（OH)$_3$-D$_3$羟化为活性比1，25-（OH)$_2$-D$_3$低的24，25-（OH)$_2$-D$_3$。

**2. 对小肠中磷吸收的作用**　动物体内的维生素D对调节小肠磷吸收起到重要作用。体外试验发现，维生素D可提高动物肠道组织中由黏膜到浆膜的$Na^+$/Pi单向流通速度。维生素D对动物磷的吸收可能受到年龄的影响。

维生素D可提高动物BBMV中$Na^+$/Pi的$V_{max}$，但$k_m$值不变，维生素D对不依赖$Na^+$的Pi转运（被动扩散）没有影响。在$Na^+$浓度梯度条件下，以维生素D处理的动物小肠BBMV中Pi吸收量至少是对照组维生素D缺乏动物的2倍。无$Na^+$存在时，Pi吸收量在对照组和维生素D处理组相近。Pi转运的$V_{max}$随维生素D水平的增加而增加。当细胞外$Na^+$浓度达到100 mmol/L时，表观$k_m$值保持不变。在鸡和大鼠试验中，降低日粮磷含量可促进Pi转运，这种作用可能依赖于血浆维生素D水平的升高，但转运系统中$Na^+$浓度并没有出现变化。给维生素D缺乏的鸡补充维生素D后，其膜囊内$Na^+$/Pi吸收速度可显著提高2倍（产生了“超射现象”）。维生素D$_3$可提高$Na^+$/Pi-Ⅱb mRNA的表达，与野生型的小鼠相比，维生素D受体缺乏可抑制动物肠道$Na^+$/Pi-Ⅱb蛋白的表达；用低磷日粮处理之后，野生型小鼠$Na^+$/Pi-Ⅱb蛋白的表达量显著升高，维生素D受体缺陷型小鼠$Na^+$/Pi-Ⅱb蛋白表达量未发生改变。

**3. 对骨骼中磷吸收中的作用**　骨骼是机体巨大的钙、磷库，对保持体液钙、磷水平的稳定具有重要作用。1，25-（OH)$_2$-D$_3$能刺激破骨细胞以促进骨质溶解，同时能使佝偻病患儿血浆钙、磷升高而促进骨质钙化。在钙、磷供应充足，血清钙、血清磷正常的情况下，1，25-（OH)$_2$-D$_3$主要是促进骨矿化；只有当血清钙下降、肠钙吸收尚不足以维持血清钙正常水平时才刺激破骨细胞前体转化为破骨细胞，促进骨的吸收，增加血清钙、血清磷浓度。维生素 D 对骨骼的作用十分复杂，对骨代谢呈双相作用，既能促进骨的形成，也可刺激骨的吸收。它可以控制骨骼中钙与磷的储存，改善骨骼中钙、磷的活动状态。维生素 D 除了可从如上所述的诸多方面调控钙、磷的吸收和代谢，为骨的矿化提供钙的来源，间接影响机体骨代谢外，还可以对骨的吸收和形成起到直接作用。

现在的研究结果表明，维生素 D 代谢物对骨组织的直接作用可归纳为如下几点：①作为骨基质蛋白基因转录的调节因子，促进成骨细胞合成和分泌骨钙素，影响骨胶原的合成，从而提高骨的矿化速率。②直接促进破骨细胞前体细胞向成熟的破骨细胞转化，增加破骨细胞的数量而促进骨的吸收，使血清钙浓度升高。动物试验表明，维生素 D 对卵巢切除大鼠有逆转骨质疏松的作用，能抑制骨转换，改善骨小梁微结构，增加骨盐沉积，在骨量增加的同时还可改善骨的力学指标。适量的维生素 D 既刺激成骨，也抑制破骨，可防止骨丢失。③1，25-（OH)$_2$-D$_3$通过活化和抑制相关的转录因子，来调节成骨过程。④防止成骨细胞衰老，同时对老化的成骨细胞有增强成骨的作用。⑤破骨细胞的功能维持与分化也需要维生素 D 的调节。

### （二）甲状旁腺素

甲状旁腺素（PTH）对钙、磷和其他无机离子的重吸收有重要作用。PTH 是调节肾脏磷重吸收的主要因子。PTH 在肾脏中能激活 1，25-羟化酶的活性，使维生素 D$_3$转化成活性形式的 1，25-（OH)$_2$-D$_3$。给摘除甲状旁腺的大鼠静脉注射 PTH 后 8 min，即能观察到尿中磷酸盐增多。临床病例也证明，当血浆 PTH 含量升高时，肾小管对磷的重吸收减少，造成血清磷浓度降低。反之，当血浆 PTH 含量降低时，肾小管对磷的重吸收增加，而血清磷浓度升高。PTH 抑制磷重吸收的作用部位在近曲小管，激素（PTH 和心房钠尿肽）和非激素（一氧化氮）等因素能活化细胞信号转导途径，引起 $Na^+$/Pi-Ⅱa 内化，内化过程首先通过膜表面网格蛋白结构形成内含体，再经过溶酶体降解 $Na^+$/Pi-Ⅱa。在近曲小管上皮细胞内，PTH 与顶膜激活蛋白激酶 C（protein kinase C，PKC）的受体结合，激活 PKC 和环磷腺苷（cAMP）/蛋白激酶 A（protein kinase A，PKA）途径。PKA 和 PKC 活化后引起 $Na^+$/Pi-Ⅱa 灭活的确切步骤还不清楚，但有丝分裂原激活蛋白（MAP）激酶（细胞外受体激酶 ERK1/2）可能参与其中。

### （三）表皮生长因子

表皮生长因子（epidermal growth factor，EGF）是最小的一种多肽，分子质量为 6 ku，含有 53 个氨基酸残基，分子内含有 3 个二硫键，对热和酸稳定，不易被胰蛋白酶及糜蛋白酶消化，广泛存在于乳液、唾液、尿液、肠液、血液、羊水等液体中。EGF 是调节肠道磷吸收的重要因素之一。研究发现，EGF 可在转录水平上调节大鼠小肠细胞及人小肠细胞（Caco-2 细胞）$Na^+$/Pi-Ⅱb 的表达，使 $Na^+$/Pi-Ⅱb mRNA 丰度下降 40%～50%。进一步研究表明，EGF 通过修饰 c-myb 蛋白与 $Na^+$/Pi-Ⅱb 的亲和力，然后通过 PKC/PKA 和丝裂原活化蛋白激酶（mitogen activated protein kinase，MAPK）信号通路实现下游启动子功能的调节，从而抑制 $Na^+$/Pi-Ⅱb 的转录活性而降低其表达水平。由此说明，EGF 可通过调节 $Na^+$/Pi-Ⅱb 的表达来影响肠道磷的吸收。

### （四）成纤维细胞生长因子 23

成纤维细胞生长因子 23（FGF23）主要在成骨细胞、骨细胞中表达，以在骨细胞中的表达为主，在唾液腺、胃、肌肉、肝脏、肾脏等其他组织中也有微量表达。人类FGF23基因定位于染色体12p13，共有3个外显子及2个内显子，其编码产物属于FGF家族成员（FGF19亚家族）。FGF23分子质量为32 000 U，含251个氨基酸的糖蛋白。通过切除N端24个氨基酸的信号肽链、经GALNT3酶O-糖基化处理后，25～251位的FGF23以成熟蛋白形式分泌到血液中。血液中FGF23以完整的具有生理活性的25-FGF23-251及无生物活性的25-FGF23-179两种短链形式存在。FGF23发挥生理功能的主要靶器官为肾脏，一方面，可直接下调肾脏近曲小管上皮细胞内$Na^+$/Pi-Ⅱa和$Na^+$/Pi-Ⅱc的表达，而降低磷从原尿中的重吸收，而不是通过降低血清1，25-$(OH)_2$-D水平或增加PTH水平来间接实现。另一方面，因为1-羟基酶（Cyp27b1）和24-羟基酶（Cyp24a1）分别为肾脏合成和分解1，25-$(OH)_2$-D所需要的酶，FGF23通过下调1-羟基酶、上调24-羟基酶在肾脏近曲小管的表达从而降低活性1，25-$(OH)_2$-D的合成，下调的1，25-$(OH)_2$-D能减少磷从小肠中的吸收，故FGF23的主要功能是下调血清磷的浓度。

### （五）其他调节因子

雌激素与神经肽具有类似的调控作用，可增加$Na^+$/Pi-Ⅱb mRNA的表达。研究表明，雌二醇可激活大鼠肠道NPT-Ⅱb的转录，增加$Na^+$/Pi-Ⅱb蛋白及其mRNA的表达量，提高肠道$Na^+$/Pi的转运效率。以人结肠腺癌模型细胞（human colon carcinoma cell，Caco-2细胞）为体外模式细胞的研究发现，雌激素能增加Caco-2细胞内源性$Na^+$/Pi-Ⅱb mRNA的表达；而利用RT-PCR技术检测人小肠上皮细胞及Caco-2细胞磷吸收率表明，神经肽具有类似的作用。糖皮质激素与EGF具有相似的功能，给新生小鼠注射糖皮质激素，能延迟小鼠小肠的成熟，并降低$Na^+$/Pi-Ⅱb蛋白的表达及Na/Pi的吸收。

## 四、磷代谢调控的分子机理

$Na^+$/Pi在调节磷代谢动态平衡过程中发挥重要作用。磷在小肠中的吸收由$Na^+$/Pi-Ⅱb介导的主动吸收和浓度梯度造成的被动吸收共同完成，$Na^+$/Pi-Ⅱb介导的主动吸收受1，25-$(OH)_2$-$D_3$调控。骨骼是磷的最大储存库，主要与钙以羟基磷酸盐的形式存在，构成机体骨组织主要的无机成分。血清磷浓度降低通过激活PTH和1，25-$(OH)_2$-$D_3$途径引起骨释放的磷入血，进而上调血清磷浓度。肾脏近曲小管对磷的重吸收是磷代谢调节中的关键步骤，经过肾小球滤过到原尿中的磷70%在近曲小管通过$Na^+$/Pi-Ⅱa、$Na^+$/Pi-Ⅱc、PiT1重吸收至血液。$Na^+$/Pi-Ⅱa、$Na^+$/Pi-Ⅱc、PiT1位于近曲小管上皮细胞的刷状缘，从原尿中主动将磷转运到细胞，并通过基底膜释放入血液。钠-磷共同转运泵（尤其是$Na^+$/Pi-Ⅱa）的表达决定近端肾小管对磷重吸收的能力。以往的研究表明，PTH为调控$Na^+$/Pi-Ⅱ表达的关键激素，PTH与近曲小管细胞表达的受体PTHR1（parathyroid hormone receptor 1）结合，促进cAMP的合成并激活PLC信号途径，最终下调$Na^+$/Pi-Ⅱa的表达，以降低肾脏对磷的重吸收。$Na^+$/$H^+$交换调节因子-1（$Na^+$/$H^+$ exchanger regulatory factor-1，NHERF-1）是一种多功能细胞内蛋白质，其2个PDZ结构域分别与PTHR1、$Na^+$/Pi-Ⅱa的羧基末端结合，抑制cAMP、PLC的产生，进而调节PTH介导的肾脏对磷的重吸收。激素通过肾脏近曲小管主动激素调控磷重吸收是决定血清磷浓度的关键因素。

血清磷稳态是通过甲状旁腺-肾脏-骨骼轴和多种激素反馈通路来完成的。当高磷摄入及 1，25-（OH）$_2$-D$_3$ 增多时，诱导 FGF23 表达，肾脏磷排泄增加。反过来，当血液 FGF23 水平增高时，FGF23 生成、PTH 合成和分泌均减少，导致小肠磷吸收减少。甲状旁腺-肾脏-骨骼轴直接参与全身磷调节。PTH 直接作用于骨骼中的陷窝细胞（骨细胞）和成骨细胞，通过其受体 PTHR 增加 FGF23 的表达；反过来，FGF23 抑制了 PTH 的表达。FGF23 的主要作用是增加尿磷排泄和减少 1，25-（OH）$_2$-D$_3$ 生成来降低血清磷，防止出现高磷血症。FGF23 基因敲除小鼠或 FGF23 突变的患病人畜均会出现严重高磷血症、高 1，25-（OH）$_2$-D$_3$、软组织钙化和骨矿化异常。近年来关于磷机体代谢的调控取得了许多重要进展，比如随着许多新型的调磷因子的发现，磷调控信号通路的研究也越来越清晰、具体。磷代谢的分子调控是人类临床医学中磷代谢异常（高磷和低磷血症）研究的热点，这也为动物营养及生理学专业研究提供了新的思路。

### （一）1，25-（OH）$_2$-D$_3$ 信号通路

具有生物惰性的维生素 D 需在体内经过肝脏 25-羟化酶和肾脏 1-α 羟化酶依次羟化后才能形成具有活性的 1，25-（OH）$_2$-D$_3$，其通过与特异性维生素 D 受体（vitamin D receptor，VDR）结合发挥生物学作用。VDR 是一种配体依赖核转录因子，为类固醇激素/甲状腺激素受体超基因家族成员，属于配体激活受体超基因家族，与其他类固醇激素受体、甲状旁腺激素及视黄酸受体具有高度同源性，在维持机体钙、磷代谢，调节细胞增殖、分化等方面具有重要作用。

1，25-（OH）$_2$-D$_3$ 与 VDR 结合后，VDR 和视黄酸 X 受体异二聚化，1，25-（OH）$_2$-D$_3$/VDR/RXR 异源二聚体可以特异性地识别靶基因启动子区域的 VDRE，通过抑制或激活启动子从而调节不同组织细胞中靶基因的表达，进而参与细胞活动。1，25-（OH）$_2$-D$_3$/VDR 信号通路在磷代谢过程中发挥重要作用。1，25-（OH）$_2$-D$_3$ 与 FGF23 基因调控序列上的 VDRE 结合后，诱导 FGF23 基因的表达。1，25-（OH）$_2$-D$_3$ 也可刺激 PTH 的分泌，共同实现对磷代谢的调控。正常情况下，PTH 和降钙素通过激活 1-羟化酶的活性促使维生素 D 合成，从而增加 1，25-（OH）$_2$-D$_3$，使钙和磷合成增加；维生素 D 又通过负反馈作用和激活 24-羟化酶的活性而抑制其自身的合成，从而抑制钙和磷浓度的升高，使体内的钙、磷代谢达到平衡。图 1-6 为由 1，25-（OH）$_2$-D$_3$-PTH-FGF23 构成的调控网络。

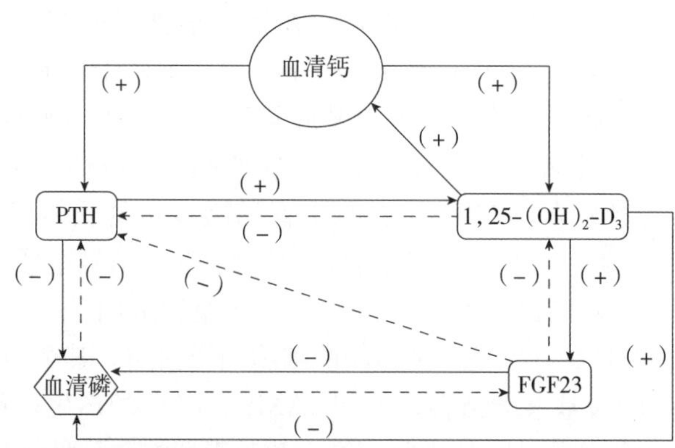


图 1-6 由 1，25-（OH）$_2$-D$_3$-PTH-FGF23 构成的调控网络

注：PTH，甲状旁腺素；1，25-（OH）$_2$-D$_3$，1，25-羟基维生素 D$_3$；FGF23，成纤维细胞生长因子 23；“+”表示上调；“−”表示下调。

### （二）甲状旁腺素信号通路

甲状旁腺素受体（PTHR）是一种与G蛋白偶联的细胞膜受体超家族，成员还包括降钙素、血管活性肠肽、促胰液素、生长激素释放激素和促糖皮质激素释放激素等受体。1987年，Juppner等成功地克隆了大鼠成骨细胞的PTH/PTHrP受体基因，并证实它与人体肾脏和骨骼组织中PTH/PTHrP受体的cDNA序列完全相同，共有1 996个碱基，编码593个氨基酸。其共同特点是氨基酸组成相似，有7个跨膜结构，受体N端胞外段与配体结合有关，其中的8个半胱氨酸残基可能对维持受体空间构象起重要作用。受体的3个胞质环，尤其是第三胞质环通过各种G蛋白，如Gs、Gi和Gq分别与腺苷酸环化酶（cAMP）-蛋白激酶A（PKA）和三磷酸肌醇（IP3）-胞质$Ca^{2+}$-蛋白激酶C（PKC）这两条信号传递途径偶联；第二胞质环上第319位的Lys对活化PKC途径起关键作用，受体C端尾段可能与Gi蛋白偶联。因该受体可以同PTH和PTHrP以几乎相同的亲和力结合，故被称为“PTH/PTHrP受体1”。PTH受体广泛存在于近端肾小管、远端肾小管、直小管、髓袢升支粗段，也有表达于肾小球足细胞。除前述的调节钙、磷代谢外，其还具有调节肾脏血流动力学的作用。PTH/PTHrP受体，与多数其他结构上相关受体一样，和多个细胞内信号通路偶联。通过结合PTH/PTHrP受体，PTH可活化腺苷酸环化酶，继而激活PKA或者PLC/PKC通路。

PTH通过其受体介导下游的PKA/PKC，从而调节细胞转录过程及其他多种生物活性作用，如激活丝裂原活化蛋白激酶（MAPK）信号途径。MAPK是细胞内蛋白丝氨酸/苏氨酸激酶家族的重要成员之一，参与多种细胞功能调控，尤其是在细胞增殖、分化和凋亡的调控中发挥关键作用。迄今为止，在MAPK超家族中已发现至少包含3个亚家族，分别为细胞外调节蛋白激酶（ERK，又称P42/P44 MAPK）、c-Jun氨基末端激酶（JNK，又称SAPK）、P38 MAPK。其中两个最具特征性的MAPKs-ERK1和MAPKs-ERK2（P42/P44 MAPK），受生长因子受体酪氨酸激酶和G蛋白偶联受体相互作用的激动剂调节，参与调节细胞的有丝分裂和分化。在细胞未受刺激时，非活化的ERK位于细胞质内；在细胞受到生长因子、有丝分裂信号、激素及神经递质等因素刺激后，引起Ras、Raf和MEK1、MEK2等一系列级联反应的激活，进而使ERK两个相邻残基的苏氨酸和酪氨酸磷酸化。磷酸化的ERK可激活胞质内的一些酶，也可转移至细胞核内，通过磷酸化转录因子调控细胞内基因的表达状态。人们在研究肾小管上皮细胞钠、磷转运过程中发现，PTH通过PKC/ERK调节肾小管上皮细胞钠、磷转运。PTH通过两条途径活化ERK：早期依赖酪氨酸激酶、3-磷酸肌醇；晚期依赖蛋白激酶C。

### （三）表皮生长因子信号通路

表皮生长因子受体（epidermal growth factor receptor，EGFR）是一种跨膜酪氨酸激酶受体，EGF的生物学功能是通过与EGFR相互作用来实现的。EGF能使EGF受体酪氨酸残基自磷酸化，磷酸化的酪氨酸残基为多种信号分子提供了锚定位点。EGF/EGFR通过调节细胞内多种信号分子，进而可以调节磷的代谢。

EGF与EGFR结合后能激活细胞内多条信号通路，如磷脂酰肌醇3激酶/蛋白激酶B（PI3K/AKT）、AMPK、PKC和PKA。在人肠道Caco-2细胞中，EGF主要通过调节MAPK、PKC和PKA来调节$Na^{+}$/Pi-Ⅱb的表达。EGF激活PKCα可能是通过调节磷脂酶Cγ（PLCγ）来实现的，激活后的PKCα可磷酸化Src诱导PI3K磷酸化，随后进一步激活 ERK1/2。PKC 还能调节 EGF 前体转化生长因子 α（TGFα）、神经调节蛋白 1β 和肝素结合性 EGF 的剪切及在细胞中的释放；此外，激活 PKC 阻碍了 EGF 受体在 Thr654 位点的磷酸化。这表明 EGF 能激活 PKC，而 PKC 反过来又能调节 EGF 的分泌和 EGF 受体的活性，EGF 激活小鼠反应性星形胶质细胞中巢蛋白（Nestin）依赖 Ras-Raf-ERK 信号通路。在 EGFR-ERK 信号中，Ras 是唯一膜锚定组件，其位置决定了细胞内下游信号的激活和传导。EGF 也能调节 JNK 和 p38 MAPK 活性。Cdc42 是 Ras 有关 GTP 结合蛋白，研究表明，Cdc42 绑定衣被蛋白复合体的 γ 亚基（γCOP）对 Cdc42 调节细胞性状转换起到至关重要的作用。进一步研究发现，Cdc42 绑定 γCOP 后诱导 EGF 受体累积，使得 EGF 激活 ERK1/2、JNK 和 PI3K，进而促进细胞分裂。EGF 调控猪小肠上皮细胞中 $Na^+$/Pi-Ⅱb 的表达证明，EGF-EGFR 通过调控 PKA、PKC 和 MAPK（p38、ERK、JNK）等信号通路进而调控 $Na^+$/Pi-Ⅱb 的表达。

### （四）Klotho/FGF23 轴

Klotho 蛋白，分为 α-Klotho 和 β-Klotho 两种，是内分泌成纤维细胞生长因子（fibroblast growth factor，FGF）受体复合物主要部分，因为它们是 FGF19、FGF21 和 FGF23 与其同源的 FGF 受体高亲和力结合所必需的。Klotho（K1）基因是 1997 年前发现的与衰老有关的基因。人和小鼠的 Klotho 基因定位于染色体 13q12 区域，大鼠的定位于 12q12 区域。该基因全长约 50 kb，由 5 个外显子和 4 个内含子组成。Klotho 基因编码 Klotho 蛋白。有研究表明，α-Klotho 蛋白通过与 FGF23 受体结合而发挥作用，其能抑制磷的重吸收、减少维生素 D 的合成、增加尿磷的排泄、降低血清 1，25-$(OH)_2$-$D_3$ 的水平，从而调节钙、磷的代谢。由于 FGF23 和 Klotho 蛋白需要相互依赖、形成共同受体后才能发挥功能，因而被称为 Klotho-FGF23 轴。

用肾脏的组织匀浆研究发现，直接与 FGF23 结合的重要蛋白主要是 α-Klotho，提高 α-Kltho 的表达可使 FGF23 与肾脏细胞表面以高亲和力结合，并恢复它们对 FGF23 的反应能力。给野生型小鼠注射抗 Klotho 单克隆抗体后，可引起 FGF23 机能不全，说明 α-Klotho对内源性 FGF23 功能发挥的重要性。由于单独的 Klotho 似乎不能传递细胞内的信号，有学者研究了 FGF23 受体的其他成分，发现 Klotho 可把 FGF 受体 I 转换成 FGF23 的受体。因此，Klotho 和 FGF 受体的一致作用形成了专门的 FGF23 受体。由于 Klotho 缺乏小鼠和 FGF23 缺乏小鼠有相同的表型，如高磷血症、高钙血症和衰老样综合征，因此这些发现解释了 Klotho 缺乏小鼠和 FGF23 缺乏小鼠表型相似性的原因，也为 FGF 与其受体之间相互作用的差异性和特殊性提供了重要依据。

血清磷水平也是 FGF23 重要的调控因素。血清磷浓度升高可以使骨骼 FGF23 的表达量增加。FGF23 远距离作用于肾脏上的靶细胞，一方面通过 K1 蛋白/FGF23 共受体介导而抑制 1-羟基酶（Cyp27b-1）的表达和活性，使活性维生素 $D_3$ 浓度降低而减少对磷的重吸收。另一方面抑制 $Na^+$/Pi 转运蛋白的表达也减少了磷的重吸收，最终使肾脏对磷的排泄增加，降低血清磷浓度。相反，当血清磷降低，则通过抑制 FGF23 的表达而使活性维生素 $D_3$ 及 $Na^+$/Pi 共运输蛋白增加而升高血清磷浓度。FGF23 在体内的主要靶器官是肾脏，它能下调肾脏中 NPT2a/2c 的表达，从而减少肾脏对磷的重吸收。FGF23 在抑制肾脏 CYP27B1 表达的同时促进了 CYP24A1 的表达，降低了体内 1，25-$(OH)_2$-$D_3$ 浓度，实现了对 VDR 信号通路的负反馈调节。另外，FGF23 还可作用于甲状旁腺，抑制 PTH

的合成和分泌，从而间接调控钙、磷代谢这个精密的反馈机制，实现了机体稳定的血清磷环境和正常的物质代谢过程。

综上可见，FGF23 是目前对磷吸收的调控研究中发现的一个非常重要的因子，其对磷吸收的调控作用不仅与 1，25-（OH）$_2$-D$_3$、PTH 密切相关，而且与抗衰老因子 Klotho 形成 FGF23/Klotho 轴，共同协调磷的稳态，是目前研究磷的吸收与调控中的热点和重要研究成果，对我们深入认识磷的吸收与调控机理具有重要和深远意义。FGF23/Klotho 轴对磷吸收与平衡的调控机制详见图 1-7。

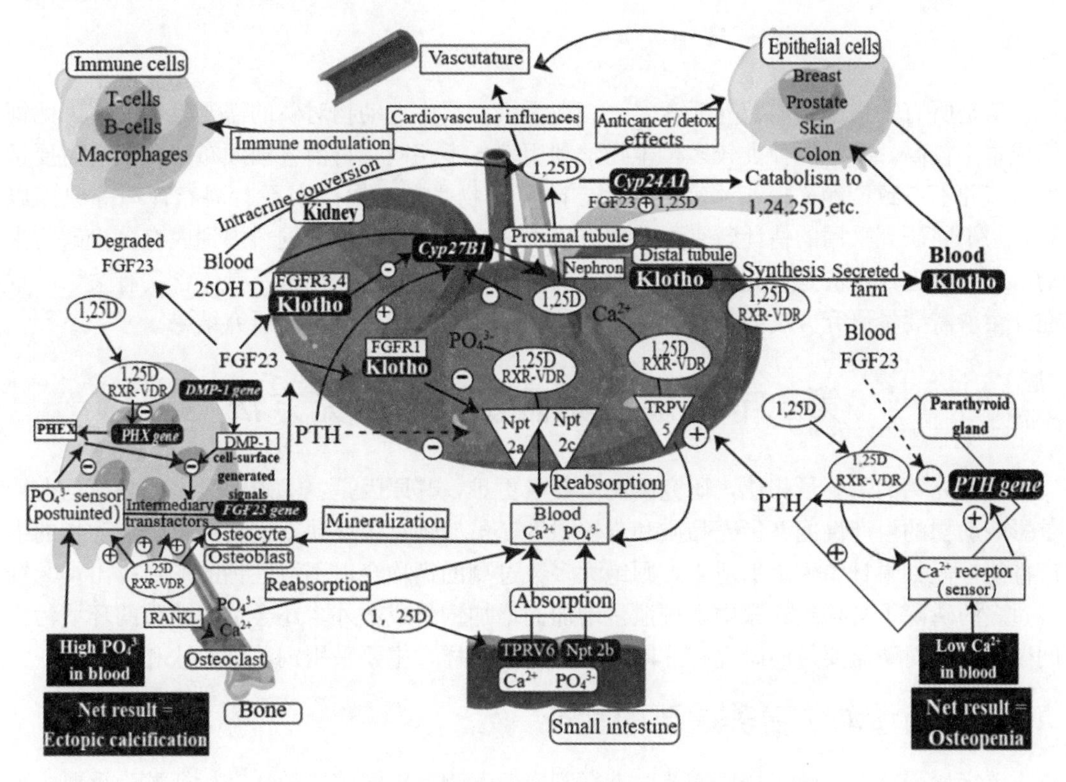


图 1-7　FGF23/Klotho 轴对磷吸收与平衡的调控机制

注：Vasculature，脉管系统、血管；Immune cells，免疫细胞；T-cells，T 细胞；B-cells，B 细胞；Macrophages，巨噬细；Epithelial cells，上皮细胞；Breast，乳腺；Colon，结肠；Prostate，前列腺；Skin，表皮；Immune modulation，免疫调节；Cardiovascular influences，心血管影响；Anticancer/detox effects，抗癌/排毒功效；1，25D，钙三醇，［1，25-（OH）$_3$-维生素 D$_3$］；Intracrine conversion，胞内转化；Cyp24A1，红细胞色素 P450 24-羟化酶；Cyp27B1，红细胞色素 P450 家族 27 亚家族 B 成员；FGF23，成纤维细胞因子 23；FGFR1、3、4，成纤维细胞因子受体 1、3、4；Catabolism to 1，24，25D，etc.，分解为 1-24，25 二羟基维生素 D 等；Nephron，肾单位；Kidney，肾脏；Blood 25OH D，血液钙二醇；Proximal tubule，近端肾小管；Distal tubule，远端肾小管；Klotho，克洛索（一种抗衰老基因）；1，25D RXR-VDR，钙三醇-维生素 D 受体-视黄醇 X 受体异二聚体；$Ca^{2+}$，钙离子；$PO_4^{3-}$，磷酸根离子；Blood FGF23，血液成纤维细胞因子 23；Blood Klotho，血液 Klotho；DMP-1，牙本质基质蛋白-1；DMP-1 gene，牙本质基质蛋白-1 基因；Secreted farm，分泌型；Parathyroid gland，甲状旁腺；PHEX，磷调节基因；PHX gene，预测高表达基因；Synthesis，合成；TRPV5、6，瞬时受体电位离子通道 5、6；Npt 2a、Npt 2c、Npt 2b，Ⅱa，b，c 型钠磷协同转运子；PTH，甲状旁腺激素；$Ca^{2+}$ receptor（sensor），钙离子受体（传感器）；Low $Ca^{2+}$ in blood，血液中低钙离子；Net result＝Osteopenia，最终结果＝骨质减少；Reabsorption，重吸收；Absorption，吸收；Blood $Ca^{2+}$ $PO_4^{3-}$，血钙离子、血磷酸根离子；Small intestine，小肠；RANKL，核受体激活因子 B 配体；High $PO_4^{3-}$ in blood，血液中高磷酸盐；Net result＝Ectopic calcification，最终结果＝异位钙化；Mineralization，矿化；$PO_4^{3-}$ sensor（postulated），磷酸盐传感器；Osteoclast，破骨细胞；Osteoblast，成骨细胞；Osteocyte，骨细胞；Bone，骨；cell surface generated signals，细胞表面信号因子；Degraded FGF23，降解 FGF23；FGF23 gene，FGF23 基因；Intermediary transfactors，中介转化因子。

# 第二章
# 动物对磷的营养需要

磷是所有动物的必需营养元素之一。在无机元素中，动物对磷的需要量较大，因此饲养成本亦较高。磷来源种类较多，生物学利用率各不相同。目前各国颁布的关于磷需要量的数值并不一致，涵义模糊。究其原因，除了动物品种、生产水平、饲养管理等原因以外，与不同研究采用的估计磷需要量的方法不一样也有关，关于饲料中到底有多少磷为生物可利用磷也并不清楚。此外，磷需要量的不同还可能与表示方法及具体含义有关。本章在介绍磷需要量研究方法的基础上，分别讨论不同动物磷需要量的研究结果。

## 第一节　磷营养需要量的研究方法

与研究钙的需要量相比，研究磷的需要量更难，其原因是：①磷的过多或缺乏均会严重影响动物的生产性能、蛋壳品质和骨骼强度。虽然钙过多或缺乏也会严重影响动物的生产性能，但如果日粮磷水平适当，则绝大多数过剩的钙均会以不溶性钙的形式排出。②饲喂过多的磷除了会导致粪尿中磷排泄量增加而增加饲料成本外，还会引起严重的环境污染问题。目前对磷需要量的研究方法同其他矿物质一样，主要采用饲养试验法和析因法。

### 一、衡量动物营养需要的标征

要定量研究动物营养物质需要，选择判定营养物质确切需要的适宜标征尤为重要，下面介绍几种常用的标征。

#### （一）以重量为标征

生长动物用增重率（常用日增重）、生产产品的动物以产品产量作为衡量适宜营养需要的标征。此标征方便适用，与生产实际联系紧密。与产量或体重变化相应的饲料或营养物质投入量可视为需要量。值得注意的是，该标征是一个综合指标，只是量的标征，不能确切说明投入的营养元素与相应产出的营养元素之间的关系。即使产出的重量相等，但所折合的营养元素的量也不一定相同。如猪的生长速度不同，增重成分有差异。快速增重中含脂肪较多，相同增重所需能量明显不同。以体重不变衡量维持需要，不能说明体重组成可能变化对营养元素需要的影响。

#### （二）以体沉积营养元素和产品中营养元素的含量为标征

这一标征比以总重量为标征更准确。随着分析方法和取样技术的进步，定量考查动物营养元素投入与产出之间的关系或确定营养元素的需要量这一标征在研究中被广泛采用。但不足之处是比较费时、费力，试验成本比较高。

### （三）以生理生化参数为标征

动物体内酶活性或血液指标及生理功能正常与否与营养密切相关。对重量变化标征不灵敏的营养元素，如矿物质元素、维生素，用此标征可较好地反应需要与供给的关系，具体试验中常把保证最低正常生理值（即不出现缺乏症）的营养元素供给视为需要。

## 二、动物营养需要的研究方法

确定饲养标准中营养需要的基本资料，需要通过适当手段经验证研究获得。涉及的研究方法很多，简而言之可分为析因法和综合法两类。

析因法的特点是将研究的内容剖分成多个部分，分别验证每个部分，然后综合多个部分的试验结果。如研究生长繁殖母猪磷的需要量，可先分别计算维持加生产（繁殖）两部分磷的需要量，最后将两部分结果相加即可。

综合法是动物营养需要研究中最常用的方法，包括饲养试验法、平衡试验法、屠宰试验法等。其中，严格控制的饲养试验法用得最多。例如，测定生长育肥动物、产乳母畜和产蛋禽对磷等矿物质元素或其他营养物质的需要量，主要用饲养试验法。在以可用增重或产品产量为标征表明需要量的条件下，根据剂量-效应原则进行饲养试验，可较容易获得有关评定需要量的基本资料。

一般析因法的测定值较综合法偏低。在实际评定畜禽磷需要量时，若影响析因法评定的因素不易被控制，如内源物质干扰、周转代谢难于定量等则常采用综合法进行评定。随着营养研究的深入发展和数学向营养研究领域的渗透，利用模型模拟估计动物营养需要，或利用简单数学模式给出特定营养物质需要量正在不断发展之中。《猪的营养需要》（NRC，2012）中对钙、磷等矿物质元素需要量的估算采用的即是此方法。

### （一）析因法

用析因法研究时，要对需要量的组分进行剖分，测定磷的存留量、内源磷损失及日粮中磷的利用率。磷的需要量可用下式计算：

磷的需要量＝（内源损失量＋存留量）/日粮中磷的利用率

磷的内源损失量加上存留量被定义为净需要量，可以通过胴体分析或平衡试验进行测定，可以利用放射性同位素示踪技术或将磷存留量与摄入量之间的回归曲线外推至零存留测定内源损失。

理论上，析因法是确定动物磷需要量最准确、可靠的方法，但需要专门的试验设备条件，如放射性同位素实验室，在保证全体实验人员免遭同位素放射性危害的前提下可对大量动物进行必要的综合试验研究。此外，要求试验材料，如实验动物和放射性同位素的购置应该方便，对放射性排泄物及放射性动物的处理应合理。但实际上在实验室中进行这些研究工作时，并非总能满足这些要求。此外，析因法的假设条件是，在一定的采食量和一定的生长阶段磷的内源损失和日粮中磷的利用率恒定不变，但事实并非如此。析因法的许多数据来自按特定日粮磷水平测定磷存留量的试验，在这些试验日粮磷水平不同的情况下，很难对这些由试验测定的磷存留量或内源损失量进行比较。因此，目前用析因法测定磷需要量时，大多需利用平衡试验或屠宰试验进行补充修正。

### （二）综合法

**1. 饲养试验法**　饲养试验是确定磷需要量的一种常用方法。它是将不同磷浓度的日粮饲喂给动物，然后用单一的指标或一组指标评定饲料中磷的充足性。实质上，饲养试验法是将动物最佳的或可被接受的反应（所测定的指标值）所对应的日粮磷水平确定为需要量。

一般而言，饲养试验法较为直观，便于实施，可直接评价日粮磷水平对动物生产性能和骨骼发育的影响，通过饲养试验确定动物的磷需要量具有简便、费用低且可在许多不同条件下进行等优点。但因只有在实验动物数量很多的情况下进行的试验才能获得可靠的结果，所以准备试验饲料的相对困难。此外，若以成年动物为试验对象时，因多数情况下这些动物体内已有大量的磷储备，所以使得测定磷需要量的方法更为复杂。但目前饲养试验仍然是确定钙、磷需要量的通用且可靠的方法。

以饲养试验法确定动物磷需要量可供考察的指标较多，但除磷缺乏的临床症状（佝偻症、四肢搐搦等）和死亡率外，大致可归为三类，即生产性能指标、骨骼参数指标和生理生化指标。若考察日粮或其他因素对磷利用率的影响，则需测定磷平衡。

（1）生产性能指标　主要包括体重、日增重、产蛋率、产奶量、饲料转化率和采食量等。生产性能指标不仅是饲养试验法确定磷需要量所要考察的指标，而且也是确定其他任何营养元素需要考察的指标。对有些动物还应考虑与磷营养密切相关的产品质量，如蛋禽则应考虑蛋壳质量（蛋壳厚度、蛋壳强度、蛋壳重和蛋壳百分率）等指标。

（2）骨骼参数指标　骨骼参数指标主要包括断裂强度、灰分含量、磷含量、骨密度、骨管径、骨壁厚等。骨骼断裂强度通常用于描述骨骼发育程度，断裂强度最大则骨骼发育最好，通常用三点测试法测定。灰分含量可衡量骨矿化的程度，而钙、磷是此过程的关键成分。传统上，猪骨骼磷状况的测定是在屠宰时获取骨样，测定骨灰分、磷含量或断裂强度等。骨骼的这些指标固有变异较大，这就要求屠宰大量动物以考察不同日粮处理的差异，因此工作量极大。自20世纪90年代以来，国外一些学者就评价猪骨骼磷状况非屠宰采样技术或非损伤性测定方法进行了很多探讨。迄今为止，所提出的方法有两种，即活组织检查法和双能X射线吸收测量法。但由于这些新方法均在不同程度上存在一些问题，因此在生产应用中受到了限制。

（3）生理生化指标　主要包括血清钙、磷、1，25-$(OH)_2$-$D_3$水平，血清碱性磷酸酶活性，心脏、肝脏、肾脏的磷浓度，血液凝固时间，心电图，尿中磷、羟脯氨酸浓度，心脏复极化时间等。饲料磷水平充足与否在一定程度上可由上述生理生化指标反映出来。近年来运用饲养试验法的一个引人注目的进展是，在一系列日粮磷水平条件下，磷摄入量及试验天数对动物生产性能指标及骨骼参数指标影响的响应曲面研究。因为生产性能和骨骼参数指标对日粮磷水平和试验时间（天数）的反应是渐近线型的，而非折点式反应，所以可应用非线性模型推导出生产性能指标和骨骼参数指标对日粮磷水平的响应曲面。

**2. 平衡试验法**　在平衡试验中，动物通常被置于特制的设备内，以便准确计量水分和耗料量，并收集粪尿。得到这些结果后，连同体重及其他生产性能指标，计算摄入量与排泄量之间的平衡情况。如果平衡试验时间太长，则每日变异的累积会导致整个试验期的变异加大。这类试验太复杂，需要大量精细的研究工作。然而，平衡试验却不应被忽视，因为它可提供动物生理过程的重要信息。

动物体内磷平衡很大程度上取决于磷被动物吸收的难易程度、动物的生理状态、日粮中钙和磷的比例及维生素 D 的供给状况等。因此，单凭平衡试验或进行短期平衡试验来确定日粮中最佳磷水平较困难，容易得出错误结论。且平衡试验是一项非常复杂而费时的工作，对试验每一阶段的化学分析都要求高度精确，采样、样品处理和分析测定错误或不准确，都会导致钙、磷代谢结果不真实。因此，通常只将平衡试验结果看作测定动物磷需要量的一项参考指标。

**3. 屠宰试验法** 该法是给动物饲喂磷含量不等的日粮，通过测定各组织器官和整体的磷含量来确定动物的磷需要量。此法要求试验前将很多重要性能（品种、年龄、生长速度）相似的一些实验动物进行屠宰，测定动物组织和整体的磷含量；并以此为基础数据，然后将实验动物分成相同的几组，每组饲喂的饲料中除被研究的磷元素含量不同之外，其他均相同。试验结束时，屠宰所有动物以测定各组织器官和整体的磷含量，根据试验开始和结束时测定的磷含量，确定磷在体内的储存量。

此法优点是可测定磷在动物主要器官组织中的真实储备，不需收集粪尿等全部排泄物。缺点是测定整体磷含量有一定技术困难，且为了准确地测定日粮磷在机体内的储备，试验期必须持续很长时间。此外，磷元素在成年鸡体内本身具有大量的储备，因此目前仍未看到利用此法测定成年鸡磷需要量的报道。

## 三、定量确定营养需要量的原则

根据营养需要定量试验测定的数据，如何确定数据的适宜性且可推荐为营养需要量，在此提供一些参考原则和方法。

### （一）折线法

该法根据剂量与所测指标之间的数量对应关系，首先选择效应基本稳定的几个点，建立一条与横坐标平行的回归直线，即斜率为 0 的直线；然后用效应随剂量变化大的点，即斜率比较稳定的点，建立一条回归直线，两条直线交点所对应的剂量即为磷的需要量（图 2-1）。该法的缺点是对试验点（如日粮磷水平）的要求较多，如果选点数控制不好，则难以达到目的。

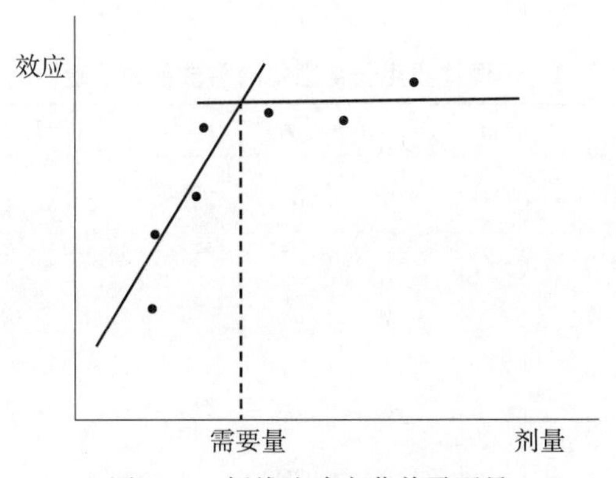


图 2-1 折线法确定营养需要量

### （二）曲线法

基于大多数剂量-效应关系都是曲线，因此，对试验结果的数据可不加取舍地拟合成适宜的曲线，而拐点值即代表了客观的需要量，且是最低需要量，其约为最高需要量的

70%。该法缺点是：由于曲线的拟合包括了所有数据，因而易导致效应关系中可能存在曲线异常点，会影响结果的准确性。

（三）筛选评定法

此法是将试验结果进行分析取舍，去掉异常资料后再按上述方法评定。缺点是人力需求量大，在进行试验设计时较难估计结果的可靠程度。验证是确定需要量的重要内容，用任何一种方法确定的需要量都应进行复核试验，检验结果差异不显著方可最后确定。有人认为，只需在评定结果的基础上增加 10%，可不作验证试验。不过此 10%理由不够充分，从营养研究观点来看亦不可取。按不同原则和方法确定的需要量并不完全一致。因此，提高不同研究者确定的需要量的可比较性，进一步完善和统一确定需要量的原则和方法实有必要。

## 四、《猪营养需要》NRC（2012）中磷需要量研究方法的修订

《猪营养需要》（NRC，2012）中磷需要量的确定不是采用典型试验的结果，而是通过营养需求模型得到的。将源于模型的钙和磷需求量与文献中试验测得的结果进行对比，以此来评估两者是否一致。首先评定猪各生长阶段标准全消化道的可消化磷（standardized total tract digestibility P，STTD P），然后根据各生长阶段对应的 Ca/STTD P比值估算钙的需求量。

关于断奶仔猪及生长猪钙、磷需要量已有大量研究，尽管有关评价生长猪钙、磷营养研究的报道很多，但其中用来确定磷需要量的资料却较少。这些研究数据包括 3 个或更多磷水平日粮，并在平均日增重（average daily gain，ADG）与磷水平呈曲线相关的条件下所获得的需要量估测结果。根据这些数据，获得评定试验的配合日粮，再用配合日粮中各饲料营养成分的全消化道表观消化率（apparent total tract digestible，ATTD）和 STTD 值来确定 ATTD P 和 STTD P 含量。表 2-1 显示了各种基于平均体重的研究数据，并给出 ADG、ADFI、日粮不同代谢能（metabolizable energy，ME）、与增重相对应的 ATTD P 和 STTD P 值。图 2-2 显示了 ATTD P 和 STTD P 需求曲线，其中每千克增重分别需要 5.7g ATTD P 和 6.7g STTD P。

**表 2-1 不同体重生长育肥猪磷需求量的试验估测值**

| 生产性能（kg） | | | 日粮 | | | ATTD P | | STTD P | | 资料来源 |
|---|---|---|---|---|---|---|---|---|---|---|
| 均值 | 始重 | 末重 | ADG | ADFI | ME | % | 每千克增重（g） | % | 每千克增重（g） | |
| 11.4 | 2.9 | 19.8 | 410 | 683 | 3 555 | 0.334 | 5.56 | 0.372 | 6.20 | Coalson 等（1972） |
| 13.5 | 7.0 | 20.0 | 350 | 680 | 3 312 | 0.285 | 5.55 | 0.335 | 6.51 | Mahan 等（1980） |
| 30.4 | 21.4 | 39.3 | 668 | 1 640 | 3 274 | 0.292 | 7.18 | 0.356 | 8.75 | Ruan 等（2007） |
| 37.5 | 18.3 | 56.7 | 620 | 1 690 | 3 345 | 0.223 | 6.07 | 0.263 | 7.18 | Maxson 和 Mahan(1983) |
| 42.4 | 23.7 | 61.6 | 895 | 1 916 | 3 216 | 0.238 | 5.09 | 0.277 | 5.94 | Ekpe 等（2002） |
| 45.0 | 25.0 | 65.0 | 864 | 1 814 | 2 868 | 0.256 | 5.38 | 0.294 | 6.18 | Partanen 等（2010） |
| 45.9 | 33.8 | 57.9 | 861 | 1 514 | 3 319 | 0.249 | 4.37 | 0.289 | 5.09 | Hastad 等（2004） |
| 55.2 | 18.1 | 92.2 | 783 | 2 470 | 3 324 | 0.185 | 5.82 | 0.221 | 6.98 | Cromwell 等（1970） |

（续）

| 生产性能（kg） | | | 日粮 | | | ATTD P | | STTD P | | 资料来源 |
|---|---|---|---|---|---|---|---|---|---|---|
| 均值 | 始重 | 末重 | ADG | ADFI | ME | % | 每千克增重（g） | % | 每千克增重（g） | |
| 57.5 | 25.0 | 92.0 | 823 | 2 410 | 3 324 | 0.185 | 5.41 | 0.223 | 6.52 | Bayley 等（1975a） |
| 64.0 | 25.0 | 103.0 | 800 | 2 510 | 3 291 | 0.196 | 6.13 | 0.231 | 7.25 | Thomas 和 Kornegay（1981） |
| 66.0 | 25.0 | 107.0 | 810 | 2 520 | 3 291 | 0.196 | 6.08 | 0.231 | 7.19 | Thomas 和 Kornegay（1981） |
| 98.9 | 88.5 | 109.3 | 742 | 2 143 | 3 314 | 0.206 | 5.96 | 0.240 | 6.93 | Hastad 等（2004） |

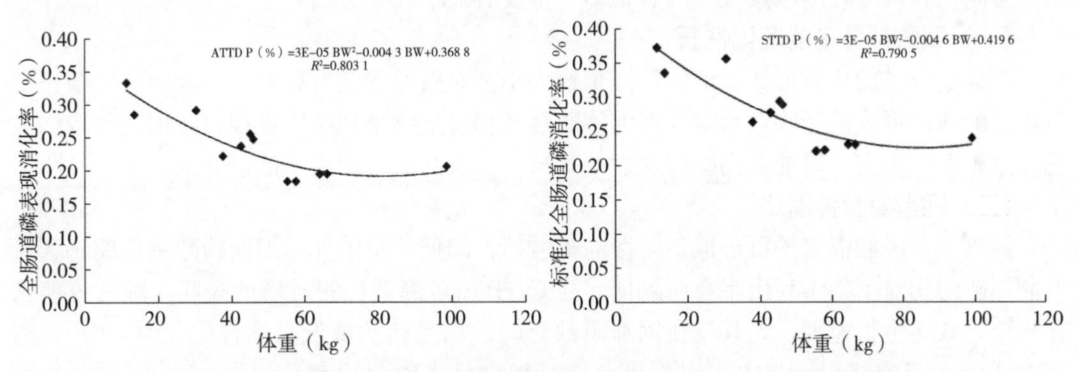


图 2-2　ATTD P、STTD P 的试验估测值与体重的关系（“BW”指体重）

图 2-2 中，每一个数据点代表了表 2-1 中的数值。在确定猪群动态生长过程中的需要量时，评定法的改善及 STTD P 的运用会使结果更加精确，将粪便中磷的排泄水平降至最低。

## 第二节　影响动物磷需要量的因素

### 一、磷需要量的表示方法

关于磷需要量的具体表示方法，主要有总磷（total phosphorus）、有效磷（available phosphorus）和非植酸磷（non-phytate phosphorus，NPP）3 种。由于总磷的概念过于模糊，因此目前颁布的磷需要量趋向于把总磷调整为有效磷或非植酸磷。

理论上，有效磷的表示方法应当最为准确。但具体表述时，由于饲料中的植酸磷通常不能被单胃动物消化或利用率很低，因此在计算单胃动物的有效磷时，通常是将饲料原料中的植物性磷按固定比例（通常以 30%计）折算为有效磷。段玉琴（1979）指出，对家禽而言，饲料原料（如糠麸、油饼、谷实类饲料）中的磷只能被利用 1/3 左右。NRC（1984）也提出，植物产品中仅 30%～40%的非植酸磷可以被家禽利用。在计算饲料中的有效磷含量时，通常认为无机来源的磷和动物性饲料中的磷可被完全利用，来自植物性饲料中的磷约 30%可以被利用。因此，中国鸡的饲养标准中饲料磷的需要是：日粮中的有效磷=（矿物质饲料和动物性饲料中的磷）+植物性饲料中 30%的磷。许振英（1991）认为，植酸磷占植物性饲料总磷的 45%～75%，饲料磷的相对利用率又不高，所以有效磷含量不到总磷的 1/3。可见，鸡对植物性饲料总磷的利用率约为 30%。但该值也仅为一个可接受的经验值，实际上单胃动物对植物性饲料磷的利用率变化很大。

许多国家倡导在家禽上用非植酸磷表示磷的需要。提出这一观点的原因在于：在日粮钙浓度足以满足鸡需要量的前提下，幼年和成年鸡对植酸磷的利用可以忽略不计。Scott（1982）就指出，由于单胃动物胃肠道中缺乏植酸酶（肌醇六磷酸酶），因此不能利用植酸磷，但植酸磷对家禽来说并非完全不能利用。因而，也有人认为鸡对植酸磷的利用可能受到年龄的影响，建议在 3 周龄前使用非植酸磷，3 周龄后使用有效磷。

## 二、影响磷吸收的因素及机制

影响饲料磷吸收的因素及机制有很多，主要有以下几个方面：

### （一）磷酸盐分子的理化性质

磷酸盐分子的化学形式、溶解性及颗粒大小都对磷的吸收有影响。一般而言，磷只能以正磷酸盐的形式被吸收，水溶性好的磷酸盐其相对生物学利用率也高。我国饲料磷酸氢钙质量标准中规定，磷酸氢钙颗粒通过 0.5 mm 试验筛的比例应不低于 95%。

### （二）钙含量及钙磷比

钙离子与磷酸根离子可形成不溶性的磷酸钙，降低了溶解性，因而磷酸钙中的钙含量升高则磷的相对生物学利用率有所降低。高 Ca/P 值可降低仔猪对磷的吸收，降低骨骼钙化程度，减缓生长速度，尤其是在饲料磷缺乏时。满足猪的最低程度骨矿化时，Ca/P 值为 1.3∶1。研究显示，与中等水平钙、磷日粮（钙、磷利用率分别为 51%和 32%）相比，钙、磷摄入量超过中等水平时，钙、磷利用率显著降低（钙、磷利用率分别为 22%和 18%）。摄入高水平钙、磷时，则使猪骨骼出现异常。试验显示，随着磷酸钙中钙含量及钙、磷比的提高，其利用率降低。一般认为，钙、磷比值高于 2∶1 时，磷在动物消化道中的吸收率则降低。

### （三）肠道 pH 对磷溶解度的影响

在碱性、中性溶液中磷酸钙的溶解度很低，难于被吸收；而在酸性溶液中其溶解度大大增加，易于被吸收。因此，增高肠道酸性有利于磷的吸收，而胃酸分泌不足时则不利于磷的吸收。

但 pH 对不同种类动物肠道磷转运速度的影响可能存在差别。大鼠、兔、山羊和人类肠道 $Na^+$ 依赖型无机磷，在中性或酸性条件下的转运速度更快；而在鸡、猪、绵羊肠道和虹鳟幽门盲囊中，$Na^+$ 依赖型无机磷的转运速度在碱性条件下更快。Borowitz 和 Ghishan（2010）发现，不同 pH 对磷转运系统米氏常数（$k_m$）没有影响。pH 影响磷吸收与磷酸基团价键的形式无关，而是由于不同 pH 改变了钠离子与磷转运蛋白结合的亲和力，从而影响刷状缘膜囊泡对磷的吸收。

试验发现，长期代谢性酸中毒使大鼠刷状缘 $Na^+$/Pi 协同转运能力明显下降，$Na^+$/Pi-Ⅱa 及 mRNA 水平下降。慢性代谢性酸中毒导致 $Na^+$/Pi 协同转运活性下降，很可能与糖皮质激素水平的增高有关。呼吸性酸中毒导致磷酸盐尿及 $Na^+$/Pi 协同转运发生上述相同的变化，但呼吸性碱中毒则可刺激近端肾小管 Pi 的重吸收。

### （四）日粮

**1. 维生素 $D_3$** 维生素 D 是维持细胞外液包括血浆无机磷生理浓度的一个基本因素。

1，25-（OH）$_2$-D$_3$能促进肠道对磷的吸收。25-（OH）-D$_3$不仅能促进肠道对磷的吸收，而且也能直接作用于肾小管细胞，以增加肾小管对磷的重吸收。1，25-（OH）$_2$-D$_3$和25-（OH）-D$_3$均能作用于甲状旁腺，减少甲状旁腺素的分泌。甲状旁腺素对肾脏排磷的调节作用比对钙更为明显。甲状旁腺素作用于近端肾小管，使肾小管细胞内cAMP（环磷酸腺苷）增多，对磷和钠的吸收均有抑制作用。此外，降钙素也能抑制近端肾小管对磷的重吸收，使尿磷含量增加，导致血清磷含量降低。

1，25-（OH）$_2$-D$_3$可促进磷的吸收，目前对其作用机理的解释有两种。一种观点认为，1，25-（OH）$_2$-D$_3$通过提高植酸磷的可溶性增加了植酸酶的底物浓度，从而提高了植酸磷的利用率；另一种观点认为，1，25-（OH）$_2$-D$_3$主要通过促进小肠黏膜上皮细胞对磷的转运，进而达到提高磷吸收和沉积的目的。用维生素D治疗大鼠发现，1，25-（OH）$_2$-D$_3$可以加速刷状缘$Na^+$/Pi协同转运。另外，还有学者认为，维生素D通过改变$Na^+$/Pi-Ⅱb的表达而影响无机磷的转运效率。但研究显示，维生素D受体缺陷型动物肠道$Na^+$/Pi-Ⅱb蛋白的表达量受到了抑制，而$Na^+$/Pi-Ⅱb mRNA水平保持不变，所以此观点受到质疑。

**2. $Na^+$浓度**　当动物小肠刷状缘膜介质中pH一定时，提高$Na^+$浓度可增加转运系统对磷的表观亲和力，加快$Na^+$依赖型无机磷的转运速度，提高无机磷的转运效率。目前的报道多是在体外条件下利用分离的刷状缘膜进行的研究，因此仍需要体内试验来进一步证实体外试验所得结果的可靠性。

**3. 低磷饲料**　低磷饲料可降低动物血液和骨骼中无机磷的含量，血液和骨骼中的无机磷可作为机体无机磷平衡状况的评价指标。磷酸盐通过肠细胞膜的主动运输过程，是通过$Na^+$依赖型转运蛋白调控下进行的"饱和过程"，其转运速度具有最大值，超负荷的吸收会超过载体的运载能力，从而导致粪磷排出。低磷饲料可提高$Na^+$依赖型无机磷跨肠道上皮转运流通速度，以及提高肠道刷状缘膜对无机磷的最大转运速度（$V_{max}$）。Adham（1993）在小鼠上的研究结果表明，低磷日粮条件下，提高$V_{max}$可增加磷的吸收。Katai（1999）的试验结果表明，同常规磷水平（0.6%）相比，低磷（0.2%）日粮条件下小鼠血液中的总磷浓度比常规低52.5%，其原因是低磷日粮可提高$Na^+$/Pi-Ⅱb转运蛋白及其mRNA的表达水平。

小鼠采食低磷日粮后，肠道细胞BBMV中$Na^+$/Pi-Ⅱb转运蛋白含量增加，$Na^+$/Pi转运效率提高，但$Na^+$/Pi-Ⅱb基因转录水平没有随日粮磷水平的变化而发生改变。

### （五）激素

**1. 胰岛素**　胰岛素通过激活刷状缘膜上的钠、磷协同转运蛋白和抑制由PTH引起的高磷酸盐尿来提高近端肾小管对磷的重吸收比重，胰岛素的结合位点在近端肾小管上皮细胞的基底外侧膜。

**2. 胰岛素样生长因子-1**　胰岛素样生因子-1（insulin-like growth factor-1，IGF-1）是通过激活近端肾小管钠磷协同转运蛋白来实现其功能的。Caverzas等（1987）曾经在OK细胞（opossum kidney cells）中观察到这种效果。人们已经从近端肾小管的基底外侧膜中分离出了IGF-1受体，其功能是激活酪氨酸激酶的活性；另外，从近端肾小管基底外侧膜中也分离出了生长激素受体，其功能好像与激活磷酸激酶C通路相关。

**3. 表皮生长因子**　Kempson（1996）发现，在近端肾小管中灌注含表皮生长因子

（epidermal growth factor，EGF）的试剂后，EGF 能刺激磷的重吸收，但是在 CPKⅡ和 OK 细胞中 EGF 抑制了磷的转运。这些作用并不依赖于 cAMP，EGF 可能具有酪氨酸激酶活性和磷酸激酶 C 活性。Arar 等（1999）的试验研究也显示，EGF 可通过调节 $Na^+$/Pi-Ⅱa mRNA 的表达来抑制磷的重吸收。

**4. 成纤维细胞生长因子 23** 成纤维细胞生长因子 23（FGF23）位于 X 染色体上，其对肽链内切酶的作用和磷酸盐调节基因相同。在小鼠模型中发现，FGF23 除可以诱导血磷酸盐含量降低外，还可以降低肾脏对磷酸盐的重吸收。在 ADHR 小鼠模型中，FGF23 可以降低钠磷协同转运蛋白含量。而 Yamashita 等（2000）发现，在负鼠肾脏的小管上皮细胞中，只有在肝磷脂存在的情况下，FGF23 才能降低钠磷协同转运蛋白含量。增加 OK 细胞中 FGF23 的含量，可诱导Ⅱa 型钠磷协同转运蛋白的增加。

**5. 甲状腺素** 甲状腺素通过特异性增加刷状缘膜上的钠磷协同转运蛋白，来刺激近端肾小管对磷的重吸收。甲状腺素的这种效果可以在原代培养的雏鸡肾脏细胞和 OK 细胞中观察到。

**6. 降钙素** Berndt（1984）发现，在一个没有 PTH 和 cAMP 的环境中，提高细胞内降钙素的浓度，可以降低近端肾小管刷状缘膜上的钠磷协同转运蛋白浓度。

**7. 甲状旁腺素** 甲状旁腺素（parathyroid horn-tone，PTH）是一种调节磷酸盐的主要激素，可通过抑制刷状缘膜上的钠磷协同转运蛋白的表达，减少对磷的重吸收，从而诱导高磷酸盐尿，且只有钠磷协同转运蛋白胞内最后 1 个环对 PTH 敏感。

### （六）动物本身

动物种类、品种（系）、年龄、性别、生产性能等均会影响磷的需要量。不同动物由于其代谢特点不同，对磷的需要量也不同，同种动物品种（系）的不同动物也可能影响磷的需要量。屠焰（1997）研究表明，0～3 周龄 AA 肉仔鸡对非植酸磷的需要量普遍高于褐壳蛋种用公雏鸡（表 2-2），其原因为：由于肉仔鸡的体重增长速度快，需要从日粮中摄取的各种营养成分含量也会相应提高。具有高瘦肉生长遗传潜力的猪要维持最大增重、肌肉生长和胴体瘦肉生长速度，对磷的需要量亦较高。

**表 2-2 0～3 周龄 AA 肉仔鸡和褐壳蛋种用公雏鸡对非植酸磷需要量的比较（%）**

| 测定指标 | 非植酸磷需要量 | |
|---|---|---|
| | 肉仔鸡 | 蛋种用公雏鸡 |
| 体增重 | 0.49 | 0.42 |
| 胫骨灰分含量 | 0.55 | 0.50 |
| 趾骨灰分含量 | 0.55 | 0.51 |
| 胫骨含磷量 | 0.52 | 0.45 |
| 趾骨含磷量 | 0.51 | 0.50 |

动物年龄也是影响磷需要量的重要因素。一般而言，除非特殊生理需要（如妊娠、泌乳等），否则磷的需要量会随动物年龄的增长而降低。性别不同也会影响动物对磷的需要量。公鸡由于其生长速度快，对磷的需要量就比母鸡高。青年母猪对日粮磷的需要量高于

阉公猪，而发育公猪的磷需要量则高于前两者。

此外，生产性能的高低也是影响动物磷需要量的重要因素。如蛋鸡产蛋率、奶牛产奶量、肉仔鸡和生长育肥猪生长速度的快慢等，均会影响它们对磷的需要量。

## 第三节 家禽的磷营养需要

不同国家或组织机构提出的家禽对磷及其相关营养元素的需要量见表 2-3 至表 2-6。家禽的磷营养需要，以前大多同时用总磷、有效磷或非植酸磷来表示，近年发布的鸡饲养标准或营养需要仅采用非植酸磷来表示（NRC，1998）。

**表 2-3 家禽对磷的需要量（一）**

| 种类 | 阶段 | 代谢能（MJ/kg） | 钙（%） | 总磷（%） | 有效磷（%） |
|---|---|---|---|---|---|
| 肉仔鸡 | 0～4 周龄 | 12.13 | 1.00 | 0.65 | 0.45 |
| | 4 周龄以上 | 12.55 | 0.90 | 0.65 | 0.40 |
| 生长蛋鸡 | 0～6 周龄 | 11.92 | 0.80 | 0.70 | 0.40 |
| | 6～14 周龄 | 11.72 | 0.70 | 0.60 | 0.35 |
| | 14～20 周龄 | 11.30 | 0.60 | 0.50 | 0.30 |
| 产蛋鸡及轻型种母鸡 | >80%产蛋率 | 11.51 | 3.50 | 0.60 | 0.33 |
| | 65%～80%产蛋率 | 11.51 | 3.40 | 0.60 | 0.32 |
| | <65%产蛋率 | 11.51 | 3.20 | 0.60 | 0.30 |

资料来源：《猪禽营养需要》（中国，1986）。

**表 2-4 家禽对磷的需要量（二）**

| 种类 | 阶段 | 代谢能（MJ/kg） | 钙（%） | 总磷（%） | 有效磷（%） |
|---|---|---|---|---|---|
| 土鸡 | 0～4 周龄 | 12.55 | 1.00 | — | 0.45 |
| | 4～10 周龄 | 11.72 | 0.80 | — | 0.30 |
| | 10～14 周龄 | 12.55 | 0.80 | — | 0.30 |
| 北京鸭 | 0～2 周龄 | 12.89 | 0.65～1.00 | 0.65 | 0.45 |
| | 2～7 周龄 | 12.89 | 0.65～1.00 | 0.60 | 0.40 |
| | 种母鸭（2.3 kg） | 10.88～11.72 | 2.50～2.70 | 0.60～0.62 | 0.37～0.40 |
| 土番鸭 | 0～3 周龄 | 12.09 | 0.72 | 0.66 | 0.42 |
| | 3～10 周龄 | 12.09 | 0.72 | 0.60 | 0.36 |
| | 种母鸭（2.5 kg） | 10.88～11.72 | 2.50～2.70 | 0.60～0.62 | 0.37～0.40 |
| 蛋鸭 | 0～4 周龄 | 12.09 | 0.90 | 0.60 | 0.36 |
| | 4～9 周龄 | 11.42 | 0.90 | 0.60 | 0.36 |
| | 9～14 周龄 | 10.88 | 0.90 | 0.60 | 0.36 |
| | 产蛋期 | 11.42 | 3.00 | 0.72 | 0.43 |

资料来源：中国台湾（1993）。

**表 2-5 家禽对磷的需要量（三）**

| 种类 | 阶段 | 代谢能（MJ/kg） | 钙（%） | 总磷（%） | 有效磷（%） |
|---|---|---|---|---|---|
| 肉仔鸡 | 0～4 周龄 | 13.99 | 1.00 | 0.70 | 0.45 |
| | 4～7 周龄 | 13.99 | 0.90 | 0.65 | 0.40 |
| 生长蛋鸡 | 0～6 周龄 | 11.72 | 0.90 | 0.65 | 0.38 |
| | 6～20 周龄 | 11.51 | 0.90 | 0.60 | 0.35 |
| 商品蛋鸡 | 轻型（18 周龄） | 1 255.2* | 4.00 | 0.60 | 0.34 |
| | 轻型（30 周龄） | 1 087.8* | 4.00 | 0.60 | 0.34 |
| | 中型（18 周龄） | 1 359.8* | 4.00 | 0.60 | 0.34 |
| | 中型（30 周龄） | 1 129.7* | 4.00 | 0.60 | 0.34 |
| 蛋种鸡鸭 | 重型 | 1 757.3 | 4.00 | 0.60 | 0.34 |
| | 生长期 | 12.13 | 0.90 | 0.65 | 0.40 |
| | 育成期 | 12.55 | 0.80 | 0.60 | 0.35 |
| | 种用期 | 11.72 | 2.70 | 0.62 | 0.40 |

资料来源：法国罗纳普朗克动物营养公司（1993）。

注：* 每日代谢能需要量（J）。

**表 2-6 家禽对磷的需要量（四）**

| 种类 | 阶段 | 代谢能（MJ/kg） | 钙（%） | 总磷（%） |
|---|---|---|---|---|
| 肉仔鸡 | 0～3 周龄 | 13.39 | 1.00 | 0.45 |
| | 3～6 周龄 | 13.39 | 0.90 | 0.35 |
| | 6～8 周龄 | 13.39 | 0.80 | 0.30 |
| 白壳生长蛋鸡 | 0～6 周龄 | 11.92 | 0.90 | 0.40 |
| | 6～12 周龄 | 11.92 | 0.80 | 0.35 |
| | 12～18 周龄 | 12.13 | 0.80 | 0.30 |
| | 18 周龄至产蛋 | 12.13 | 2.00 | 0.32 |
| 褐壳生长蛋鸡 | 0～6 周龄 | 11.72 | 0.90 | 0.40 |
| | 6～12 周龄 | 11.72 | 0.80 | 0.35 |
| | 12～18 周龄 | 11.92 | 0.80 | 0.30 |
| | 18 周龄至产蛋 | 11.92 | 1.80 | 0.35 |
| 白壳商品蛋鸡 | 采食量（100 g/d） | 12.13 | 3.25 | — |
| 褐壳商品蛋鸡 | 采食量（100 g/d） | 12.13 | 3.60 | — |
| 白壳蛋种母鸡 | 采食量（100 g/d） | 12.13 | 3.25 | — |
| 北京鸭 | 0～2 周龄 | 12.13 | 0.65 | 0.40 |
| | 2～7 周龄 | 12.55 | 0.60 | 0.30 |
| | 种鸭 | 12.13 | 2.75 | — |

资料来源：NRC（1994）。

世界家禽学会欧洲分会汇集了欧洲国家提出的肉仔鸡对磷的需要量，在钙为0.90%～

1.10%的水平下，总磷需要量为0.45%～0.50%。

Waldroup（1989）曾对美国和加拿大多所大学的动物营养学家在肉鸡日粮中所使用和建议的磷水平进行了广泛调查，所得到的20个推荐需要量表明，如果日粮代谢能水平为13.39 MJ/kg，则有效磷的需要量为0.35%～0.50%（平均为0.44%），大多数都超过NRC（1994）的推荐量，或与之平衡。

Yoshida（1982）研究表明，肉用仔鸡在前3周饲喂含有1.3%钙和0.75%有效磷的饲料能获得最佳体重和饲料转化率，且满足维持14.1%以上的脚趾灰分。通常认为保持最高的骨灰分含量比最大的体增重所需的磷高，因此许多研究系根据骨灰分含量来判定磷的需要量。然而，目前应当考虑的问题是，虽然骨灰分含量是一个可靠和敏感的指标，但是否有必要保持最大的骨骼强度？比较合理的也许是保持最快的生长速度和适度的饲料转化率，而不是最大的骨骼强度。

对生长蛋鸡而言，必须提供足够的磷以保证骨骼的充分发育，从而为以后的产蛋和蛋壳形成做准备。对于产蛋鸡，高温环境下可能需要更高含量的磷，笼养比平养时也需要更高含量的磷。

早期有关蛋鸡磷需要量的研究集中于磷对其生长发育的影响上。近十几年来在集中于生产性能研究的同时，还兼顾了磷的利用和环境污染问题，但蛋鸡对磷的具体利用情况如何，使用的磷水平范围大多说法不一。当总磷含量在0.39%～0.64%时，产蛋期随饲料磷水平的增加，磷的存留量随之增加，但对产蛋量没有影响。给白壳蛋鸡饲喂含0.2%有效磷的饲料时，对产蛋量也无影响。低钙（3.0%）、低磷（0.25% AP）对蛋鸡产蛋量无不利影响。低磷（0.20% AP）饲料可造成产蛋量下降，当饲料非植酸磷水平为0.15%时，引起51～72周龄蛋鸡产蛋率下降，饲料转化率降低；而当饲料非植酸磷水平为0.25%时，对蛋鸡的生产性能无影响。当蛋鸡饲料总磷水平为0.4%时，不能满足蛋鸡的需要量，其饲料转化率、蛋重、产蛋率、体重等比总磷为0.5%、0.6%、0.7%时低。有些学者认为，测定蛋鸡磷的需要量非常困难，这是由于蛋鸡对磷缺乏时出现的症状不是非常明显，中度的磷缺乏在前几周甚至几个月并不影响其生产性能。

## 第四节　猪的磷营养需要

不同国家或组织机构提出的猪对磷及其相关营养元素的需要量见表2-7至表2-10。影响猪磷营养需要的因素主要有：日粮中的钙、磷（以有效形式）含量充足；日粮中有效钙、磷的比例适宜。钙、磷比过大，尤其是在日粮中的磷处于临界水平时，会降低猪对磷的吸收，导致生长和骨骼钙化减慢；而日粮中的磷过量时，钙、磷比的影响则相对较轻。因此，建议在谷物-豆粕型日粮中钙、磷比应为（1～2.5）：1；若以有效磷为基础，则为（2～3）：1，并且比例的波动范围应尽量缩小；另外，还应有充足的维生素D。钙、磷正常代谢需要足量的维生素D，但若水平过高就会动员骨中的钙、磷。Lucas和Lodge（1961）指出，6～8周龄仔猪日粮中钙、磷需要量分别为1.1%和0.9%，6～8周龄以后日粮中钙、磷需要量逐渐下降；当体重达到40～50 kg时，日粮中只需0.5%钙和0.4%磷即能满足需要。对于6～8周龄的仔猪，其日粮中含0.4%钙和0.4%磷时就可维持正常生长和饲料转化率；当供给0.8%的钙和0.5%磷时，可以维持血清钙、血清磷和碱性磷酸酶的正常值及保证骨骼的正常发育；当供给1%的钙和0.6%磷时，可以使骨骼达到最大的致密程度和增强骨骼力量。

表 2-7 猪对磷的需要量（一）

| 种类 | 体重或生长阶段 | 消化能（MJ/kg） | 代谢能（MJ/kg） | 钙（%） | 总磷（%） |
|---|---|---|---|---|---|
| 瘦肉型生长育肥猪 | 1～5 kg | 16.74 | 16.07 | 1.00 | 0.80 |
| | 5～10 kg | 15.15 | 14.56 | 0.83 | 0.63 |
| | 10～20 kg | 13.85 | 13.31 | 0.64 | 0.54 |
| | 20～60 kg | 12.97 | 12.47 | 0.60 | 0.50 |
| | 60～90 kg | 12.55 | 12.05 | 0.50 | 0.40 |
| 肉脂型生长育肥猪 | 20～35 kg | 12.97 | 12.05 | 0.55 | 0.46 |
| | 35～60 kg | 12.97 | 12.09 | 0.50 | 0.41 |
| | 60～90 kg | 12.97 | 12.09 | 0.46 | 0.37 |
| 肉脂型后备母猪 | 10～20 kg | 12.55 | 11.63 | 0.60 | 0.50 |
| | 20～35 kg | 12.55 | 11.72 | 0.60 | 0.50 |
| | 35～60 kg | 12.34 | 11.51 | 0.60 | 0.50 |
| 肉脂型妊娠母猪 | 妊娠前期 | 11.72 | 11.09 | 0.61 | 0.49 |
| | 妊娠后期 | 11.72 | 11.09 | 0.61 | 0.49 |
| 肉脂型种公猪 | | 12.55 | 12.05 | 0.66 | 0.53 |

资料来源：《猪禽营养需要》（中国，1986）。

猪对磷的需要量可能高于早期研究结果，提出的生长育肥猪获得最快生长速度和饲料转化率的日粮其钙、磷需要量的估测值见表2-10。如果日粮采食量较低，则需要提高日粮中磷的水平。猪对磷的需要量还与日料中植酸磷的含量有关。一般植酸磷含量高的日粮需磷量也高。据报道，猪对植物性饲料中磷的利用率变化较大，范围为10%～40%。主要原因在于成年猪对植酸磷的利用能力较幼龄猪强，也许是成年猪消化道中含有较多植酸酶的缘故。

表 2-8 猪对磷的需要量（二）

| 种类 | 体重或生长阶段 | 消化能（MJ/kg） | 代谢能（MJ/kg） | 钙（%） | 总磷（%） |
|---|---|---|---|---|---|
| 仔猪 | 5～10 kg | 14.64 | 12.81 | 1.20 | 0.90 |
| | 10～25 kg | 14.64 | 13.81 | 1.00 | 0.80 |
| 生长育肥猪 | 20～35 kg | 13.18 | 12.76 | 0.90 | 0.65 |
| | 60～100 kg | 13.18 | 12.76 | 0.80 | 0.55 |
| 青年种猪 | 10～20 kg | 12.13 | 11.51 | 0.90 | 0.60 |
| 妊娠母猪 | | 12.55 | 11.92 | 1.00 | 0.60 |
| 哺乳母猪 | | 12.97 | 12.34 | 0.90 | 0.60 |
| 成年公猪 | | 12.97 | 12.34 | 0.90 | 0.60 |

资料来源：法国罗纳普朗克动物营养公司（1991）。

**表 2-9 猪对磷的需要量（三）**

| 种类 | 体重或生长阶段 | 消化能（MJ/kg） | 钙（%） | 总磷（%） | 有效磷（%） |
|---|---|---|---|---|---|
| 仔猪 | 1～5 kg | 16.20 | 0.90 | 0.70 | 0.55 |
| | 5～10 kg | 15.5 | 0.80 | 0.60 | 0.45 |
| | 10～30 kg | 14.20 | 0.65 | 0.55 | 0.35 |
| 生长育肥猪 | 30～70 kg | 13.80 | 0.55 | 0.45 | 0.25 |
| | 70～110 kg | 13.80 | 0.50 | 0.40 | 0.20 |
| 后备母猪 | 60～120 kg | 12.90 | 0.75 | 0.60 | 0.45 |
| 妊娠母猪 | | 12.90 | 0.75 | 0.60 | 0.45 |
| 哺乳母猪 | | 13.80 | 0.75 | 0.60 | 0.45 |
| 种公猪 | | 12.90 | 0.75 | 0.60 | 0.45 |

资料来源：《猪的营养需要》（日本，1993）。

**表 2-10 猪对磷的需要量（四）**

| 种类 | 体重或生长阶段 | 消化能（MJ/kg） | 代谢能（MJ/kg） | 钙（%） | 总磷（%） | 有效磷（%） |
|---|---|---|---|---|---|---|
| 生长育肥猪 | 3～5 kg | 14.23 | 13.66 | 0.90 | 0.70 | 0.55 |
| | 5～10 kg | 14.23 | 13.66 | 0.80 | 0.65 | 0.40 |
| | 10～20 kg | 14.23 | 13.66 | 0.70 | 0.60 | 0.32 |
| | 20～50 kg | 14.23 | 13.66 | 0.60 | 0.50 | 0.23 |
| | 50～80 kg | 14.23 | 13.66 | 0.50 | 0.45 | 0.19 |
| | 20～120 kg | 14.23 | 13.66 | 0.45 | 0.40 | 0.15 |
| 妊娠母猪 | | 14.23 | 13.66 | 0.75 | 0.60 | 0.35 |
| 哺乳母猪 | | 14.23 | 13.66 | 0.75 | 0.60 | 0.35 |
| 配种公猪 | | 14.23 | 13.66 | 0.75 | 0.60 | 0.35 |

资料来源：NRC（1998）。

对于生长育肥猪，获得最大生长速度所需钙和磷的水平对最大骨矿化未必足够。能使骨骼强度和骨灰分含量达到理想状态时所需的钙、磷水平，比为获得最快增重速度和效率所需的钙、磷至少高 0.1%。喂给大量钙、磷可使生长猪骨骼强度达到最大，但不一定能改善体格；同时，也尚未证明最大骨骼强度对猪的健康或寿命是否必要。

高瘦肉生长速度的猪对日粮磷的需要量与具有中等瘦肉生长速度的猪相近。但是，当用生长激素提高猪的瘦肉生长速度时，日粮中的钙、磷含量增加。因为使用生长激素时能导致猪的日采食量降低，每天需要更多的钙、磷以使生长性能、骨矿化和胴体瘦肉率达到最佳。

妊娠母猪对钙、磷的生理需要量随着胎儿生长需要量的增加而增加，至妊娠后期达到最大值。哺乳母猪钙、磷需要量受产奶量的影响。繁殖母猪钙、磷需要量的确定是基于母猪在妊娠期间日采食量 1.8～2.0 kg、泌乳期间日采食量 5.0～6.0 kg 而言的。如果妊娠期母猪日采食量不足 1.8 kg，则应配制含足量钙和磷的日粮，以便满足其每日需要量。高温会使哺乳母猪随意采食量降低。在此情况下，应调整日粮以满足其对钙、磷的日需要量。与经产母猪相比，初产母猪摄入足够的钙、磷尤为重要。

国内学者在猪的营养需要方面也作了研究。蒋宗勇等（1995）报道，7～22 kg 仔猪对钙的需要量为 0.74%，总磷需要量为 0.58%，有效磷需要量为 0.36%，钙与总磷比例为 1.21∶1，钙与有效磷比例为 1.94∶1。

一般来说，生长育肥猪采用满足最佳生产性能的日粮磷水平作为磷的需要量，留作种用的猪采用满足骨骼充分发育的日粮磷水平较为合理，而对于生长和骨骼发育均较快的仔猪则应以同时满足生长速度最快和骨骼发育最佳的日粮磷水平作为需要量。

# 第五节　牛羊的磷营养需要

## 一、奶牛的磷营养需要

### （一）NRC 标准

必须给奶牛提供充足的磷才能满足其营养需要，这是因为：①粪便中磷的损失量很大；②日粮中磷的真吸收率很低；③奶中含磷量较高。无论日粮中磷的含量如何，奶中磷的含量应保持相对恒定。如果日粮中磷的含量不足，奶牛为了保持奶中的含磷量，将不得不降低产奶量。对于高产奶牛，磷的需要量是比较大的。因此，必须通过增加采食量以满足其对磷的需要。由于奶牛的采食量有一定限度，因此必须增加饲料中磷的含量。对泌乳高峰期的奶牛，为了维持钙、磷平衡，必须增加饲料中的钙、磷含量。NRC（1989）提出的奶牛营养需要量中钙、磷的需要量均比 NRC（1978）有大幅度提高（表 2-11），分别提高 15%和 19%，原因可能主要是其吸收率下降。

**表 2-11　奶牛对钙、磷的需要量**

| 种类 | 体重或生长阶段 | 乳脂率（%） | 增重（kg/d） | 泌乳量（L/d） | 钙（%） | 磷（%） |
|---|---|---|---|---|---|---|
| 犊牛代乳料 | | | | | 0.70 | 0.60 |
| 犊牛开食料 | | | | | 0.60 | 0.40 |
| 生长小母牛和小公牛 | 0～3 月龄 | | | | 0.52 | 0.31 |
| | 3～6 月龄 | | | | 0.41 | 0.30 |
| | 12 月龄以上 | | | | 0.29 | 0.23 |
| 成年公牛 | | | | | 0.30 | 0.19 |
| 泌乳母牛 | 680 kg | 3.5 | 0.37 | 11.80 | 0.43 | 0.28 |
| | | | | 23.61 | 0.53 | 0.34 |
| | | | | 35.41 | 0.60 | 0.38 |
| | | | | 47.22 | 0.65 | 0.42 |
| | | | | 59.02 | 0.66 | 0.41 |
| | 泌乳初期（0～3 周） | | | | 0.77 | 0.49 |
| 干奶牛 | | | | | 0.39 | 0.24 |

资料来源：NRC（1989）。

美国奶牛日粮的磷含量远远高于 NRC（1989）的推荐。NRC 推荐的典型奶牛日粮中磷含量在0.34%～0.41%（干物质基础），而生产中日粮磷含量平均为0.48%，许多牧场中的磷含量接近0.60%。与其他国家的标准相比，NRC的磷推荐量中维持需要所占比例较低，而产奶所占比例较高（表2-11）。由于NRC采用的日粮磷消化率仅为50%，因此，产奶对磷的需要量较高，为每千克校正乳1.98 g。

### （二）各国奶牛磷需要量标准差异及其原因

与其他国家采用的标准相比，NRC推荐的奶牛磷的需要量偏高。然而，大家仍十分相信这些标准。许多国家所使用的标准仍是在数据缺乏、陈旧的基础上制定的。就NRC（1989）而言，有关磷的30条参考文献是引自32年前的平均研究结果，且其中仅有20%是从用泌乳牛和非泌乳牛进行的平衡试验获得的。收集、采用较新的研究资料，重新审核过去的研究结果，将使奶牛磷的推荐量更具坚实的基础。为使奶牛磷的需要量更可靠，还需做以下工作。

奶牛对磷的利用率，或者说是磷的真消化率需要进一步研究。由于瘤胃微生物产生植酸酶，该酶可将植酸磷中的磷释放出来，因此反刍动物可以利用植酸磷。但目前反刍动物对磷利用率的问题依然存在。《奶牛营养需要》（NRC，1978）中磷的利用率为55%，而《奶牛营养需要》（NRC，1989）中磷的利用率降至50%，其原因不得而知。但事实上又有迹象表明，磷的利用率或真消化率是提高的。这说明多数研究都低估了磷的真消化率，因为磷真消化率的测定只能在奶牛磷缺乏的状态下进行。

磷利用率的部分研究结果如下：Kleibel等（1951），50%～64%；Lofgreen等（1953，1954），81%～96%；Weiss等（1986），60%～65%；Kod-Desbusch等（1988），大约90%；Martz（1990），64%～75%。德国负责起草奶牛饲养标准的研究小组所采用的磷利用率为70%，我们认为这是一个相对准确的值。此外，有关磷的维持需要量（或称不可避免的磷损失）也较为混乱。如表2-12所示，饲养标准中磷的维持需要量间最大相差超过3倍。

**表2-12　各国推荐的奶牛磷的需要量**

| 每千克体重维持需要量（g） | 每千克校正乳需要量（g） | 利用率（%） | 资料来源 |
|---|---|---|---|
| 0.029 | 1.98 | 50 | NRC |
| 0.042 | 1.50 | 60 | 荷兰 |
| 0.020 | 1.56 | 58 | 英国 |
| 0.062 | 1.25 | 70 | 法国 |
| 0.040 | 1.66 | 60 | 德国 |

德国已将计算奶牛磷维持需要量的基础由原来的每千克体重所需磷的质量（g）改为每千克干物质采食量中所需磷的质量（g）。研究结果表明，泌乳奶牛粪磷损失平均为1.2 g/kg DM，粪磷主要以微生物磷的形式存在；此外，未被利用的日粮磷及脱落的小肠黏膜也构成了磷的维持需要量。从反刍动物的尿液中排出的磷十分少。

将反刍动物磷的维持需要量改为以每千克干物质采食量为基础表示，较以每千克体重为基础表示在总磷需要量的分配计算上更加准确。许多国家（包括美国）目前正在从事奶牛磷需要量方面的研究。美国国家研究委员会对奶牛磷需要量未作改动。我们赞成采用近似德国的标准，德国体系（Kirchgessner，1993）采用因子分析法计算奶牛的磷需要量，需要量的各组成部分见表2-13。计算各部分磷需要量的总和，将该值除以0.7，就得出日粮磷的需要量，0.7表示日粮磷的利用率为70%。

**表2-13　德国计算奶牛磷需要量所用参数（g）**

| 项目 | 数值 |
|---|---|
| 每产1 kg乳所需的磷 | 1 |
| 妊娠最后2个月子宫每天的沉积磷 | 2.0～2.5 |
| 每千克体重所需的磷 | 7.4 |
| 每采食1 kg干物质不可避免的磷损失（维持需要） | 1.0 |

表2-14比较了NRC（1989）奶牛营养需要量中磷的需要量及德国推荐的磷的需要量。该例中所用奶牛体重600 kg，乳脂率为3.75%。通过比较，我们可发现两个标准推荐的磷需要量十分相近。NRC的推荐量是在很低的维持需要量的基础上计算得出的，但考虑了产乳的磷需要量，NRC推荐的磷需要量仅比德国推荐量稍高一些。NRC（1989）建议，产奶前3周日粮磷水平为0.48%，目的是满足泌乳前期足够的磷消耗，因泌乳前期饲料采食量增加滞后于产奶量的增加。泌乳前几周奶牛骨磷被动员、释放至血液十分重要，泌乳早期骨磷至少可提供500～600 g磷。被动员的骨磷最终需得到补偿，泌乳后期随着奶牛采食量的增加，便可得到补偿。因此，在泌乳前几周给奶牛饲喂较高磷水平的日粮可能并非必要。

**表2-14　奶牛对磷的需要量**

| 产奶量（kg/d） | 干物质采食量（kg/d） | 磷的推荐量（NRC，1989） | | 磷的推荐量（德国） | |
|---|---|---|---|---|---|
| | | g/d | 日粮*（%） | g/d | 日粮*（%） |
| 10 | 13 | 36.0 | 0.27 | 33.0 | 0.25 |
| 20 | 17 | 55.5 | 0.33 | 52.8 | 0.31 |
| 30 | 20 | 74.5 | 0.37 | 72 | 0.35 |
| 40 | 23 | 93 | 0.40 | 90.7 | 0.39 |
| 50 | 27 | 112.5 | 0.41 | 110.6 | 0.40 |

注：*表示泌乳前3周建议日粮磷水平0.48%，试验牛体重600 kg、乳脂率3.75%。

尽管NRC（1989）和欧洲国家推荐的磷需要量在各组分（维持、产奶需要、磷的利用率）上差别很大，但最终饲养标准中磷的推荐量差异不大。饲养标准中各组分的巨大差异使人们难以相信奶牛磷推荐量的合理性，这也许是在实际生产中磷水平高于饲养标准推荐量的原因。据调查，美国奶牛饲料磷含量为0.48%，已大大超过NRC（1989）的推荐量。由于很多人不清楚饲养标准，因此这也加大了磷供给量的安全用量，而磷添加剂市场也促进了日粮磷水平的提高。最重要的原因可能是人们认为超量添加磷对维持奶牛的繁殖性能十分有益。Hignett（1951）的试验表明，饲养标准推荐的磷水平比奶牛获得适宜繁殖性能的磷水平低很多，但这一观察结果仅为偶然性，不具代表性。多数研究表明，只有当日粮磷水平低于奶牛瘤胃中微生物生长所需磷浓度时，才会影响奶牛的繁殖性能。日粮磷水平低于0.25%时，将抑制瘤胃微生物的生长，导致微生物蛋白合成减少，并可能降低日粮的消化率。当奶牛采食低磷日粮时，磷将通过影响饲料利用率及能量供给，间接地影响奶牛的繁殖性能。一般而言，现代奶牛日粮的磷水平，很少低到足以损害瘤胃微生物生长的水平。表2-15汇总了不同磷饲喂水平下，初产母牛及经产母牛的繁殖性能。很明显，日粮磷水平对奶牛繁殖性能没有影响。研究结果证明，NRC（1989）及德国饲养标准中奶牛磷的需要量是适宜的。

**表2-15　饲喂低磷及高磷日粮的经产母牛和初产母牛的繁殖性能**

| 项目 | 日粮磷水平（%，干物质） | 奶牛头数 | 首次发情天数（d） | 空怀天数（d） | 妊娠配种次数 | 首次人工授精天数（d） | 妊娠率（%） |
|---|---|---|---|---|---|---|---|
| 经产奶牛 | 0.32～0.40 | 393 | 46.8 | 103.5 | 2.2 | 71.7 | 0.92 |
| 标准差 | — | — | 10.9 | 21.4 | 0.9 | 16.2 | 0.06 |
| 奶牛 | 0.39～0.61 | 392 | 51.6 | 102.1 | 2.0 | 74.3 | 0.85 |
| 标准差 | — | — | 13.8 | 13.0 | 0.5 | 10.6 | 0.05 |
| 初产母牛 | 0.14～0.22 | 116 | — | — | 1.5 | — | 0.98 |
| 标准差 | — | — | — | — | 0.1 | — | 0.02 |
| 初产母牛 | 0.32～0.36 | 123 | — | — | 1.8 | — | 0.94 |
| 标准差 | — | — | — | — | 0.4 | — | 0.08 |

注：本表为13个试验的总结，所列数据来源于大多数试验结果，第2列数据非全部参试奶牛头数之和。

## 二、肉牛的磷营养需要

为维持3～4月龄犊牛的正常生长，磷的最低需要量为0.22%，10～12月龄肉牛则为0.2%。在放牧的情况下，牧草干物质中含有0.18%的磷即可满足泌乳牛和生长牛对磷的需要量。200 kg体重且每天增重0.5 kg的肉牛，日粮含磷量在0.12%即可满足其对磷的需要量。Little（1968）指出，日粮中仅需含有0.2%以上的磷即能满足肉牛在放牧情况下对磷的需要量（表2-16）。

**表2-16　肉牛对磷的需要量**

| 种类 | 体重（kg） | 日增重（kg） | 磷（g/d） |
|---|---|---|---|
| 生长牛 | 300 | 0.5 | 5 |
| | 300 | 2.0 | 18 |
| | 600 | 0.5 | 3 |
| | 600 | 2.0 | 8 |
| 生长育肥牛 | 200 | 0.5 | 6 |
| | 200 | 2.0 | 21 |
| | 400 | 0.5 | 4 |
| | 400 | 2.0 | 14 |
| 母牛产后1个月 | 533 | 0.00 | 22 |

（续）

| 种类 | 体重（kg） | 日增重（kg） | 磷（g/d） |
|---|---|---|---|
| 母牛产后 8 个月 | 545 | 0.19 | 13 |

资料来源：NRC（1996）。

## 三、羊的磷营养需要

NRC（1985）建议，绵羊对磷、钙的需要分别为 0.16%～0.18%和 0.20%～0.82%。5～6 日龄的杂交肉用羔羊每日食入 13 g 磷为磷缺乏的临界值。供给占日粮干物质 0.10%的磷，对维持血液无机磷含量及羊的正常生长是合适的。Beeson 等（1994）认为，生长绵羊的日粮中磷最低供给量为 0.17%（占日粮干物质）；而 Mitchell（1947）提出，日粮含磷量为 0.15%，两人的推荐值基本一致。

# 第六节　鱼虾的磷营养需要

与大多数陆生动物不同，鱼所需的矿物质，不仅仅来源于饲料，也可以从体外水环境中吸取。通常从水中吸收的钙、镁、钠、钾、铁、锌、铜和硒，可部分满足鱼类的营养需要，但其中磷和硫主要依靠从饲料中摄入。由于水中离子通过鱼鳃和皮肤进行交换，因此测定鱼对矿物质的需要量较为复杂。

钙和磷直接参与鱼骨骼系统的形成及维持，并参与几个重要的生理过程。鳞片也是钙、磷代谢和沉积的重要部位。磷是核酸和细胞膜的重要成分，并直接参与细胞的各种生理反应。磷在糖类、脂肪和氨基酸代谢及在体液缓冲的各种代谢过程中的作用已被确认。因为自然水体中的磷含量低，所以饲料是鱼的重要磷源。由于淡水鱼和海水鱼都必须有效地吸收、积累、动员和保存磷，故饲料中提供磷比提供钙更重要。

虹鳟、大西洋鲑、大麻哈鱼、鲤和真鲷的磷需要量为 0.5%～0.8%。鲇摄食天然饲料时，其有效磷需要量为 0.8%。Lovell 和 Wilson 等（1982）应用化学分析重新测定鲇有效磷需求量，约为 0.42%。与其他有鳍类相比，日本鳗鲡的磷需要量相对较低（0.29%）。也有一些报道认为，饲料钙含量对鲇、鲤和虹鳟的磷需求没有影响。然而，真鲷和鳗鲡饲料中适宜钙、磷比很重要，二者分别为 1∶2 和 1∶1。不同磷源中磷的有效性差异很大。磷酸盐溶解性越好，则磷的有效性越高。磷酸一钙或磷酸二钙中磷的有效性高于磷酸三钙。不同鱼种对饲料中磷的利用能力也有一定差异。罗非鱼利用鱼粉中磷的能力比虹鳟和大麻哈鱼弱。同样，鲤利用鱼粉中磷的能力也明显弱于虹鳟。鲑科罗非鱼和鲤磷利用能力的差异，可能是这些温水性鱼类胃液分泌较少所致。沙丁鱼和油鲟鱼粉中仅有 60%的磷对斑点叉尾鮰为有效磷（NRC，1993）。鱼对钙、磷的营养需要量见表 2-17。

**表 2-17　鱼对钙、磷的需要量**

| 项目 | 斑点叉尾鮰 | 虹鳟 | 太平洋鲑 | 罗非鱼 | 鲤 |
|---|---|---|---|---|---|
| 能量基础（MJ/kg）[a] | 12.55 | 15.06 | 15.06 | 13.39 | 12.55 |

（续）

| 项目 | 斑点叉尾鮰 | 虹鳟 | 太平洋鲑 | 罗非鱼 | 鲤 |
|---|---|---|---|---|---|
| 钙（%） | R | IE | NT | NT | R |
| 磷（%） | 0.45 | 0.60 | 0.60 | 0.60 | 0.50 |

注：1. 此表中的需要量是用化学成分确定的纯化学原料配制的饲料测定的，代表了生物学利用率近100%时的数值。

2. [a]商品饲料中具有代表性的消化能水平；R表示饲料中需要但含量未测定；IE表示估计值；NT表示测定条件下未证明饲料中需要。

# 第三章
# 饲料磷的生物学效价评定技术及其影响因素

生物学效价（bioavailability，BV），又称生物学利用率，是衡量营养物质在机体内利用程度的参数。它具有多重含义，包括消化、吸收、代谢、同化、利用性能等。饲料磷的生物学效价是指磷被摄入后在代谢过程中被动物利用的程度。对于不同动物，磷的生物学效价评定方法不同。

## 第一节 饲养试验法

采用饲养试验法评定饲料磷生物学效价分为绝对生物学效价和相对生物学效价。绝对生物学效价即沉积率，对家禽来说就是表观代谢率。一种含磷矿物质饲料中磷的表观代谢率或表观消化率在某种程度上是能够准确测定的，但所得数据仅仅适用于某一特殊条件下的日粮、环境和一定年龄、性别及品种的畜禽。绝对生物学效价的评定指标有两个：一是表观消化率；二是真消化率。相对生物学效价（relative bioavailability，RBV）则是以一种无机磷化合物为参照物的某一指标量化反应与待测磷源该指标量化反应的比。RBV 的概念是以两个假设为基础的：①不同来源、不同形式的磷的利用率是有差异的；②这一差异是可测量的，因此磷源的生物学效价可以相互比较。

### 一、绝对生物学效价的评定

由于矿物质元素具有内源代谢粪的损失，尤其是钙、磷、镁和铁，因此评定它们表观消化率的意义不大，重要的是评定真消化率。绝对生物学效价的评定方法较多，大多是在平衡试验的基础上发展来的。针对平衡试验法不能测定真消化率的不足，经过不断改进后产生了线性回归分析法和差量法等方法。

#### （一）平衡试验法

平衡试验法是由 Jongbloed 和 Kemme（1990）提出的评定猪饲料磷生物学利用率的一种方法。它将一种含磷比较低（小于 2%）的半纯合日粮作为基础日粮，用待测日粮按一定比例代替一部分基础日粮配制试验日粮，设定比例要求猪日粮中 55%以上的磷来源于待测日粮，且试验日粮中可消化磷的含量低于猪的最低营养需要量（如 1.6 g/kg）。在饲养试验过程中采用全收粪、尿的方法，测定试验猪每天粪磷与尿磷的排泄量，通过公式来计算被测磷源磷的生物学利用率。被测磷源磷的表观消化率（apparent digestibility of phosphorus，PAD）和沉积率（deposition rate of phosphorus，PMR）计算如下：

被测磷源磷的表观消化率（*PAD*）：

$$PAD=（PAD_D-PAD_B\times a）/（1-a）\times 100\%$$

$$PAD_B=（摄入基础日粮中总磷-粪磷）/摄入基础日粮中总磷\times 100\%$$

$$PAD_D=（摄入待测日粮中总磷-粪磷）/摄入待测日粮中总磷\times 100\%$$

被测磷源磷的沉积率（$PMR$）：

$$PMR=（PMR_D-PMR_B\times a）/（1-a）\times 100\%$$

$$PMR_B=[1-（粪磷+尿磷）/摄入基础日粮中总磷]\times 100\%$$

$$PMR_D=[1-（粪磷+尿磷）/摄入待测日粮中总磷]\times 100\%$$

式中，$a$ 为待测饲料中来自基础日粮的磷与来自待测日粮的磷的比值；$PAD_B$为基础日粮的磷表观消化率；$PAD_D$为待测日粮的磷表观消化率；$PMR_B$为基础日粮的磷沉积率；$PMR_D$为待测日粮的磷沉积率。

平衡试验法是测定磷生物学效价的基本方法，但其测定的是待测日粮中磷的表观消化率，而不是真消化率，不能准确地反映动物对待测日粮中磷的利用情况。

真消化率＝表观消化率＋内源性磷

由于目前内源性磷的排泄规律还不清楚，因此对真消化率的测定方法还处于摸索阶段。以真消化率来评定磷生物学效价的方法有线性回归分析法和差量法，这两种方法差别不大，都是基于较低磷水平下内源性磷排泄量不变的假设。

### （二）线性回归分析法

线性回归分析法是评定猪内源性磷排泄量的新方法。其基本假设是，在日粮某一含磷范围内，消化道食糜或排泄物中磷的总流量与其摄入量之间呈线性关系，并假设内源性磷的排泄量不受日粮磷水平变化的影响，即不同磷水平下，日粮磷的真消化率是恒定的，此时外推至摄入量为 0 时磷的排泄量（回归截距）即为内源性磷排泄量，再根据公式计算磷的真消化率。研究表明，在饲喂低磷日粮时，摄入磷与粪磷之间的线性关系显著。在试验过程中，测定不同日粮中的磷水平后，将猪的粪磷含量做散点图并进行线性回归分析（图 3-1），斜率为真消化率，截距为内源性磷含量。

采用豆粕基础日粮作为“模型”，可以同时测定出日粮中磷的真消化率和内源性磷的含量，该方法同样适用于玉米等禾谷类低磷日粮中磷真消化率的测定。研究表明，磷的消化利用和内源性磷的损失不受猪大肠微生物作用的影响，采用不同磷含量的同一日粮饲喂，其磷的表观消化率变化很大，但其真消化率则基本一致。

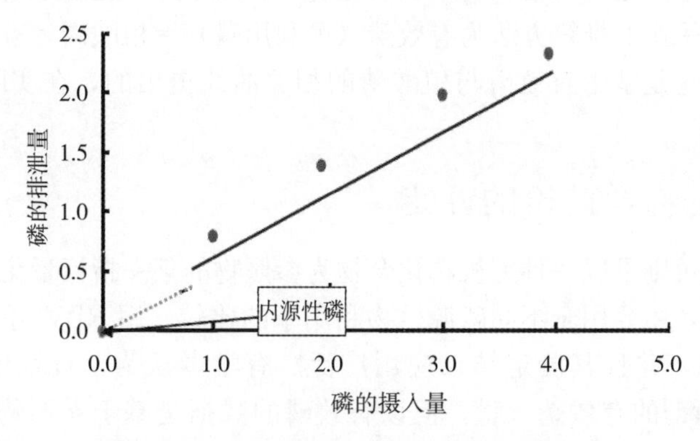


图 3-1　磷的摄入量和排泄量及内源性磷的关系（g/kg DMI）

### （三）差量法

差量法的基本原理是假设磷的摄入量在一定范围内动物内源性磷的排泄量不变，前后两次摄入磷之差减去前后两次粪磷之差，即扣除了内源性磷的多摄入磷的真消化量（吸收量），再除以前后两次摄入磷之差，即为多摄入磷的真消化率，用它来代表整个摄入磷的真消化率。差量法的使用前提是前后两次喂给动物磷源的消化率相等或组成磷源的模式相同，同时内源性磷的排泄不受前后两次摄入磷差异的影响。

理论上将内源性磷排泄量分为最小内源排泄量和可变内源排泄量两个部分。后者受日粮营养水平、日粮钙磷比和磷水平等因素的影响，而前者相对稳定（图3-2）。但“最小”和“可变”两者并没有本质区别，只能通过对试验条件，如日粮磷水平、钙磷比等因素的控制来实现量上的区分。理论上，日粮磷水平在一个很窄的区间内变化，其真消化率不变。因此，通过差量法计算的真消化率的变化可以反映不同磷水平下内源性磷排泄量相对于磷摄入量变化的程度，从而判断内源性磷排泄量的稳定性。

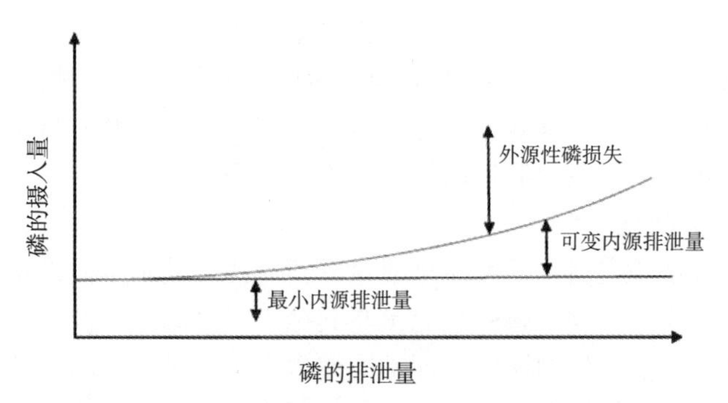


图3-2　日粮中磷的生物学效价（g/kg DMI）

### （四）估测法

估测法主要用于计算植物性饲料中有效磷的含量，即磷绝对生物学效价的评定。无机磷酸盐中磷的生物学效价对于动物来说是100%，但植物性饲料中的植酸磷难以被动物消化吸收，只有约1/3的磷以非植酸磷的形式存在，即只有约1/3的磷可被猪等单胃动物利用。

研究表明，由于不同植物性饲料中的植酸磷/总磷的值为0.27～0.79，变异范围很大，故利用估测法来评定植物性饲料中磷的生物学利用率并不适合于所有植物性饲料。刘金旭等（1997）所采用的推算方法为有效磷（可利用磷）＝植酸磷×37.1%＋（总磷－植酸磷）×81.7%，这是基于有效磷与植酸磷的相关曲线提出的，在实际应用中有一定的意义。

## 二、相对生物学效价的评定

相对生物学效价则是以一种无机磷化合物为参照物的某一指标量化反应与待测磷源该指标量化反应的比，主要用于不同磷源生物利用率的比较。用RBV可以解决许多和利用率测定有关的问题，并且其测定结果应用广泛。有学者认为，日粮中的总磷含量及其RBV的乘积即为所谓的有效磷含量，但该有效磷的数据是基于参照物BV为100%而得的，并非真正的可利用磷。

评定日粮磷相对生物学效价的方法主要为斜率比法，该方法起初是 Cromwell（1989）提出并用于估计猪日粮中磷生物学利用率的。具体试验操作为：以含 65%的纯合碳水化合物、30%的豆饼、3%的脂肪、维生素及矿物质（磷除外）配制成低磷基础日粮，然后以不同比例的待测日粮（试验组）及工业级磷酸二氢钠（对照组）代替基础日粮中的纯合碳水化合物，并使两者的总磷含量相同。将上述日粮饲喂体重为 10～15 kg 的仔猪，并于 5～6 周后将其屠宰，测定第 3、4 掌骨，跖骨和股骨的骨骼断裂力值及灰分含量。将基础日粮的结果作为零点，将对照组猪及试验组猪的骨骼断裂力值与磷摄入量进行线性回归拟合，将试验组回归线的斜率除以对照组回归线的斜率（即斜率比值）作为待测日粮中磷的相对生物学利用率。对于雏鸡、猪等动物来说，衡量钙、磷满足程度时灰分含量比生长速度更为敏感，同时骨骼断裂力值比灰分含量对日粮磷水平更为敏感，与磷摄入量呈更好的线性关系。

另外，许多研究者在评价磷源时还使用饲料利用率（耗料/增重）、磷平衡、人工瘤胃技术、血清磷水平、化学测定方法、骨骼破裂强度、X 光技术等指标和方法。

斜率比法虽然应用广泛，但也有缺陷，即用同一磷源的斜率比法测定磷酸盐时结果常常各不相同，造成这一现象的原因之一是试验条件存有差异。经过对其测定方法加以比较后可知，参照物、评定指标是影响测定值的主要因素。

### （一）参照物

在试验中，参照物的选择很重要。前人的试验中采用了很多种含磷化合物，如试剂磷酸钙、磷酸氢二钠、磷酸二氢钙和磷酸氢钙等。其中，磷酸钙是自然界中磷最普遍的存在形式，其结构稳定，具有很高的生物学效价，因此常被选为参照物。在以上几种物质都不易获得的情况下，也可以采用质量高、生物学效价高的饲料磷酸氢钙作为参照物。

### （二）测定指标

RBV 的测定指标主要包括胫骨灰分含量、体增重、趾骨灰分含量和骨与体重的比。大多数研究者认为，胫骨灰分含量是最敏感的指标；但是有些研究表明，相对于胫骨灰分含量而言，以趾骨灰分含量测定的 RBV 值不仅与之相似，而且更加简便、经济。

**1. 胫骨灰分含量** 这是测定 RBV 的最敏感指标，其具体测定方法是：试验末期将试验鸡称重并屠宰，取其一侧或两侧胫骨，去除皮、肉等，将骨骼制成脱脂、脱水的风干样品，随后测定骨灰分含量。

**2. 体增重** 体增重这一指标也被普遍用于测定含磷矿物质日粮中磷的 RBV 值，但不如胫骨灰分含量精确。在测定植酸磷的利用率时，由于植酸磷对生长比对骨矿化更敏感，因此以体增重为指标的测定效果好些。

**3. 趾骨灰分含量** 趾骨灰分含量的测定比胫骨灰分含量更经济、简便。目前，很多学者在试验中开始采用趾骨灰分含量作为指标来测定各种磷酸盐的 RBV。其具体测定方法为：试验末期将试验鸡称重并屠宰，取左侧中趾（每笼一个样品）和右侧中趾（每笼一个样品），剔除杂物后将其烘干，测定灰分含量。

**4. 骨与体重的比** 骨中磷和灰分的含量并不总是真实地反映磷在骨中的真正储备状态，因为储备矿物质可因重吸收（而非骨组织的脱矿物质化）作用而产生消耗，但干物质、钙、磷和灰分含量保持不变。因此，还必须同时考虑骨对体重的比率。

# 第二节　体外法

以动物机体为试验对象，能够比较准确地对饲料营养价值进行评定。但是动物试验费时、费力且周期长，试验条件难以控制，很难在短时间内对大量的饲料样品进行评价分析，试验结果的重复性差。为此，寻找快速、简便、有效的磷生物学效价评定方法成为学者共同努力的目标。

评定饲料磷生物学效价的体外法主要包括溶解度法、体外透析法和外翻肠囊法。

## 一、溶解度法

体外溶解度法主要用于饲料磷酸盐生物学效价的评定，通过测定磷酸盐在水及弱酸中的溶解度来预测磷的生物学效价。一般认为，磷酸盐的溶解性越好其生物学效价越高。但不难以想象，采用此种方法评定各种饲料磷酸盐的结果差异很大，方法的可靠性也备受质疑。事实证明，许多磷酸盐虽不溶于水，但却是动物很好的磷源饲料。

## 二、体外透析法

体外透析法是将待测饲料在人工模拟的条件（一定的 pH、温度、消化酶浓度等）下消化后的食糜转入人工透析膜中进行透析，通过测定透析液中的养分浓度来反映饲料中该养分可被动物利用的程度。

从前人的研究结果看，体外透析法可以有效地反映动物试验的结果，与体内法具有高度的相关性。Zyla 等（1995）通过体外模拟火鸡嗉囊、肌胃和肠道的生理条件，测定了玉米-豆粕型日粮中不同添加水平植酸磷的有效利用率。结果表明，体外消化对植酸磷中无机磷的释放量与火鸡的生产性能（$R^2=0.986$）和趾骨灰分含量（$R^2=0.952$）存在显著相关。方热军等于 2004 年采用体外透析法评定了 19 种植物性饲料磷的生物学效价，并对其中常见的 9 种植物性饲料进行了消化试验（表 3-1）。结果表明，植物性饲料磷体外透析率与其在动物体内真消化率存在显著相关（$R^2=0.947$）。

**表 3-1　植物性饲料磷体外透析率和真消化率的结果比较（%）**

| 饲料名称 | 磷透析率 | | 磷真消化率 |
|---|---|---|---|
| | Liu（2007） | 方热军（2004） | 方热军（2004） |
| 大麦 | 16.03 | 40.94 | 55.48 |
| 菜籽粕 | 16.41 | 25.04 | 44.96 |
| 玉米 | 13.11 | 13.85 | 42.81 |
| 高粱 | 13.85 | 16.68 | 45.51 |
| 燕麦 | 20.69 | 14.99 | 36.58 |
| 米糠 | 13.06 | 9.85 | 36.22 |
| 豆粕 | 10.48 | 36.89 | 51.30 |
| 小麦 | 11.97 | 34.21 | 50.27 |
| 麦麸 | 45.24 | 39.60 | 55.58 |

体外透析法虽然能快速测定饲料磷的生物学效价，且简单易行，但透析膜毕竟不是活体组织，无法主动吸收饲料磷。因此，该方法是否能反映饲料磷在动物体内的真实利用情况还有待进一步研究。

## 三、外翻肠囊法

外翻肠囊法是在体外培养肠环技术的基础上发展而来的，即将从活体取出的动物肠段分割成不同的段落，把各段落外翻为囊状物并将其放入培养液中培养一段时间后取出，放进装有被测物的烧杯中，观测肠道乳膜、浆膜及肠囊中被测物的变化。该方法最早用于研究葡萄糖和氨基酸的透膜转运，后来慢慢用于各种养分的吸收评定。

肠囊的培养条件是影响测定结果准确性的重要因素。方热军等（2009）以三黄鸡离体小肠为试验对象，对培养条件进行了优化。

（1）在 0～60 min，培养液中乳酸脱氢酶活力上升速度较缓慢，60 min 后上升幅度较大。

（2）培养温度为 30～38℃时，肠囊的磷吸收量与温度呈正相关（$R^2=0.946\ 5$），38℃时肠囊的磷吸收量显著高于 30℃和 34℃时的磷吸收量（$P<0.05$），42℃时肠囊的磷吸收量极显著降低（$P<0.01$）。

（3）当培养液中的磷含量在 50～200 μg/mL 时，肠囊的磷吸收量与磷含量呈正相关（$R^2=0.899\ 8$）；但当磷含量增加到 400 μg/mL 时，十二指肠肠囊和空肠肠囊的磷吸收量开始降低，磷吸收率与培养液中的磷含量之间呈负相关（$R^2=0.843\ 9$）。

（4）当 pH 为 5.0～7.0 时，肠囊的磷吸收量呈线性增加；当 pH 为 8.0 时，肠囊的磷吸收量降低。与 pH 为 8.0 比较，当 pH 为 7.0 时肠囊的磷吸收量极显著增加（$P<0.01$）。

方热军等（2008）在探究猪十二指肠对植物性饲料磷吸收特点的过程中，对体外透析法和外翻肠囊法进行了比较，发现饲料磷体外透析率和体外吸收率与体内真消化率结果的相关性均高于其与表观消化率的相关性，其中以体外吸收率与体内真消化率的相关系数最高（图 3-3）。因此，采用外翻肠囊法可以更加准确地评定饲料磷的生物学效价。

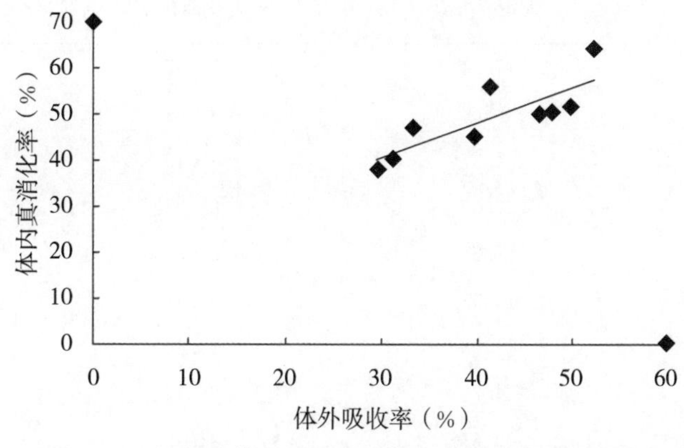


图 3-3 饲料磷体外吸收率与体内真消化率的相关性

# 第三节　不同饲料中磷的生物学效价

饲料中磷的添加按照来源可分为动物性饲料磷、植物性饲料磷和无机磷盐。不同饲料原料的含磷量不同，磷的生物学效价也各不相同。

## 一、动物性饲料中磷的生物学效价

磷在动物体内主要是以羟基磷灰石的结晶形式存在于骨骼和牙齿中，而软组织和体液中的磷主要以有机态形式存在，但也有部分为矿物质组分。有机磷化合物主要包括磷蛋白、核酸、磷酸己糖和高能磷酸（ATP、ADP、磷酸肌酸等），无机磷主要包括钙、镁、钠、钾和铵的磷酸盐。目前，饲料中常用的动物性磷源主要包括肉骨粉、蒸骨粉和煮骨粉，其钙、磷含量见表 3-2。

表 3-2　不同动物性磷源中的钙、磷含量（%）

| 动物性磷源 | 钙 | 磷 |
|---|---|---|
| 肉骨粉 | 19.8 | 9 |
| 蒸骨粉 | 13～15 | 31～32 |
| 煮骨粉 | 11～12 | 24～25 |

## 二、植物性饲料中磷的生物学效价

植物性饲料中的磷由植酸磷和无机磷两部分构成，一般植酸磷含量占 50%～70%。评价植物性饲料中磷生物学效价的传统方法是饲养试验法，通过体内试验得到磷的表观消化率和真消化率。很多学者又将外翻肠囊法引入到植物性饲料磷的生物学效价评定中，将用体外透析率与饲养试验法得到的数据进行相关性分析，得到了通过体外法来评定饲料中磷生物学效价的办法。表 3-3 汇总了植物性饲料中磷的生物学效价。

表 3-3　植物性饲料中磷的生物学效价（%）

| 饲料名称 | 体外透析率 | 表观消化率 | 真消化率 |
|---|---|---|---|
| 玉米 | 15.54 | 25.57 | 49.83 |
| 豆粕 | 9.55 | 27.59 | 51.30 |
| 次粉 | 31.37 | 40.19 | 63.93 |
| 麦麸 | 20.09 | 38.27 | 55.58 |
| 小麦 | 11.28 | 31.86 | 50.27 |
| 糙米 | 13.92 | 31.49 | 46.60 |
| 棉籽粕 | 11.28 | 21.46 | 39.96 |
| 菜籽粕 | 14.70 | 28.42 | 44.96 |
| 米糠 | 10.67 | 21.19 | 37.69 |

注：体外透析率来源于贺建华等（2008）测定的数据，表观消化率和真消化率来源于方热军（2003）测定的数据。

贺建华等（2008）研究得到了体外透析率与表观消化率，以及体外吸收率与真消化率的相关性（图 3-4a 和图 3-4b）。用体外法来评价磷生物学效价的准确性还有待进一步的试验验证。

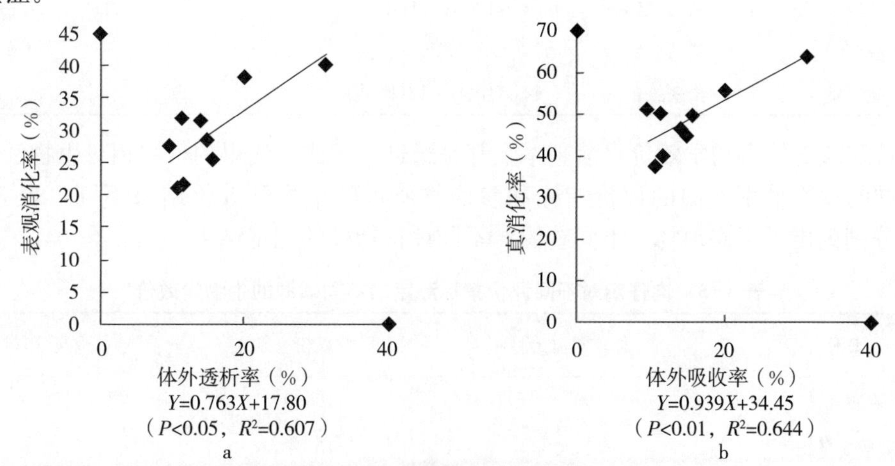


图 3-4　饲料磷体外透析率

a. 与表观消化率的相关性　b. 与真消化率的相关性

对植物性饲料磷效价评定影响最大的因素是植酸磷。植物性饲料中 50%以上的磷为植酸磷，并且植物性饲料中都含有植酸酶，其含量和活性因作物品种、种植环境、收获季节和加工储存方式的不同而存在较大差异。考虑到植酸磷和植酸酶含量对有效磷的影响，方热军（2006）建立了植物性饲料中有效磷的预测模型：

表观可消化磷（g/kg）：

一元模型：$Y=-0.411+0.405X_1-0.227X_2+0.003\,15X_3$

$(R^2=0.822,\ RSD=0.272,\ P<0.001)$

式中，$X_1$为总磷（g/kg），$X_2$为植酸磷（g/kg），$X_3$为天然植酸酶活（U/kg）。

真可消化磷（g/kg）：

二元模型：$Y=0.062\,9+0.655X_1-0.412X_2$

$(R^2=0.859,\ RSD=0.386,\ P<0.001)$

三元模型：$Y=-0.220+0.589X_1-0.304X_2+0.003X_3$

$(R^2=0.882,\ RSD=0.244,\ P<0.001)$

## 三、无机磷盐中磷的生物学效价

饲料中常用的无机磷盐都是由磷矿制得，主要包括磷酸二氢钙（磷酸一钙）、磷酸氢钙（磷酸二钙）、磷酸钙（磷酸三钙）、磷酸二氢钠和磷酸氢二钠。磷酸氢钙用于各种动物性饲料中；磷酸二氢钙用于水产和猪饲料中；磷酸三钙目前应用较少，但脱氟磷酸三钙生产成本低，磷获得率高，应用前景广阔。常用无机磷盐中的钙、磷含量见表 3-4。

**表 3-4　常用无机磷盐中的钙、磷含量（%）**

| 名称 | 别称 | 化学式 | 钙 | 磷 |
|---|---|---|---|---|
| 磷酸二氢钙 | 磷酸一钙 | $Ca(H_2PO_4)_2 \cdot H_2O$ | 15.9 | 24.6 |

（续）

| 名称 | 别称 | 化学式 | 钙 | 磷 |
|---|---|---|---|---|
| 磷酸氢钙 | 磷酸二钙 | $CaHPO_4 \cdot 2H_2O$ | 22.2 | 17.3 |
| 磷酸钙 | 磷酸三钙 | $Ca_3(PO_4)_2$ | 38.7 | 20.0 |
| 磷酸氢二钠 | 磷酸二钠 | $Na_2HPO_4 \cdot 12H_2O$ | — | 8.7 |

无机磷酸盐的生物学效价目前基本上都是通过斜率比法测得的，用相对生物学效价表示。不同的动物采用不同的评价指标和参照物所得的生物学效价结果不同，表 3 - 5 至表 3 - 7分别列出了不同动物、不同磷源、不同评价指标的测定结果。

**表 3-5　肉仔鸡对不同评价指标测定的不同磷源的生物学效价**

| 来源 | 体增重（g） | 胫骨灰粉（%） | 趾骨灰分（%） |
|---|---|---|---|
| 磷酸氢钙 | 100.0 | 100.0 | 100.0 |
| 磷酸二氢钙 | 139.0 | 101.9 | 113.7 |
| 骨粉 | 96.7 | 93.1 | 85.0 |
| 脱氟磷酸钙 | 87.3 | 89.1 | 78.3 |

资料来源：屠焰等（2000）。

**表 3-6　肉雏鸡对不同评价指标测定的不同磷源的生物学效价**

| 来源 | 体增重（g） | 料重比 | 存留率（%） | 胫骨灰粉（%） | 趾骨灰分（%） | 血清磷浓度（mg/100 mL） |
|---|---|---|---|---|---|---|
| 磷酸二氢钙 | 100 | 100 | 100 | 100 | 100 | 100 |
| 磷酸一氢钙 | 98 | 101 | 92 | 91 | 96 | 96 |
| 磷酸钙 | 100 | 100 | 98 | 88 | 96 | 98 |
| 磷矿石细粒 | 89 | 96 | 78 | 81 | 81 | 90 |

资料来源：尹兆正等（2002）。

**表 3-7　单胃动物对不同磷源的生物学效价**

| 来源 | 单胃动物 | | 来源 | 单胃动物 | |
|---|---|---|---|---|---|
| | 家禽 | 猪 | | 家禽 | 猪 |
| 磷酸钾/磷酸钠 | 100 | 100 | 玉米 | 12 | 14 |
| 焦磷酸铵 | 95 | — | 小麦 | 58 | 51 |
| 磷酸钙 | 93 | 95 | 大麦 | 50 | — |
| 磷矿石 | 90 | 85 | 麦麸 | 23 | 29 |
| 磷酸氢钙 | 95 | 100 | 燕麦 | 37 | 36 |
| 磷酸二氢钙 | 1000 | — | 豆粕 | 40 | 31 |
| 骨粉 | 95 | 85 | 棉籽饼 | 42 | 42 |
| 肉骨粉 | 99 | 102 | 鱼粉 | 102 | 100 |

注：标准物为磷酸二氢钠，评定指标为骨灰分。

# 第四节　影响饲料磷生物学效价评定的因素

## 一、植酸磷的含量和处理方法

配合饲料中绝大部分营养物质来源于植物，但是植物中约 2/3 的磷源以植酸磷的形式存在。植酸磷不仅难以被消化、利用，还会对饲料中氨基酸的利用率产生负面影响。因此，植物性饲料中植酸磷的含量及对其加工处理的方式是影响植物性饲料中磷生物学效价评定的关键。

植酸磷必须水解成正磷酸才能被动物利用，这一过程要靠植酸酶来完成。目前世界公认的植酸酶有 3-植酸酶（EC2. 1. 3. 8）和 6-植酸酶（EC3. 1. 3. 26）2 种。在禾本科牧草籽实中存在植酸酶，真菌、细菌、酵母、丝状真菌和土壤微生物均能产生植酸酶。其中，丝状真菌，特别是曲酶属的丝状真菌，因被作为丰富的微生物植酸酶来源而得到了大量研究和广泛应用。

在单胃动物日粮中添加植酸酶有 3 个明显的好处：一是可减少饲料中非植酸磷的需要量，从而降低饲料成本；二是可释放植酸盐化合物所结合的其他重要的矿物质元素，如 Zn、Ca、Mg；三是通过提高日粮磷的利用率减少磷的排泄量，从而减轻环境的负担。大量研究表明，饲料中添加植酸酶可提高肉鸡、蛋鸡、火鸡、猪对磷的利用率。在鸡饲料中添加 350～1 050 U/kg 的植酸酶可使趾骨灰分提高 4%～18%，磷的存留量提高 3%～15%。以肉鸡体增重、血清磷等指标衡量玉米-糠麸-豆粕型日粮中磷的利用率时发现，添加 400 U 的植酸酶可代替 2 g 磷酸氢钙的用量。

用未经选育的肉仔鸡群体建立模型来估计植酸磷对动物影响的结果显示，植酸磷主要影响的是饲料中钙和总能的利用率，其中蛋白质的利用率也与其有关；对于母雏来说，蛋白质的利用率与植酸磷含量呈显著正相关。科学家已经培育出一种能携带纯合 lpa-1-1 基因的玉米，其营养成分与普通玉米相同，但植酸磷水平低许多。经分析发现，低植酸磷玉米携带的 lpa-1-1 基因是突变而来，该玉米中含总磷 0.28%、植酸磷 0.1%（正常玉米中含总磷 0.27%、植酸磷 0.17%）。对于动物来说，低植酸磷玉米总磷中只有 25%～30%不能利用。以生长猪为试验对象，低植酸磷玉米与普通玉米中磷的相对生物学效价分别是 77%和 62%。NRC（1998）报道，与普通玉米相比，低植酸磷玉米磷的生物学效价高 15%，其他营养物质的利用率也有所增加，这与普通玉米中添加植酸酶所得结果相似。还有研究表明，在满足鸡对磷需要的条件下，用添加植酸酶的低植酸磷玉米型日粮分别饲喂肉仔鸡、生长鸡和成年鸡，则无机磷的添加量可分别降低 51%、56%和 62%，其排泄量也大大减少。这样既能降低成本，也减轻了粪便对环境的污染。这种低植酸磷玉米的出现为降低动物日粮中无机磷的添加量又提供了新的途径。

## 二、日粮中的钙磷水平

日粮中的钙、磷比对磷的生物学效价有很大影响，在一般情况下，最佳钙、磷比为（1.5～2）：1。尽管植酸与钙离子的结合能力很弱，但因大多数日粮中钙元素的添加量比其他矿物质元素高得多，因此植酸钙是消化道中最常见的不溶性植酸化合物。在不含有磷酸氢钙的糠麸、菜粕日粮中添加植酸酶发现，低钙、磷水平［钙、磷比为（1.0～1.3）：1］

对肉仔鸡具有较高的生长性能和磷的利用效果，这与在低钙［钙、磷比为（1.1～1.4）：1］玉米-豆粕型肉仔鸡和小火鸡日粮中添加植酸酶使钙、磷沉积量较高的结果相似。研究表明，把一些抗生素，如莫能菌素等与钙结合形成的抗生素钙添加到反刍动物日粮中，也可提高日粮磷的生物学效价。

## 三、氟含量

为了满足动物对磷的需要，在日粮中添加无机磷源是必不可少的。尽管现在无机磷源的生产过程中有脱氟程序，但还有一定的氟残留。日粮中氟含量过高对动物机体的损害很大，尤其是对钙、磷的代谢干扰严重。随着日粮氟水平的提高，试验鸡胫骨灰分、趾骨灰分中氟含量增长显著。以胫骨灰分为测量指标时，磷酸氢钙的生物学效价与含氟量或氟、磷比存在明显的负相关，且相关系数高达0.792 2～0.973 1。因此，日粮中含氟量的多少会直接影响磷的利用，降低无机磷源的含氟量是提高磷生物学效价的有效方法。

## 四、维生素 $D_3$

一些学者认为，维生素 $D_3$（1，25-二羟胆钙化醇）及其类似物可能是一种磷酸盐转运激素，能促进肾脏和小肠对磷酸盐的吸收。对维生素 $D_3$ 提高磷的利用率有两种解释：一是维生素 $D_3$ 提高了肠道植酸酶的合成与活性；二是维生素 $D_3$ 促进了钙的吸收，通过降低肠道中钙的浓度从而提高了植酸的可溶性，另外维生素 $D_3$ 与柠檬酸和植酸酶也有协同作用。

不仅如此，不同的衡量指标，如动物的基因型、品种，日粮的加工条件、纤维素含量，日粮中存在的铝、镁，肠道pH（对于反刍动物）等，都对磷的利用率有很大影响。以消化道食糜中植酸磷的消失率估计植酸磷的生物学效价并得出对于家禽植酸磷利用能力的遗传率是0.1，并且随着利用能力的提高家禽的生产性能稍有下降。当日粮非植酸磷含量较低时，30周龄的褐壳蛋鸡对植酸磷的表观利用率较高。大量资料显示，虽然动物本身不能产生植酸酶，但在成年动物的肠道中有可能定殖一些能产生植酸酶的微生物，其肠道功能也相对较强，从而有可能利用一些植酸磷。因此，对于成年动物来说，可适当降低日粮中非植酸磷的添加量。

随着红外光谱分析仪等现代分析设备的出现，以及微生物学和基因工程等相关新兴学科的知识应用于动物营养学领域，营养研究的进程得到了迅猛发展，有关磷生物学效价方面的研究就是其中之一。它使畜禽养殖业向低成本、高效益、无污染的环保型产业的目标又迈进了一步，为安全、绿色畜产品的生产奠定了基础。

# 第四章 植酸酶与环境保护

畜禽常用植物性饲料中的磷约2/3（50%～70%）以植酸及其盐类形式存在，其典型日粮中通常约含有0.2%（0.10%～0.35%）的植酸磷。植酸磷在畜禽体内的消化吸收需要植酸酶的水解作用。由于单胃动物消化道无法分泌植酸酶，因此对饲料磷的利用率极其低下。为满足动物对磷的需要，日粮中通常添加各种含磷矿物质饲料，如各种形式的磷酸盐、骨粉等。然而，含磷矿物质饲料的大量使用不仅造成了磷资源的浪费，还容易导致土壤和水资源污染。因此，植酸酶在畜禽生产中的应用成为缓解这一问题的重要举措。

早在1968年，Nelson就发表了肉仔鸡日粮中添加植酸酶可提高植酸磷利用率的报道，但由于当时植酸酶的生产成本高、活性低、稳定性差而未引起人们的重视。随着生物工程技术的飞速发展和人们对环保意识的增强，微生物植酸酶作为解决动物磷营养不足、节约磷资源的有效途径已在生产中被广泛应用。

本章将植酸酶与饲料磷从以下几个方面加以分述：植酸与植酸磷，植酸酶与植酸酶磷当量，低磷日粮的应用及畜禽粪便中磷污染控制技术。

## 第一节 植酸与植酸磷

### 一、植酸与植酸盐

植酸由一分子的肌醇和六分子的磷酸结合而成，因此，植酸又称肌醇六磷酸，是多元醇的磷酸酯，其化学普通名为1，2，3，4，5，6-六聚二氢磷酸酯，分子式为$C_6H_{18}O_{24}P_6$（图4-1A）。

植物中植酸的含量与植物的成熟度、加工程度、气候生长年份及水质、土壤、地理位置等诸多因素有关。谷物和小麦的成熟度越高，其植酸含量就越高；土壤施用磷肥也可增加植酸含量；灌溉条件下生长的植物相对于干旱条件中生长的植物植酸含量较高。饼粕类饲料和谷物加工副产品中含有大量的植酸，稻谷中80%以上的植酸存在于稻壳中，其胚芽中几乎不含有植酸；玉米则不同于稻谷，90%的植酸存在于胚芽之中。对于双子叶植物来说，植酸分布于籽实（包括油料、豆类籽实）的亚细胞内容物中，如蛋白小体中。

植酸对金属有较强的螯合作用。在动物吸收饲料矿物质或消化液里重分泌矿物质（内源矿物质）的过程中，植酸可与多种矿物质尤其是微量元素，如钙、镁、铁、锌、锰、铜等结合或者络合形成植酸盐（图4-1B）。植酸盐不仅是植物组织中磷的储存库，而且还具有阻止代谢、促进休眠的作用。

1872年，Pteffer首次报道在谷物糊粉层中发现一种化学性质极稳定的磷酸钙镁盐，

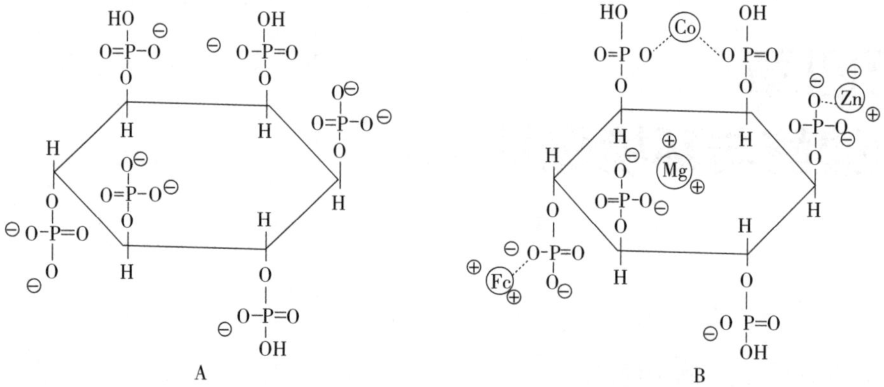

图 4-1　植酸（A）及植酸盐（B）的化学结构

近似分子式为 $Ca_5Mg(C_6H_{18}O_{24}P_6 \cdot 3H_2O)_2$。1879 年，Winterstein 由芥菜种子中提取出与这一结构相类似的物质，该物质经盐酸水解，可形成肌醇和正磷酸。经过 1 个多世纪的研究，科学家们发现自然界中至少存在 9 种形式的肌醇：顺式肌醇（cis-inositol）、表肌醇（epi-inositol）、异肌醇（allo-inositol）、新肌醇（neo-inositol）、肌醇（myo-inositol）、黏肌醇（muco-inositol）、手肌醇（chiro-inositol）及其对映异构体、青蟹肌醇（scyllo-inositol）。这些多元磷酸化肌醇结构非常复杂，混合物种类和命名也是千变万化，常见的名称有肌醇六磷酸钙镁盐（phytin）、肌醇六磷酸盐（phytate、phytates）、肌醇六磷酸或植酸（phytic acid）。因此，天然植物性饲料中的植酸或植酸盐实际上是一组结构和理化特性不尽相同的肌醇、磷酸、金属离子构成的混合物。目前，neo-inositol 与 chiro-inositol 形式的肌醇六磷酸盐已在土壤中得以确认，而且只有 myo-inositol 形式的肌醇可由植物分离并应用于动物营养研究。

## 二、植酸磷

植酸磷是以植酸盐形式广泛存在于各种植物性饲料中的有机磷，其含量受多种因素影响，在不同种类植物和植物的不同部位中含量不同（表 4-1）。

**表 4-1　植物性饲料中总磷（TP）及植酸磷（PP）的含量**（%，干物质）

| 饲料名称 | TP | | | | PP | | | |
|---|---|---|---|---|---|---|---|---|
| | Viveros (2000) | Eeckhout (2002) | 中国 | 平均 | Viveros (2000) | Eeckhout (2002) | 中国 | 平均 |
| 谷物类 | | | | | | | | |
| 燕麦 | 0.29 | 0.36 | | 0.32 | 0.17 | 0.21 | 0.22 | 0.20 |
| 小麦 | 0.29 | 0.33 | 0.41 | 0.35 | 0.23 | 0.22 | 0.19 | 0.22 |
| 大麦 | 0.31 | 0.37 | 0.31 | 0.32 | 0.19 | 0.22 | 0.19 | 0.20 |
| 黑麦 | 0.34 | 0.36 | | 0.35 | 0.20 | 0.22 | | 0.21 |
| 玉米 | 0.23 | 0.28 | 0.27 | 0.26 | 0.18 | 0.19 | 0.15 | 0.17 |
| 粟米 | 0.20 | | | 0.20 | 0.15 | | | 0.15 |

（续）

| 饲料名称 | TP | | | | PP | | | |
|---|---|---|---|---|---|---|---|---|
| | Viveros (2000) | Eeckhout (2002) | 中国 | 平均 | Viveros (2000) | Eeckhout (2002) | 中国 | 平均 |
| 谷物类副产品 | | | | | | | | |
| 黑麦麸 | 0.96 | | | 0.96 | 0.73 | | | 0.73 |
| 小麦麸 | 1.16 | 1.16 | 0.92 | 1.08 | 0.88 | 0.97 | 0.68 | 0.84 |
| 燕麦麸 | 0.83 | | | 0.83 | 0.68 | | | 0.68 |
| 玉米面筋粉 | 0.42 | | | 0.42 | 0.29 | | | 0.29 |
| 其他副产品 | | | | | | | | |
| 大豆壳 | 0.21 | 0.19 | | 0.20 | 0.05 | | 0.07 | 0.06 |
| 向日葵壳+糖蜜 | 0.15 | | | 0.15 | 0.07 | | | 0.07 |
| 葡萄饼 | 0.14 | | | 0.14 | 0.01 | | | 0.01 |
| 甜菜渣 | 0.067 | | | 0.07 | 0.01 | 0.17 | 0.09 | 0.09 |
| 豆科种子 | | | | | | | | |
| 豌豆 | 0.43 | 0.38 | 0.33 | 0.38 | 0.24 | 0.35 | 0.30 | 0.30 |
| 豆饼 | 0.73 | 0.66 | 0.62 | 0.66 | 0.33 | | | 0.33 |
| 鹰嘴豆 | 0.31 | | | 0.31 | 0.17 | | 0.19 | 0.18 |
| 蚕豆 | 0.39 | | 0.46 | 0.42 | 0.08 | 0.05 | | 0.07 |
| 菜豆 | 0.38 | | | 0.38 | 0.17 | | | 0.17 |
| 羽扇豆 | 0.33 | 0.25 | | 0.29 | 0.16 | | | 0.16 |
| 油籽 | | | | | | | | |
| 全脂亚麻籽 | 0.60 | | | 0.60 | 0.34 | | | 0.34 |
| 全脂芝麻籽 | 0.88 | | | 0.88 | 0.67 | | | 0.67 |
| 葵花籽饼 | 0.98 | 1.00 | | 0.99 | 0.72 | 0.44 | | 0.58 |
| 菜籽饼（浸提） | 1.05 | 1.12 | 1.01 | 1.06 | 0.76 | 0.40 | 0.63 | 0.60 |

资料来源：中国饲料数据库（1994）；方热军（2003）。

植物性饲料中的磷由植酸磷和非植酸磷组成，是满足动物磷营养需要的重要来源。植酸磷的利用率取决于日粮中非植酸磷的浓度、钙及维生素的含量、饲料种类、动物年龄等。Nelson（1967）认为，单胃动物只能利用约30%的植酸磷；据Cromwell（1992）报道，猪只能利用玉米中12%的磷和大豆粕中25%～35%的磷（表4-2）；而Guenter（1996）认为，猪、鸡对植酸磷的利用率为20%～50%。

**表4-2　植物性饲料磷的生物学效价（猪）（%）**

| 饲料名称 | 磷的生物学效价[a,b] |
|---|---|
| 玉米 | 12 |
| 小麦 | 50 |
| 大麦 | 31 |

（续）

| 饲料名称 | 磷的生物学效价[a,b] |
|---|---|
| 燕麦 | 23 |
| 大豆粕 | 35 |
| 菜籽粕 | 21 |
| 花生粕 | 12 |

注：[a]Cromwell（1992）；[b]以磷酸一钠中磷的生物学利用率为100%的相对值。

## 三、植酸及其盐类的抗营养作用

植酸、植酸盐是公认的饲料中的抗营养因子，是植物性饲料中磷的主要存在形式，很难被单胃动物利用。植酸分子中含有6个强解离质子的邻位基团（pK<3.5）、6个弱解离质子（pK为4.6～10）。在动物消化道的酸性条件下，植酸可与二价金属离子（$Mg^{2+}$、$Fe^{2+}$、$Zn^{2+}$、$Mn^{2+}$、$Cu^{2+}$等）、带正电的蛋白质、氨基酸等发生反应，生成植酸和金属阳离子的络合物及植酸-蛋白质、植酸-金属阳离子-蛋白质（氨基酸）的复合物。这些络合物或复合物的基团之间亲和力强，且其本身难以溶解，不仅影响磷的利用率，同时还影响矿物质元素、蛋白质、氨基酸的利用率，甚至对消化酶（如淀粉酶、脂肪酶）的活性也有抑制作用。

## 四、植酸磷对环境的污染

植物性饲料中非植酸磷含量有限，生产中需要额外添加磷酸盐来满足动物对磷的需要。一方面增加饲料可消化磷的添加量；另一方面畜禽（主要是单胃动物）又很少甚至不能利用植物性饲料中的植酸磷，导致大量未被吸收利用的磷被排出体外（表4-3和表4-4）。

**表4-3　肉仔鸡日粮的磷平衡[a,b]**

| 周龄 | 磷采食量（g/只） | 磷排泄量（g/只） | 磷排泄量占采食量的比例（%） |
|---|---|---|---|
| 0～3 | 7.55 | 5.98 | 79.2 |
| 3～6 | 17.45 | 14.32 | 82.1 |
| 0～6 | 25.00 | 20.30 | 81.2 |

注：[a]Edwards（1992）；[b]试验0～3周龄、3～6周龄肉仔鸡日粮中总磷含量分别为0.75%和0.65%。

**表4-4　美国畜禽每年的粪肥中氮和磷的排泄量**

| 动物种类 | 粪肥（万t） | 排泄量（t） | |
|---|---|---|---|
| | | 氮 | 磷 |
| 肉牛 | 9 660 | 383 | 103 |
| 奶牛 | 2 910 | 109 | 23 |
| 羊 | 180 | 7 | 1 |
| 猪 | 1 550 | 73 | 46 |
| 禽 | 1 540 | 79 | 25 |
| 合计 | 15 840 | 651 | 198 |

资料来源：Sweenten（1992）。

由表 4-3 可知，肉仔鸡食入磷的约 80%由粪便排出体外；由表 4-4 可知，美国每年产生 1.584 亿 t 动物粪便，由此排至环境中的磷高达 198 t。研究表明，猪、鸡等单胃动物粪便中磷含量为 1.2%～1.8%，是反刍动物粪便中磷含量的 2～3 倍，占排泄量的 1/3 以上。我国是猪、禽生产大国，猪、禽所排粪磷高于美国。植酸磷的难消化性和饲料磷酸盐的额外添加不仅导致了磷资源的浪费，还给环境造成了极大的负担——粪磷的过度排放可导致水体磷富集，从而使水藻过分增殖，致使水体严重缺氧，鱼类和其他水生动物的生长严重受阻，甚至死亡。因此，防止磷对环境的污染，在我国更具特殊意义。

## 第二节　植酸酶与植酸酶磷当量

### 一、植酸酶

#### （一）来源

水解植酸及植酸盐的酶类称为植酸酶。自然界中存在的植酸酶主要来自微生物、植物籽实和动物胃肠道，分为微生物植酸酶、植物植酸酶和动物植酸酶三类。

**1. 微生物植酸酶**　广泛存在于细菌（如枯草杆菌和假单胞球菌）、曲霉菌（无花果曲霉、黑曲霉）和酵母（啤酒酵母）等中。其中，对由假单胞球菌和曲霉菌产生的 3-植酸酶研究和应用最多。通过传统遗传学方法在现有产酶水平较高的微生物菌株系中分离出控制植酸酶的基因，并将其导入高产工业菌株的基因中，可使植酸酶的产量提高 50～100 倍。用这种方法培育出来的含有植酸酶基因的菌株被作为饲料添加剂广泛应用于畜禽养殖中。

**2. 植物植酸酶**　植物性饲料中含有天然植酸酶，测定其总磷、植酸磷和天然植酸酶的含量，了解其相互关系，对充分合理利用磷资源、降低饲料成本、减少因过量磷的排泄所造成的环境污染具有重要的现实意义。

**3. 动物植酸酶**　主要存在于机体红细胞及血浆原生质中。除此之外，在哺乳动物的胃肠道中也存在来自肠道微生物区系和肠黏膜分泌的内源性植酸酶。

#### （二）生物学功能

植酸酶（phytase）即肌醇六磷酸水解酶（myo-inositol hexaphosphate phosphohydrotase），是催化肌醇六磷酸脱磷酸基团反应的一类酶的总称，主要功能是催化肌醇六磷酸盐脱掉磷酸基团。植酸酶水解植酸及其盐类，不仅能释放出更多的可消化磷，从而提高动物对饲料磷的利用率，同时可将与之结合的钙、锰、锌及蛋白质、氨基酸等物质释放出来以满足动物营养需要。日粮中添加植酸酶后，植酸磷的消化率可提高到 60%以上，粪尿磷的排泄量可减少 20%～50%，从而改善或满足了动物对磷的需要量。

#### （三）作用机制

以假单胞球菌水解植酸酶的试验为例，简单阐述 3-植酸酶的水解作用机制。3-植酸酶首先从植酸的第 3 位碳原子水解磷酸根离子，然后逐步释放出其他磷酸基团，依次产生以下 5 种中间产物，即五磷酸肌醇、四磷酸肌醇、三磷酸肌醇、二磷酸肌醇和一磷酸肌醇（图 4-2）。目前，对 6-磷酸酶和曲霉菌等植酸酶的作用机制了解不多，能够确定的是首先从植酸的第 6 位和第 3 位分别水解出磷酸根离子，最终水解产物是一磷酸肌醇和二磷酸肌醇，其中间具体过程尚待挖掘。

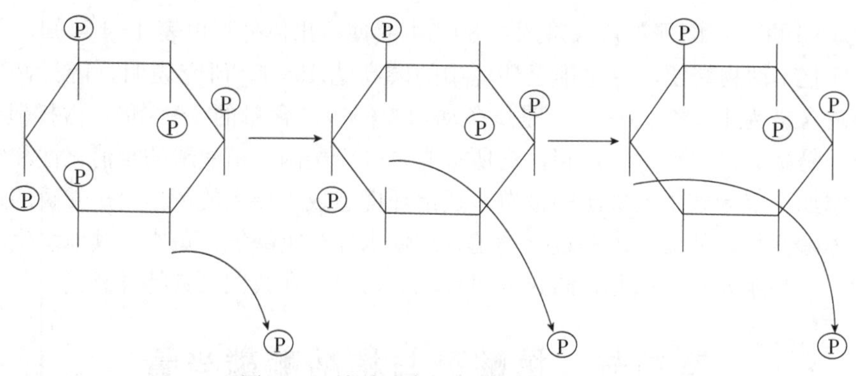

图 4-2　植酸酶水解植酸的作用机制

## （四）影响植酸酶添加效果的因素

近年来，植酸酶在动物日粮中得到了广泛应用，有如下几方面的原因：第一是畜禽排泄物对土壤和水体的污染日益严重；第二是生物基因工程技术使产植酸酶微生物能生产出足够浓度的植酸酶，产品价格也趋于合理；第三是添加无机磷的高昂代价使植酸酶有更加广阔的前景。但是，植酸酶作为一种生物活性添加剂，是一种有特殊结构的蛋白质，容易受到各种理化因子的影响。因此，尽管目前植酸酶作为饲料添加剂已被大量使用，但仍有一些实际问题需要解决，主要包括最适 pH、制粒加工温度、日粮磷的水平、日粮中的钙磷比例对植酸酶效果的影响等。

**1. 植酸酶的最适 pH**　植酸酶只有在一定的 pH 范围内才有活性，植酸酶活性最大时的 pH 称为植酸酶的最适 pH。植酸酶最适 pH 不是固定的常数，受酶纯度、底物植酸浓度等的影响。据 Simons 等（1990）报道，粗制植酸酶的活性高峰有 2 个（图 4-3），它们分别发生在 pH 为 2.5～3.0 和 5.5～6.0 时，且前者出现的峰比后者的峰高；重组黑曲霉酸性植酸酶最适活性高峰则有 3 个，由高到低对应的 pH 依次为 4.5、6.5 和 2.8。

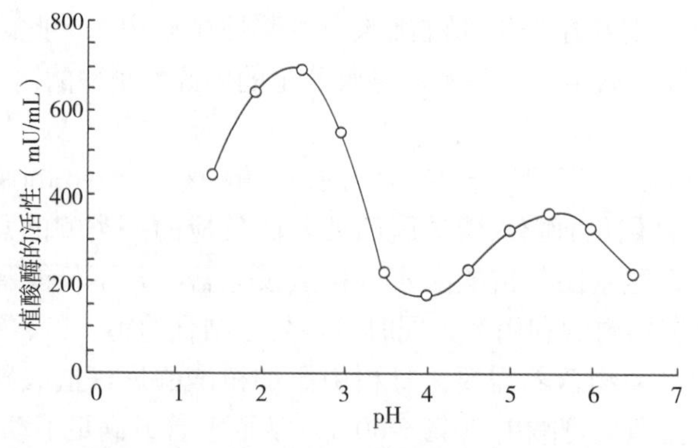

图 4-3　不同 pH 时植酸酶活性的变化趋势

在正常情况下，家禽和猪胃液中的 pH 为 1.5～3.5，小肠的为 5～7，大肠的为中性。植酸酶活性最适 pH 范围越宽，其对猪、禽消化道 pH 环境的适应性越强。

微生物来源如真菌产生的酸性植酸酶，其最适 pH 范围为 2.0～6.0。因此，家禽和猪消化道 pH 环境比较适合微生物来源的植酸酶发挥作用。植物性来源的植酸酶大多属于非特异性的磷酸水解酶，最适 pH 为 5～7.5。其中，无花果霉菌植酸酶在 pH 为 2.5 和 5.5 时活性最强，pH 低于 2.5 时的活性比 pH 为 5.5 时下降 48%；存在于植物籽实中的肌醇六磷酸水解酶，即 6-植酸酶（EC3. 13. 26）适宜的 pH 范围十分狭窄（5. 0～5. 5），其活性在底物（植酸）及降解产物的浓度较高时极易受到抑制。大量研究结果表示，饲料中添加柠檬酸、富马酸、乳酸等有机酸能降低消化道的 pH，提高植酸酶的利用效果。据 Peter（1998）报道，甲酸和植酸酶配合可产生协同作用。关于动物性来源的植酸酶研究较少。

**2. 植酸酶的耐热性**　植酸酶水解植酸或植酸盐使其中的磷酸根离子释放出来，其活性随着温度升高而增加。但其作为一种生物活性蛋白，当温度升高至最适温度尤其是 70℃以上时，酶的活性会变性。因此，当其作为饲料添加剂应用时应该考虑饲料加工工艺参数中的制粒温度对植酸酶活性的影响。尽管微生物来源的植酸酶比其他酶制剂更耐高温（植酸酶的最适温度可高达 60～70℃），但高温调质过程中的活性损失在所难免。

饲料的热处理，如制粒、膨化等工艺对植酸酶的活性有直接影响。80℃上下进行蒸汽制粒会降低植酸酶的活性，但冷法制粒无此影响。据 Simons 等（1990）研究，制粒前，每千克饲料加入 250 U 植酸酶，制粒后颗粒饲料温度为 78℃、81℃、84℃、87℃时，其活性植酸酶存留率分别为 96%、94%、83%、46%。可见在 87℃以上温度下制粒时，酶活性丧失 54%。通常认为，保持植酸酶活性的最适温度范围为 45～60℃，即使具有较高耐热性的、由无花果曲霉提取的植酸酶，但当制粒温度超过 75℃时活性亦会显著降低。不仅温度对酶活性有影响，热处理持续的时间亦会影响酶的活性。冷压制粒、微囊包被、制粒后喷洒、拌入粉料直接饲喂是避免饲料热处理时破坏酶活性的四项有效措施。

**3. 植酸酶的添加量**　植酸酶在饲料中的添加量同酶解强度和经济效益不无相关。Khan（1995）用猪进行的一次试验测得：植酸酶的添加量（$X$）与磷的表观存留率（$Y$）间呈二次方程关系（$Y=0.5832+0.000162X-0.0000084X^2$）。单从生物学角度看，对于猪来说，800～1 000 U/kg 的饲料植酸酶为其最适添加量，随着添加量的增加磷的消化率并未提高。Simons 等（1990）用肉仔鸡进行过两次试验，两次试验的酶添加量方案不完全相同：试验Ⅰ为 0、250 U/kg、500 U/kg、750 U/kg、1 000 U/kg、1 500 U/kg，试验Ⅱ为 0、375 U/kg、750 U/kg、1 500 U/kg、2 000 U/kg。结果表明，试验Ⅱ中当酶添加量达到 800 U/kg 时，总磷的表观存留率已达到最高；试验Ⅰ中酶添加量即使在 1 000 U/kg 以上，随着酶量的提高磷的消化率仍会继续上升，不过增幅逐渐减缓（图 4-4）。

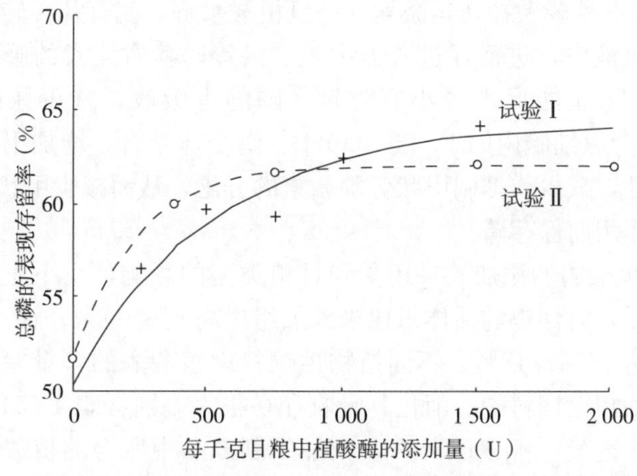


图 4-4　植酸酶的添加量对总磷含量为 0.45%的肉仔鸡日粮总磷表观存留率的影响

**4. 植酸酶产品的物理形态** Broz（1993）以玉米-豆粕-鱼粉型肉仔鸡低磷日粮为基础，比较了液体植酸酶和固体植酸酶对肉仔鸡的影响，两种日粮的植酸酶添加量相等，每千克饲料均为500 U。结果表明，液体植酸酶组肉仔鸡的平均日增重、平均采食量、血浆无机磷、胫骨灰分与固体植酸酶组相比，分别提高6.2%、5.6%、7.9%、9.4%，可见液体植酸酶的添加效果优于固体植酸酶。

**5. 日粮钙、磷和维生素 $D_3$ 水平** 较低的日粮钙水平有利于发挥植酸酶的添加效应。Simons等（1990）认为，在总磷含量为0.45%的肉仔鸡日粮中，倘若添加植酸酶，其钙水平应为0.60%～0.75%，而不是1%。Van Der Klis等（1997）通过在两种含钙水平不等的蛋鸡日粮中添加等量的植酸酶（200 U/kg）发现，含钙3%的日粮组植酸磷的水解率比含钙4%的日粮组高12%。对于肉鸡来说，钙或者钙、磷比的提高会影响消化道的pH，进而抑制植酸酶的活性。钙、磷比由1∶1.4升高到1∶2.0时，可使采食的非植酸磷水平为0.27%和0.36%日粮肉仔鸡的植酸酶添加效应降低7.4%和4.9%，并使肉仔鸡日粮中植酸酶的活性下降11.1%～12.2%，肉仔鸡最适的钙、磷比应为1.1∶1.4，此时植酸酶的添加效应最高。据项涛（1998）报道，肉雏鸡以钙/非植酸磷表达钙、磷比时，添加比以2.2∶1为佳。

植酸磷是植酸酶反应的底物，只有当日粮中的植酸磷水平在0.2%左右时添加植酸酶才有意义。非植酸磷水平的提高会抑制植酸酶的活性，进而影响植酸磷的释放及其在回肠末端前的吸收。另外，植酸酶活性还受产物（过高的非植酸磷）及底物（过高的植酸磷）抑制。只有当日粮中的非植酸磷水平低于动物对磷的需要时，才会产生植酸酶的添加效应，植酸酶在低磷日粮中的添加可使总磷的消化率提高到60%以上，通常磷的吸收率只有50%上下。在猪、鸡低磷日粮中添加植酸酶，提高生产性能的基本原因在于：提高了植酸磷的利用率，并缓解了由低磷日粮引起的亚临床症状。

维生素 $D_3$ 及其衍生物具有刺激植酸酶水解植酸的潜力，维生素 $D_3$ 及其代谢产物与植酸酶配合添加能产生协同作用。据Edwards（1993）报道，在低磷、低维生素 $D_3$ 日粮中添加5～10 μg/kg的维生素 $D_3$，则植酸磷的利用率可由30%上升至80%。维生素 $D_3$ 中的1，25-（OH）$_2$-$D_3$ 是一种磷酸盐转运激素，一旦植酸水解，就有几种转运系统将其水解产生的磷酸盐转运到血液中，进而促进骨骼中钙、磷等矿物质元素的吸收、利用。除此之外，1，25-（OH）$_2$-$D_3$ 还能促进肾小管对钙、磷的重吸收，减少尿磷的排泄。1，25-（OH）$_2$-$D_3$ 可与甲状旁腺细胞内的1，25-（OH）$_2$-$D_3$ 受体结合，增加甲状旁腺对细胞外液钙离子浓度的敏感性，减少或抑制甲状旁腺激素的分泌，从而减少甲状旁腺激素对肾小管吸收磷酸盐的抑制作用而保存磷。

**6. 日粮类型** 植酸酶的添加效果还受到日粮类型的影响，在小麦-大麦-豆粕型低磷日粮中添加植酸酶后，肉仔鸡的活体重比未添加组提高4%～7%；而更换为玉米-豆粕型日粮后，其增重高达15%～47%。不同植物性饲料中植酸酶的含量差异显著，活性大小不一，导致动物对植物性饲料磷的消化、吸收存在很大差别（表4-5）。研究表明，谷实类及其加工副产品、麦类（燕麦除外）及其加工副产品中所含的植酸酶含量较高，均在200 U/kg DM以上，且植酸酶含量与总磷存在显著的正相关，但植酸酶活性与饲料的总磷、植酸磷、非植酸磷含量不存在显著的相关关系。

表 4-5　常用饲料中植酸磷含量及天然植酸酶活性

| 饲料名称 | 总磷（%） | 植酸磷（%） | 植酸磷占总磷（%） | 植酸酶活性（U/g） |
|---|---|---|---|---|
| 玉米 | 0.26 | 0.17 | 66 | 155 |
| 大麦 | 0.34 | 0.19 | 56 | 1 103 |
| 燕麦 | 0.27 | 0.22 | 81 | — |
| 小麦 | 0.30 | 0.20 | 67 | 1 255 |
| 大豆 | 0.53 | 0.21 | 40 | — |
| 豌豆 | 0.35 | 0.21 | 60 | 120 |
| 蚕豆 | 0.46 | 0.19 | 41 | — |
| 小麦麸 | 1.37 | 0.96 | 70 | 2 032 |
| 细米糠 | 1.67 | 1.44 | 86 | 122 |
| 豆饼 | 0.66 | 0.38 | 58 | 176 |
| 棉籽粕 | 1.07 | 0.75 | 70 | — |
| 菜籽粕 | 1.01 | 0.63 | 62 | 287 |
| 芝麻饼 | 1.26 | 1.02 | 81 | — |

资料来源：Nelson 等（1968a）。

麦类饲料原料及其加工副产品（麦麸）中的植酸酶具有较高的活性，其最适温度为47～55℃，最适 pH 为 5～7.5，故不能在胃中较低的 pH 条件下起作用；另外，这类酶还往往因为有过多的底物（植酸盐）和产物而受到强烈的抑制，减弱动物对饲料植酸磷的利用率；不仅如此，植酸酶的活性还可能与某些金属离子等有关，如 $Fe^{2+}$、$Zn^{2+}$、$Mg^{2+}$、$Al^{3+}$等可与酶底物——植酸发生很强的络合反应，导致酶活性降低。但是，植物性饲料中的植酸酶对畜禽饲料中磷的利用具有一定的作用。因此，在含有大量麦类饲料原料中，可以减少无机磷和微生物植酸酶的添加。

## 二、植酸酶磷当量

### （一）概念

饲料植酸中磷的释放有效减少了无机磷的添加量，这必然涉及植酸酶与无机磷之间的替换数量关系。为了更好地描述植酸酶与无机磷之间的量效关系，一些学者提出了植酸酶磷当量的概念。所谓植酸酶磷当量，即植酸酶水解 1 kg 日粮内所含植酸磷释放出 1 g 非植酸磷所需要的植酸酶单位数，也即“1 g 非植酸磷/1 kg 日粮”所需添加的植酸酶单位数。

### （二）植酸酶活性与植酸酶磷当量的关系

人们对植酸酶活性的定义有多种，目前国际上通用的植酸酶活性定义为：在 37℃、pH 5.5 的条件下，1 min 内从 5.1 mmol/L 的植酸钠溶液中水解出 1 μmol 无机磷所需要的酶量为 1 个活性单位。就植酸酶磷当量而言，其实质就是日粮中一定量外源植酸酶所能替代的无机磷添加量。

植酸酶磷当量值的大小与植酸酶的活性密切相关，植酸酶的功能是水解植酸，释放磷酸根离子，因此植酸酶的磷当量值实质上反映了其活性的高低。说明植酸酶磷当量值与其活性呈明显的正相关，即植酸酶活性越高，单位量的植酸酶可从植酸中释放出的无机磷的量就越多，磷当量值也越高；反之则磷当量值越低。可见，一切影响植酸酶活性的因素都会对其磷当量值产生影响。

近些年来，人们对植酸酶磷当量进行了一些研究，但结果存在一定差异。其原因主要在于影响植酸酶活性的因素很多，不同试验条件难以获得一致的结果；同时，这些因素之间复杂的相互作用也造成了植酸酶磷当量值的差异。已有研究证实，与植酸酶磷当量密切相关的因素主要包括日粮结构，日粮中的钙、磷水平及其比值，消化道 pH 等（Han，1997；Knowlton，2004）。研究表明，低钙、低磷日粮中添加一定量植酸酶可以显著促进育肥猪的平均日增重和磷沉积；一旦钙、磷水平上升，则植酸酶的添加效果就呈下降趋势（Gentile，2003）；同样，在断奶仔猪中也存在这种情况（Stahl，2000）。此外，日粮中有效磷水平与植酸酶磷当量也密切相关，一定量的植酸酶添加于高有效磷日粮中的效果要优于低有效磷日粮（Qian，1996），表明它们之间存在正相关性。

#### （三）植酸酶磷当量值确定的基本方法

在植酸酶磷当量值研究方面，不同日粮结构对其的影响颇大，这就使得人们将植酸酶应用于这些日粮结构时缺乏相应的科学依据。因此，获取针对不同地区特定日粮结构的植酸酶磷当量值并建立相应的数学模型具有重要理论与现实意义。

植酸酶磷当量值的确定，首先是通过分别设计系列浓度梯度的有效磷和植酸酶添加量（活性）日粮，选择某一特定指标建立回归方程，然后选取相关性强的指标作为建立回归方程的标准，再从以有效磷为基础建立的标准曲线和以植酸酶为基础建立的曲线中读出某一指标值的对应无机磷量和植酸酶量，此无机磷量即为该试验条件下针对某一指标的植酸酶磷当量值。一般情况下，取针对不同指标磷当量值的平均值作为该条件下植酸酶的磷当量值。

目前针对植酸酶的回归方程一般有线性模型和非线性模型两种，分别为 $Y=a+bx$ 和 $Y=a\times(1-be-kx)$。其中，$x$ 代表日粮中有效磷或植酸酶的添加水平，$Y$ 代表对应的某一指标值。

## 第三节　低磷日粮的应用及畜禽粪便中磷污染控制技术

### 一、低磷日粮的应用

随着养猪业高度集约化的发展，磷从粪尿中排出，生产单位附近粪养分过度承载，导致磷流入或渗入表层水，严重污染地表、地下水。过量的磷可使磷酸盐有限的生态系统产生富营养化（eutrophication），并产生一系列的生物效应，对环境造成污染，这也是全球养猪生产面临的一个环保问题与可持续发展的问题。根据目前研究中存在磷真消化利用率的测定不准确，以及植酸磷在单胃动物中利用率低等问题，目前 NRC 或生产中所使用的推荐标准都很有可能是高于动物实际需要的，这为提倡低磷日粮的研究和使用提供了生产基础。

低磷日粮可以提高小肠 $Na^+$/Pi-Ⅱb 转运蛋白及其 mRNA 的表达水平。研究发现，低磷日粮增加了小鼠十二指肠 $Na^+$/Pi-Ⅱb 转运蛋白含量及其 mRNA 丰度（图 4-5）。维生素受体缺陷型小鼠采食低磷日粮后，其小肠 $Na^+$/Pi-Ⅱb 蛋白含量及 mRNA 水平显著升高。小肠中Ⅱ型 $Na^+$/Pi 联合载体蛋白对磷的转运存在一种激活剂 PiUS，可刺激卵母细胞 $Na^+$/P-Ⅱb 的活性。该激活剂为一个 cDNA 片段，长度为 1 796 bp，含 425 个 AA，多聚尾端含有 35 个 AA 残基，被称为 PiUS-cDNA，可刺激 $Na^+$/Pi 转运蛋白将磷的吸收提高 3～4 倍。研究还发现，通过低磷日粮和维生素 $D_3$ 可以调节 $Na^+$/Pi 转运蛋白的活性。给小肠注射 10 ng PiUS 4～5 d 后观察其表达量，饲喂低磷（0.02%）日粮组中 $Na^+$/Pi 转运蛋白的活性是正常磷（0.6%）日粮组的 2 倍；同时，mRNA 的表达量是正常磷日粮组的 2 倍。给缺乏维生素 D 的动物补充维生素 $D_3$ 时，可显著提高 $Na^+$/Pi 转运蛋白对磷的吸收。此外，在缺乏维生素 $D_3$ 的动物小肠刷状缘黏膜中还发现了一个 $Na^+$/Pi 转运蛋白，当给缺乏维生素 $D_3$ 的动物补充维生素 $D_3$ 时，b 型 $Na^+$/Pi 转运蛋白中 PiT-2 基因 mRNA 的表达量在 24～48 h 内显著增加，而 PiUS 和Ⅱb 型 $Na^+$/Pi 转运蛋白 mRNA 的表达量无变化。

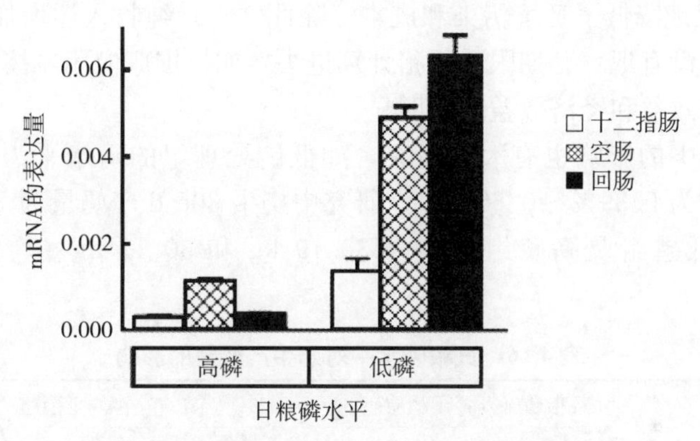


图 4-5　低磷对 $Na^+$/Pi mRNA 表达的影响

低磷日粮可降低动物血液和骨骼中的无机磷含量，而血液和骨骼中无机磷可作为机体无机磷平衡状况的评价指标。磷酸盐通过肠细胞膜主动运输的过程是通过 $Na^+$ 依赖型转运蛋白调控下进行的“饱和过程”，其转运速度具有最大值 $V_{max}$，超负荷的吸收会超过载体的运载能力，从而导致粪磷排出。低磷日粮可提高 $Na^+$ 依赖型无机磷跨肠道上皮转运流通速度，提高肠道刷状缘膜对无机磷最大转运速度。对小鼠的研究结果表明，低磷日粮条件下，提高 $V_{max}$ 可增加磷的吸收。Morita 等（1998）将饲喂低磷或高磷日粮（0.02% Pi 或 1.2%Pi）的大鼠提取的多聚（$A^+$端）RNA 注射到蟾蜍卵母细胞中，证明低磷组磷的吸收比高磷组高 2.5 倍，表明 $Na^+$/Pi-Ⅱ型是调节肾脏中磷吸收的主要载体蛋白。Katai 等（1999）的试验结果表明，同正常磷水平（0.6%）相比，低磷（0.2%）日粮条件下的大鼠血浆中总磷浓度比正常磷组低 52.5%，其原因是低磷日粮提高了 $Na^+$/Pi-Ⅱb 转运蛋白及其 mRNA 的表达水平。

试验表明，给缺乏维生素 D 的免补充维生素 $D_3$ 时，能提高小肠顶端刷状缘囊膜中 $Na^+$ 依赖型磷转运蛋白的表达（Hildmann 等，1982）。Segawa 等（2004）研究表明，VDR 轴受损的动物肾脏Ⅱa 型 $Na^+$ 依赖型磷转运蛋白的表达量显著降低。但Ⅱb 型 $Na^+$ 依赖型在 VDR 轴受损与非受损的动物肾脏中无差别。对大鼠的研究结果表明，低磷日粮条件下，提高 $V_{max}$ 可增加磷的吸收（Hilfiker 等，1999）。Radanovic（2005）、方热军（2010）、曹满湖（2010）等通过小鼠试验表明，低磷组（0.1%）小肠 $Na^+$/Pi-Ⅱb 转运蛋白 mRNA 的表达量比高磷组高。最新研究表明，肾脏磷的重吸收主要与 $Na^+$/Pi-Ⅱa 和 $Na^+$/Pi-Ⅱc 有关，低磷对该载体的调控主要通过肾脏 pH 来完成。

小鼠采食低磷日粮后，肠道刷状缘细胞膜顶端（brush border membrane vesicles，BBMV）中 $Na^+$/Pi-Ⅱb 转运蛋白含量增加，$Na^+$/Pi 转运效率提高，但 $Na^+$/Pi-Ⅱb 基因的转录水平没有随日粮磷水平的变化而发生改变。

以玉米-豆粕-小麦型为基础日粮，以 NRC（1998）标准及有效磷（available phosphorus，AP）0.205%分别作为对照组和试验组（低磷组），研究低磷日粮对杜×长×大三元杂交生长猪生长性能、养分利用及环境的影响，结果表明试验组磷的表观消化率提高了 17.4%，差异显著（$P<0.05$）。按照本试验的结果计算，试验组可降低粪中总磷含量 3.33 g/kg DM，按每头生长猪平均每天排泄 300 g 干粪、生长期平均 2 个月来计，年年出栏 10 000 头商品猪的规模猪场每年向环境排放的磷量可减少 599.4 kg，折合磷酸氢钙有2 t多，极大地降低了环境污染和成本。除此之外，纯收入还增加 1.62 万元。这是保守估计，因为还没有把育肥期限和母猪计算进去。如果推广应用，按照平均年出栏 6 亿头猪计算，其生态效益和经济效益非常明显。

低磷日粮对奶牛的影响也有大量研究，如低磷处理组的磷水平为 0.30%～0.39%，高磷处理组磷水平为 0.39%～0.65%。该研究中奶牛 305 d 产奶量为 7 491～11 168 kg，平均日产奶量，低磷组及高磷组分别为 30.19 kg 和 30.41 kg（均为平均值），详见表4-6。

**表 4-6 日粮磷水平对奶牛产奶量的影响**

| 项目 | 日粮磷（%，干物质） | | 产奶量（kg/d） | |
|---|---|---|---|---|
| | 低磷组 | 高磷组 | 低磷组 | 高磷组 |
| 每个处理 20 头奶牛（试验期 10 个月） | 0.3 | 0.54 | 27.97 | 29.96 |
| 每个处理 26 头奶牛（全程泌乳期） | 0.33 | 0.39 | 25.38 | 24.47 |
| 每个处理 3 头奶牛（泌乳中期 12 周） | 0.39 | 0.65 | 23.88 | 24.38 |
| 每个处理 24 头奶牛（全程泌乳期） | 0.35 | 0.45 | 29.65 | 28.87 |
| 每个处理 26 头奶牛（泌乳前 27 周） | 0.37 | 0.48 | 39.27 | 38.45 |
| 每个处理 8 头奶牛（全程泌乳期） | 0.32 | 0.41 | 35.00 | 36.41 |

注：美国奶牛中心。

在低磷日粮处理组中，仅一个试验的磷水平低于 NRC 及德国磷需要量的推荐标准。美国奶牛生产者提供的奶牛日粮磷水平比 NRC 推荐量高 25%。如果使用 NRC 饲料成分表中饲料磷含量的数据而不用实际测定值，则饲喂给奶牛的磷量大大超出我们的想象。

Berger（1995）将实验室测得的常用饲料中磷含量与 NRC 的数据进行了比较，从表 4-7 中可看出，常用饲养原料中磷含量的平均值均高于 NRC 数据，如苜蓿中的磷含量平均比 NRC 中的高 38%。给奶牛超量饲喂磷，不仅增加了成本而且对环境也构成了威胁。那么如果降低日粮磷水平或与饲养标准保持一致，磷的平衡与对环境的影响又将如何呢？表 4-8 举例说明了一个百头奶牛场（包括泌乳牛、干奶牛及 80 头后备母牛）的粪肥施到土壤，可供该群牛所需谷物和牧草生长的情况。在这个系统中，需运进蛋白质饲料、矿物质饲料及供玉米生长所需的化肥。该牛群年平均泌乳量为 9 080 kg，年运进的蛋白质饲料（豆粕）可带来 553.88 kg 的磷。假如使用 $CaHPO_4$ 作为磷源，使日粮磷水平由 0.36%（干物质基础）提高到 0.48%，那么需运进 681.00 kg 的磷。假如生产玉米时每公顷土地需 112.18 kg 的化肥（牧场面积为 48.56 $hm^2$），则需运进约 535.72 kg 的磷。输出方面，100 头奶牛共产出 908 t 的奶，则输出 817.2 kg 的磷。系统淘汰母牛及公犊将带走 136.2 kg的磷，每年从系统中流失的磷为 90.8 kg，则该系统每年将增加 726.4 kg 的磷。如果日粮磷水平与饲养标准保持一致，即占日粮干物质的 0.38%，则运进系统的磷将减少 567.5 kg。

**表 4-7 饲料样本中磷的实测值与《美国加拿大饲料成分表》中公布值的比较**

| 饲料名称 | 样本数（个） | 磷分析值（%，干物质） | 分析值比 NRC 值高出的比例（%） | 标准差 |
|---|---|---|---|---|
| 玉米青贮 | 8 197 | 0.23 | 1.05 | 0.06 |
| 苜蓿* | 4 096 | 0.30 | 1.38 | 0.06 |
| 玉米 | 912 | 0.32 | 1.07 | 0.07 |
| 整株玉米 | 905 | 0.29 | 1.07 | 0.08 |
| 豆粕（50%） | 148 | 0.72 | 1.03 | 0.28 |
| 啤酒糟 | 139 | 0.59 | 1.08 | 0.08 |
| 干烧酒糟 | 114 | 0.83 | 1.17 | 0.17 |
| 大麦 | 115 | 0.38 | 1.02 | 0.07 |
| 燕麦 | 38 | 0.43 | 1.13 | 0.09 |

资料来源：《美国加拿大饲料成分表》（1990）。

注：*仅苜蓿样品为纯品种，根据苜蓿粗蛋白质含量选择 NRC 表中的晒干盛花期苜蓿作比较。

**表 4-8 100 头奶牛场（每头年产奶量 9 080 kg）每年的磷平衡状况[1)]**

| 项目 | 运进农场的磷（kg） | 项目 | 从农场运出的磷（kg） |
|---|---|---|---|
| 100 t 豆粕 | 553.88 | 908 t 牛奶 | 817.2 |
| 磷酸氢钙[2)] | 681.00 | 淘汰奶牛、犊牛 | 136.2 |
| 谷物[3)] | 0 | 剩料[3)] | 00 |
| 牧草[3)] | 0 | 输出粪肥 | 0 |
| 化肥[4)] | 535.72 | 流失[5)] | 90.8 |
| 合计 | 1 770.6 | 合计 | 1 044.2 |

注：[1)]包括泌乳牛、干奶牛及 80 头后备母牛。本试验中农场提供所有的谷物及牧草，仅购买蛋白质、维生素、矿物质饲料。

[2)]假设添加 $CaHPO_4$ 使奶牛日粮磷含量由占干物质的 0.36%提高到 0.48%。

[3)]假如购进或售出整粒玉米，则每吨玉米中含磷 2.45 kg。假如购进或售出苜蓿干草，则每吨苜蓿干草中含磷 2.72 kg。

[4)]假如用 48.56 $hm^2$ 土地种植玉米并进行青贮，每公顷施用化肥 112.18 kg，则每年运进农场的磷元素为 535.72 kg。

[5)]每年每公顷平均磷流失量为 0.22～3.37 kg。

泌乳期平均产奶 9 080 kg 的成年母牛（包括后备母牛），其粪肥中的磷元素可满足 0.8～1.2 $hm^2$ 土地的需要。为保持土壤中磷的平衡状态，奶牛场只需运进蛋白质饲料、必要的磷源饲料及化肥即可。自购蛋白质饲料和部分谷物的奶牛场，如果奶牛日粮中不超量添加磷并取消施磷肥，则易于控制土壤中的磷水平。对于购进全部蛋白质和谷物的奶牛场而言，必须寻找额外的土地处理粪肥，因为在原有牧场上无法保持土壤中的磷平衡。美国奶牛饲料中平均磷水平为干物质的 0.48%。近两年来，有些奶牛营养专家开始降低日粮磷水平。在泌乳的前几周，奶牛会动用骨骼中的钙，同时也动用骨骼中的磷。我们应认识到骨磷动用对于泌乳早期的重要性。在较低日粮磷水平下（0.32%～0.33%，干物质），可满足低产奶牛的产奶需要，但该水平不能满足高产奶牛对磷的需要。

能否在大多数奶牛日粮中不添加磷源饲料现在仍是一个问题。美国典型奶牛日粮中，在未添加磷源饲料之前，日粮磷水平达到 0.36%～0.38%。认为即使对泌乳期产奶量在 11 350～13 620 kg 的奶牛，该水平也是合理的。但只有当获得肯定的证据后，才会将磷的推荐量定为 0.36%～0.38%。目前研究的任务仍是改变奶牛日粮中超量使用磷的现象，并使日粮磷水平降低到 0.38%～0.41%。不久的将来，给作物施粪肥时会考虑能被作物利用的养分含量。粪中的磷含量将成为粪肥施用量的决定因素，因为粪中的磷氮比大约是作物所需磷氮比的 2 倍。而这提示：是否可将奶牛日粮中的磷水平从 0.48%降低到 0.38%，这可减少 25%～30%的磷排泄量，同时施进土壤中的磷量减少 25%～30%（表 4-8）。因为降低奶牛日粮中的磷水平，不仅可降低饲料成本，同时能减少对环境的污染及减少粪便处理的费用，因此是目前磷研究中的一项重要内容。

## 二、畜禽粪便中磷污染控制技术

现代化、规模化、集约化养殖业繁荣发展，但与此同时，养殖过程中产生的大量畜禽粪便及废弃物对环境造成了严重污染，不但影响畜牧业的持续、稳定发展，还直接影响了人们的生存环境和生活质量。目前畜禽粪源污染已成为水体磷的一个主要来源，是因为畜禽对饲料磷的表观消化率只有 20%～50%，大部分未被消化吸收的磷随粪便、尿液排泄。其中，由规模化畜禽养殖场排放的粪尿污水中总磷占很大比例，对水体造成了严重的污染，使水体富营养化，并导致鱼类及水生生物缺氧死亡，影响沿岸的生态环境。因此，对畜禽粪便磷污染的控制刻不容缓。

该部分拟从总量控制技术、减量化控制技术、无害化控制技术、畜禽粪便资源化利用技术四个方面对畜禽粪便磷污染控制技术进行叙述。其中，从营养调控角度对减量化控制技术作较为详细介绍。

### （一）总量控制技术

总量控制技术基于以土地面积确定养殖规模，将畜禽粪便变为肥料再将其用到周边土地的原理，在众多国家被广泛应用。丹麦通过计算单位面积土地可以容纳的粪便量，并用此指标来确定畜禽的最大养殖密度；加拿大要求在最大直径 10 km 的土地范围内消化养殖场中的畜禽粪便；美国要求养殖场将畜禽粪便直接干燥固化成有机肥，并通过一定的方式还田，达到提高土壤肥力的同时又减少了环境污染；英国规定限制单个养殖场饲养的最高畜禽头数，以此来减少畜禽粪便污染；荷兰畜牧业是以生态农场形式，采用生态学的办法，达到无污染物排放的目的。

而在我国还没有进行畜禽饲养总量控制的政策法规，相关研究主要集中在特定区域畜禽粪便承载力方面，如陈斌玺等（2012）依据2010年海南省养殖数据，采用排污系数估算畜禽粪便和尿液的排泄量，并结合农地面积，对海南省畜禽粪便承载力现状进行了评价。结果显示，海口市和东方市已经超出了当地最大畜禽饲养容量，应对畜禽饲养规模进行适当控制。吴咏梅等（2013）用排泄系数法计算中山市2011年畜禽粪便的产生量，并结合当地耕地畜禽粪便的最大负荷量情况，计算得出中山市畜禽粪便平均承载预警值为0.5，总体预警级别为11级。

### （二）减量化控制技术

**1. 营养调控技术**　粪便即畜禽吸收饲料后的残渣，粪便污染的根源在于饲料，而提高饲料的利用率是减少畜禽粪便污染的有效途径。因此，为发展环保型畜牧业，就需要从源头上有效减少和控制畜牧业生产对环境的污染，这是解决问题的关键因素之一。

磷是畜禽养殖中必不可少的矿物质元素之一，为了满足动物生产及生长需要，使其生产潜力得到最大发挥，在饲料中额外添加无机磷（磷酸盐）是普遍做法。由于无机磷属于不可再生资源，过量添加时不仅增加了饲料成本，导致无机磷的耗竭加速造成无机磷源危机，而且大量不可消化的植酸磷和部分添加的无机磷随粪便排出造成了土壤和水体的富营养化，带来了严重的环境污染。NRC（1994）提出，来航鸡对有效磷的需要量是0.25%，而目前我国大多数的养殖场还是参考NRC（1984）的0.32%来配制饲料。NRC所提供的数据是估计的畜禽最低需要量，但为了使畜禽生长生产性能达到最佳，通常在NRC的基础上再加入10%～20%作为“安全系数”，这势必导致营养物质过量，增加粪便中磷的含量。因此，应在畜禽对磷的需要量得到满足的条件下使日粮磷的含量适当降低，对畜禽进行精准饲养，实现数字化管理。

植物性饲料中的磷绝大部分以植酸磷的形式存在，经植酸酶水解成无机磷之后才可被动物肠道吸收。单胃动物体内不能分泌植酸酶，因此高于90%的植酸磷不能被动物体消化，只能随粪尿直接排出体外。植酸分子的磷酸基团带负电荷，对$Mn^{2+}$、$Zn^{2+}$、$Mg^{2+}$、$Cu^{2+}$、$Fe^{2+}$等带正电荷的金属离子有较强的螯合特性，结合后可生成植酸镁等，这会降低动物对Mn、Zn、Mg、Cu、Fe等金属元素的利用率。另外，植酸还能螯合蛋白质，生成不易被动物吸收的复合物，降低饲料蛋白质利用率的同时也降低了植物性饲料自身应有的营养价值。

如何能在不降低畜禽生产性能的基础上提高植酸磷的利用率，解除植酸的抗营养作用，减少饲料中磷的供给量，减轻磷对环境的污染是动物营养学家面临的一项重大课题。研究表明，添加植酸酶是一个较为理想的方法。植酸酶的特性在于能将植酸及其盐类分解为肌醇和正磷酸（盐）或肌醇衍生物，从而达到破坏植酸分子结构、解除植酸抗营养作用的目的。杨平平等（2004）试验结果表明，采用植酸酶来替代无机磷可以使畜禽粪便中磷的含量减少25%～65%，从而大大降低磷污染。Jalal等（2002）、Ravindran等（2004）报道，在肉鸡饲料中添加植酸酶可提高能量、氨基酸与蛋白质的消化率。在低能、低蛋白质、低磷等日粮中添加蛋白酶与植酸酶或与木聚糖酶或与淀粉酶均可使低营养水平日粮肉鸡的生产性能得到改善，并降低粪便中磷的排泄。其中，将蛋白酶和植酸酶组合在一起降低肉仔鸡粪便氮、磷排泄的效果更好。除此之外，通过肠道结构优化途径，使小肠绒毛变长、肠壁变薄，病菌得到抑制，肠道菌群结构优化，使营养物质的吸收率提高，也能使磷的排放量减少。在各种新型酶制剂高速发展的今天，植酸酶的开发与利用仍然是广大动物营养学家研究的一项重要课题。

**2. 微生物技术** 随着微生物技术的迅猛发展，通过依据生物发酵理论和微生态理论从而实现畜禽生产系统全过程的资源最有效转化和废弃物最小量化的生物发酵床技术在畜禽养殖业中的应用效果显著。发酵床养猪与传统养猪进行对比试验的结果显示，猪粪中氨态氮、磷、钙含量可分别减少49.57%、27.97%、46.15%，能够达到减量排放和减少环境污染的目的。

**3. 干清粪技术** 目前，养殖场常用的清粪方式有水冲式、水泡式和干清粪式。水冲式清粪技术通过水冲的方式使畜禽粪便直接进入水中，无法使其成为有机肥原料，成本高且后续处理较难。水泡式清粪技术是在畜舍的排粪沟中注入一定量的水，冲洗、畜禽粪尿和饲养管理用水等全部排入粪沟中再排出。干清粪技术是通过人工或配置机械刮板机清理粪便的技术，产生的废水量小、污染物含量低，且净化处理后肥料价值高、利用率也高。因此，干清粪是目前较理想的清粪工艺，推行干清粪工艺可以达到明显节约用水、减少废水排放量和降低污染物浓度的目的。

**4. 清污分流技术** 清污分流技术要求畜禽养殖场内要按照雨污分流进行设计与建设，即需要分别修建雨水沟和污水沟，实行雨污分流，液体粪污和少量干粪需要进入沼气池，经厌氧发酵处理后就近就地还田利用。《畜禽规模养殖污染防治条例》第十三条规定，畜禽养殖场、养殖小区应当根据养殖规模和污染防治需要，建设相应的畜禽粪便、污水与雨水的分流设施。利用清污分流技术，可减少污水处理容量，从而达到治理达标的废水回用，减少对水系的污染物排放总量。

### （三）无害化控制技术

畜禽粪便中含有大量的致病菌、重金属等，如不加以处理，对人体和环境会造成危害。因此，在利用过程中需要对粪便、污水进行杀菌消毒处理，降低或消除畜禽粪便中有害有毒物质的浓度。

### （四）畜禽粪便资源化利用技术

**1. 作为肥料** 畜禽粪便中富含有机质、氮、钾、磷及微量元素，作为肥料不仅能提高土壤肥力，实现养分的再循环，还可减少化学肥料的施用，保护生态环境，推动农业可持续发展。通过对比化肥和有机肥的效果发现，有机肥不仅能够直接提高有机碳的含量，而且能够间接地进行碳封存。这样不仅有利于作物根部生长，而且能够提高土壤肥力。目前，畜禽粪便有机肥利用具有广阔的市场前景，但是目前我国把畜禽粪便做成有机肥利用的比例极低。据上海市的调查发现，该市有机肥的产量占畜禽粪便总量的比例很低，仅为2%～3%。

**2. 作为饲料** 畜禽粪便中含有大量尚未被消化的营养物质，特别是磷和粗蛋白质的含量较高。研究表明，饲喂含有部分鸡粪饲料的山羊其日增重与饲喂正常饲料的山羊虽无显著差异，但是饲料成本却可以显著降低。当饲料中的鸡粪含量为30%时，每千克饲料费用可以降低14.82%，精饲料价格可以下降23.08%。如果将粪便青贮之后再作为饲料的话，其独特的酸香味不仅可以提高适口性，还可以杀死粪便中的寄生虫、病原微生物等，此法在血吸虫病流行区尤其适用。但畜禽粪便作为饲料也存在一些缺陷，抗生素、重金属残留等可能对畜产品生产的安全性产生威胁，因此将畜禽粪便进行饲料化目前还受到诸多限制。但随着禁抗时代的到来和饲料监管机制的完善，畜禽粪便饲料化会逐渐成为一种趋势。

**3. 作为燃料**　利用畜禽粪便生产沼气在实现能源化利用的同时也可对其实现无害化处理。沼气可用来照明、发电、取暖；沼液可进行叶面喷施；沼渣可进行肥田，既能生产无公害蔬菜，又可改善农村环境，增加农户收入。对畜禽粪便减碳化利用的研究结果表明，2009 年我国规模化养殖场畜禽粪便排放总量约 8.4 亿 t，年沼气生产潜力约 472.1 亿 $m^3$，减排潜力达到 1.9 亿 t 二氧化碳。沼液之所以能够进行叶面喷施是因为其本身具有抗病防虫能力，沼液中含有 120 多种组成成分，其中大部分为营养物质。在这些组成成分中，有 20 多种成分可使沼液具有抗病防虫的作用。对沼气发酵残液和残渣的营养性能分析和安全性能分析发现，沼液和沼渣中除了含有丰富的有机质外，还含有氮、磷、钾、铜、铁、钠、钙、锰、镁和锌等元素，对促进作物生长、提高农产品质量起重要作用。2009 年底，我国已建成规模化的养殖沼气工程 5.6 万座。

目前，如何减轻畜禽生产中导致的环境污染问题已被提到了重要议事日程，解决这个问题是一个系统的工程，既需要更多的技术与政策支持，又需要国际合作。在技术层面上，需要充分运用营养调控技术，最大限度地提高动物对饲料的利用率；同时还需要建立生态循环机制，循环利用畜禽粪便。在政策层面上，需要借鉴发达国家已有的成功经验，并结合我国实际情况来制定切实可行的政策法规，同时还需要加强畜禽养殖环境监管和资金扶持。在国际合作层面上，需要与国际上有关专家学者共同合作，研究治理畜禽粪便污染的方法与对策。

# 第五章
# 植酸酶及磷酸盐在猪鸡饲料中的应用

猪、鸡等单胃动物的饲料一般都由玉米、小麦、豆粕等植物性饲料原料组成，这些饲料原料中有60%～80%的磷是以植酸及其盐类形式存在的。畜禽典型饲料中，通常约含有0.2%（0.10%～0.35%）的植酸磷。单胃动物消化道中缺乏水解植酸磷的植酸酶，对磷的利用率极低。因此，总磷作为一项营养指标，很多情况下在单胃动物营养中是没有意义的，看似有足够的磷但可能会引发磷不足症。因此，在配制猪、鸡等单胃动物的日粮时，常常要补充适量的磷酸盐，以满足猪、鸡等对有效磷的需要量。

植酸酶作为一种新型的酶制剂（饲料添加剂），在畜禽生产中的应用日益广泛。使用后不仅可提高猪、鸡对饲料中植酸磷的利用率，降低饲料成本和粪磷排泄量，还能促使与植酸相结合的氨基酸、蛋白质及矿物质元素释放，通过增加消化酶的量和底物蛋白质浓度从而提高氨基酸、蛋白质的利用率，促进机体矿物质的营养平衡。大量试验表明，饲料中添加植酸酶使猪、鸡饲料转化率和采食量都得到了显著改善，其生产性能也得到了大大提高。

本章主要讨论植酸酶及几种常见的磷酸盐在猪、鸡饲料中的应用，以及畜禽粪便磷污染的常用控制技术。

## 第一节　植酸酶在猪鸡饲料中的应用

### 一、植酸酶在猪鸡饲料中的适宜添加量

#### （一）植酸酶在猪饲料中的适宜添加量

探究植酸酶在猪饲料中的适宜添加量，就要结合植酸酶钙磷当量（表5-1和表5-2）及猪各个生长阶段的钙、磷需要量（表5-3）。钙磷当量可反映植酸酶所能替代的钙或磷的量，表5-1及表5-2总结了部分关于猪用植酸酶钙磷当量的报道。其中，磷的需要量受采食量、猪所处生理状态及生产水平的影响，而采食量又受季节（气温）、饲料能量浓度及加工方法（制粒）的影响，可以预测现行给出的猪对磷的需要量数据会随着学者对磷营养的深入研究而存在进一步降低的可能。在实际生产中，应根据猪的具体情况来确定饲料中植酸酶的适宜添加量。

表5-1　猪用植酸酶的钙磷当量

| 植酸酶添加量（U/kg） | 生长阶段 | 钙磷当量 | 资料来源 |
| --- | --- | --- | --- |
| 500 | 生长育肥猪 | 0.87～0.96 g/kg 磷酸氢钙 | Harper 等（1997） |
| 500 | 断奶仔猪 | 0.10 g/kg 磷 | Roberson（1999） |

（续）

| 植酸酶添加量（U/kg） | 生长阶段 | 钙磷当量 | 资料来源 |
|---|---|---|---|
| 750 | 泌乳母猪 | 0.77 g/kg 磷 | Jongbioed 等（2004） |
| 500～750 | 断奶仔猪 | 0.15%饲料无机磷 | 易中华等（2005） |
| 750 | 仔猪 | 1 g/kg 以上无机磷 | 陈文等（2005） |
| 250 | 8～50kg 猪 | 50%饲粮磷酸氢钙 | Gao 和 Che（2007） |

Hoppe 等（1993）根据 Simons 等（1990）进行的猪饲粮磷平衡试验资料，计算出了微生物植酸酶释放出的磷酸二氢钙磷当量（表 5-2）。由此表可见，每千克猪用低磷饲粮释放出 1 g 磷酸二氢钙磷，需要添加植酸酶 572 U，即植酸酶的当量值为 572 U/kg 饲粮。

**表 5-2 由微生物植酸酶释放出的磷酸二氢钙磷当量**

| 饲粮类型 | | 饲粮矿物质 | | 植酸酶添加量（U/kg） | 表观消化率 | | 植酸酶磷当量（U/g 磷） | | 资料来源 |
|---|---|---|---|---|---|---|---|---|---|
| | | 钙（g/kg） | 磷（g/kg） | | 基础饲粮（%） | 加植酸酶饲粮（%） | 可消化磷 | 磷酸二氢钙磷 | |
| 玉米-豆粕 | | 5.0 | 3.3 | 1 000 | 20 | 0.86 | 1 163 | 930 | Simons（1990） |
| | | 5.5 | 4.1 | 1 000 | 34 | 0.90 | 1 111 | 888 | |
| | | 6.2 | 4.3 | 250 | 34.9 | 0.34 | 735 | 588 | Eeckhout（1991） |
| | | 6.0 | 4.3 | 500 | 27.5 | 1.13 | 442 | 354 | Pallauf（1992） |
| | | | 4.4 | 1 000 | 27.5 | 1.62 | 617 | 494 | |
| 大豆-豆粕-葵粕 | | 5.0 | 4.0 | 1 000 | 44.6 | 1.11 | 901 | 721 | Lantxsch（1992） |
| 玉米-豆粕-葵粕-木薯粉 | 育成期 | 5.9 | 3.4 | 150 | 31 | 0.68 | 221 | 176 | Borggreve（1991） |
| | | | | 300 | 31 | 0.62 | 484 | 382 | |
| | 育肥期 | 5.0 | 3.1 | 150 | 28 | 0.37 | 405 | 324 | |
| | | | | 300 | 28 | 0.62 | 484 | 387 | |
| 玉米-豆粕-大麦-木薯粉 | | 5.4 | 3.1 | 220 | 28.5 | 0.57 | 386 | 309 | Beers（1992） |
| | | 5.8 | 3.1 | 440 | 28.5 | 0.73 | 603 | 482 | |
| | | 6.5 | 3.1 | 720 | 28.5 | 0.87 | 828 | 662 | |
| | | 6.3 | 3.1 | 920 | 28.5 | 1.03 | 893 | 714 | |
| | | 7.6 | 3.1 | 960 | 28.5 | 0.94 | 1 021 | 817 | |
| 玉米-豆粕-木薯粉 | | 5.4 | 3.8 | 280 | 30.4 | 0.30 | 933 | 746 | |
| | | 6.1 | 3.8 | 480 | 30.4 | 0.62 | 774 | 619 | |
| | | 6.8 | 3.8 | 660 | 30.4 | 0.87 | 759 | 607 | |
| | | 6.4 | 3.8 | 880 | 30.4 | 1.00 | 880 | 704 | |
| | | 8.0 | 3.8 | 930 | 30.4 | 1.02 | 912 | 729 | |
| 玉米-豆粕-花生粕-木薯粉 | | 6.0 | 4.7 | 500 | 26.5 | 0.83 | 602 | 482 | Kemme（1993） |
| | | 6.0 | 3.7 | 602 | 29.9 | 0.82 | 715 | 572 | |

表 5-3 猪全价配合饲料的磷营养水平及磷酸氢钙添加量

| 项目 | 小猪 | | 中猪 | | 大猪 | |
|---|---|---|---|---|---|---|
| | TP | NPP | TP | NPP | TP | NPP |
| 我国饲养标准（%） | 0.53 | 0.25 | 0.48 | 0.20 | 0.43 | 0.17 |
| NRC（%） | 0.55 | 0.28 | 0.48 | 0.21 | 0.43 | 0.21 |
| 我国行业惯用水平（%） | — | 0.35 | — | 0.35 | — | 0.30 |
| 我国 DCP 的惯用添加量（kg/t） | 12～13 | | 9～13 | | 6～10 | |

注：TP 即总磷，NPP 即非植酸磷。

表 5-4 生产调查结果与理论推算值之间植酸磷取代磷酸盐比例的比较

| 项目 | 小猪 | 中猪 | 大猪 |
|---|---|---|---|
| 生产调查值（A） | 44 | 50 | 55 |
| 理论推算值（B） | 100 | 100 | 100 |
| C（A－B） | －56 | －50 | －45 |

由表 5-4 可知，猪饲料中植酸酶取代磷酸盐的比例在生产调查值与理论推算值之间存在较大差异（45%～56%）。造成这一差距的主要原因是，生产实际中给定的饲料非植酸磷水平太高，高出《中国猪饲养标准》（2004）的 30%～50%。结果预示，体重在 20 kg以上的生长育肥猪，不仅磷酸盐可被 10%植酸酶取代，而且植酸酶的添加量应适当降低。

### （二）植酸酶在肉鸡饲料中的适宜添加量

肉鸡各个生长阶段的磷营养需要及饲料中的磷营养水平（植酸酶、非植酸酶含量）、植酸酶磷当量决定了植酸酶的添加量。表 5-5 总结了国内外肉鸡全价配合饲料中的磷营养水平（%）及磷酸氢钙的添加量（kg/t）。表 5-6 详细列举了一些肉鸡全价配合饲料中植酸酶的磷当量值，数据显示，磷酸氢钙被植酸酶取代的比例是有限的，大约是 1/2。

表 5-5 肉鸡全价配合饲料中的磷营养水平及磷酸氢钙的添加量

| 项目 | 小鸡 | | 中鸡 | | 大鸡 | |
|---|---|---|---|---|---|---|
| | TP | NPP | TP | NPP | TP | NPP |
| 中国饲养标准（%） | 0.68 | 0.50 | 0.65 | 0.40 | 0.60 | 0.35 |
| NRC 营养需要（%） | — | 0.45 | — | 0.35 | — | 0.30 |
| 国内行业惯用水平（%） | — | 0.45 | — | 0.40 | — | 0.35 |
| 国内 DCP 的惯用添加量（kg/t） | 13～16 | | 11～13 | | 10～11 | |

注：TP 即总磷，NPP 即非植酸磷。

表 5-6 肉鸡全价配合饲料中添加植酸酶后磷酸氢钙（17%）被取代的比例（%）

| 项目 | 小鸡 | 中鸡 | 大鸡 |
|---|---|---|---|
| 植酸酶最大添加量（U/kg） | | 1 100 | |
| 植酸酶的磷当量值（U/g，非植酸磷） | | | |
| 商家（国内资料） | | 500 | |

（续）

| 项目 | 小鸡 | 中鸡 | 大鸡 |
| --- | --- | --- | --- |
| 平均（国外资料） | | 900 | |
| 范围（国外资料） | | 570～1 220 | |
| 基础饲料非植酸磷的最大释放量（%），因植酸酶的磷当量值不同而异 | | | |
| 商家（国内资料） | | 0.22 | |
| 平均（国外资料） | | 0.12 | |
| 范围（国外资料） | | 0.09～0.19 | |
| 非植酸磷最低释放量（%） | | 0.1 | |
| 相当 DCP 的释放量（kg/t） | | 6 | |
| 全价配合饲料中的非植酸磷（%） | 0.50 | 0.40 | 0.35 |
| 全价配合饲料 DCP 添加量（kg/t） | 18.2 | 12.4 | 9.4 |
| 全价配合饲料中磷酸氢钙被替代的比例（%） | 33 | 48 | 64 |

关于肉鸡饲料中植酸酶的磷当量值，国内外学者进行了大量试验。以肉鸡体增重、血清磷等指标衡量玉米-糠麸-豆粕饲料中磷的利用率时发现，添加 400 U 的植酸酶可代替 2 g磷酸氢钙的用量。Kornegay 等（1996）以肉仔鸡为实验动物进行了专门系统的研究。试验一：在 2 种试验饲料（非植酸磷含量分别为 0.20%和 0.27%）中添加植酸酶（250 U/kg、500 U/kg、750 U/kg、1 000 U/kg），以体增重（g）和趾骨灰分含量（%）为测试指标来探索植酸酶的磷当量值。结果表明，释放 1 g 非植酸磷平均需要的植酸酶的磷当量值为 939 U。这一数据由下列非线性方程获得：$y=1.849-1.799e^{-0.008x}$（$r^2=0.99$）。式中，$y$ 是磷的释放量（g/kg），$x$ 是饲料植酸酶活性（U/kg）。试验二：以类似的测试方法测得半合成饲料和玉米-豆粕型饲料中植酸酶磷当量值分别为 1 146 U/kg 和 785 U/kg。

Schoner 等（1991）分别以胴体磷和整个鸡体的粗灰分为指标测得植酸酶的磷当量值分别为 700 U/g 和 762 U/g；Schoner 等（1993）分别以体增重和磷沉积量为指标测得的当量值分别为 570 U/g 和 1 050 U/g；Yi 等（1996a，1996b）用豆粕型饲料进行了两次试验，结果差异很大（分别为 785 U/g 和 1 146 U/g）；Denbow 等（1995）以非植酸磷含量不同的 2 种饲料（非植酸磷分别为 0.20%和 0.27%）测得的当量值分别为 614 U/g 和 1 182 U/g。上述 8 个测量值的平均值为 851 U/g（范围为 570～1 182 U/g）非植酸磷。因给定的试验饲料中含磷水平的差别及所用植酸酶添加效应指标不同，所以研究者所测得的植酸酶磷当量值差异很大，有待进一步研究。

### （三）植酸酶在蛋鸡饲料中的适宜添加量

在蛋鸡饲料中添加植酸酶，可提高饲料植酸磷的利用率，降低含磷矿物质的添加量。了解蛋鸡各个阶段对非植酸磷（可消化磷）的需要量及蛋鸡饲料植酸酶磷当量值，即可确定植酸酶的适宜添加量。表 5-7 总结了国内外蛋鸡全价配合饲料中的磷营养水平（%）及磷酸氢钙添加量（kg/t）。以产蛋率达 85%～90%的褐壳蛋鸡为例，表 5-8 汇总了其非植酸磷的需要量。表 5-9 为蛋鸡饲料中植酸酶取代磷酸氢钙的调查结果。

**表 5-7　蛋鸡全价配合饲料中的磷营养水平及磷酸氢钙添加量**

| 项目 | 蛋鸡 | |
|---|---|---|
| | TP | NPP |
| 中国饲养标准（%） | 0.60 | 0.32 |
| NRC 营养需要（%） | — | 0.25 |
| 国内行业惯用水平（%） | — | 0.35 |
| 国内 DCP 的惯用添加量（kg/t） | 11～14 | |

注：TP 即总磷，NPP 即非植酸磷。

**表 5-8　产蛋率为 85%～90%的褐壳蛋鸡非植酸磷的需要量**

| 饲料 NPP [mg/（只・d）] | | 25～42 周龄 [110 g，mg/（只・d）] | | 42～58 周龄 [138 g，mg/（只・d）] | |
|---|---|---|---|---|---|
| | | 饲料 NPP（%） | 饲料中添加 DCP（16.5%）（kg/t） | 饲料 NPP（%） | 饲料中添加 DCP（16.5%）（kg/t） |
| 165（60） | 过低 | 0.15 | 0.8 | 0.12 | 0 |
| 231（85） | 适宜 | 0.21 | 3.6 | 0.17 | 3.0 |
| 275（100） | | 0.25 | 7.9 | 0.20 | 4.8 |
| 308（110） | | 0.28 | 9.7 | 0.22 | 6.1 |
| 374（135） | | 0.34 | 13.3 | 0.27 | 9.1 |
| 440（160） | 过高 | 0.40 | 17.0 | 0.32 | 12.0 |

注：该饲料为玉米-豆粕型，其表观代谢能（apparent metabolizable energy，AME）为 2.7 Mcal/kg，括号内数值表示饲料中 NPP 的含量与 NRC 推荐量的比值。

**表 5-9　蛋鸡饲料中植酸酶取代磷酸氢钙的调查结果**

| 饲料（未添加植酸酶的全价配合饲料） | 编号 | | | | | | | | | 平均值 |
|---|---|---|---|---|---|---|---|---|---|---|
| | 1 | 2 | 3 | 4 | 5 | 6 | 7 | 8 | 9 | |
| 磷酸盐用量（kg/t） | 12 | 16 | 13 | 8 | 16 | 14 | 12 | 12 | 12 | 12.7 |
| 钙（%） | 3.5 | 3.4 | — | — | 3.4 | — | 4.0 | 3.5 | 3.5 | 3.55 |
| 总磷（%） | 0.7 | 0.6 | — | — | 0.6 | — | 0.6 | 0.6 | 0.6 | 0.6 |
| 非植酸磷（%） | 0.35 | 0.4 | — | — | 0.4 | — | 0.3 | 0.4 | 0.35 | 0.31 |
| 植酸酶取代磷酸盐的方法 | | | | | | | | | | |
| 商品植酸酶的活性单位（U/g） | 5 000 | 5 000 | 5 000 | 5 000 | 5 000 | 5 000 | 5 000 | 5 000 | 5 000 | 5 000 |
| 植酸酶添加量（g/t） | 100 | 60 | 70 | 150 | 60 | 100 | 100 | 80 | 120 | 93.3 |
| 植酸酶添加量（U/kg） | 500 | 300 | 350 | 750 | 300 | 500 | 500 | 400 | 600 | 466 |
| 替代磷酸盐的量（kg/t） | 5 | 8 | 5 | 6 | 8 | 7 | 12 | 122 | 6 | 7.6 |
| 替代非植酸磷的绝对量（g/kg） | 0.8 | 1.28 | 0.8 | 0.96 | 1.28 | 1.12 | 1.92 | 1.92 | 0.96 | 1.22 |
| 替代磷酸盐的比例（%） | 42 | 50 | 38 | 75 | 50 | 50 | 100 | 57 | 50 | 56.8 |

（续）

| 饲料（未添加植酸酶的全价配合饲料） | 编号 | | | | | | | | | 平均值 |
|---|---|---|---|---|---|---|---|---|---|---|
| | 1 | 2 | 3 | 4 | 5 | 6 | 7 | 8 | 9 | |
| 植酸酶的当量值（U/g，非植酸磷） | 625 | 234 | 438 | 781 | 234 | 446 | 260 | 208 | 625 | 427 |

由表 5-9 可知，①上述蛋鸡饲料非植酸磷水平近于《鸡饲养标准》（NY/T 33—2004），此时 DCP 的平均添加量为 12.7 kg/t，高于 NRC 中的 24%，如果蛋鸡采食量[g/（只·d）]>110 g，则饲料中的非植酸磷水平应进一步降低；②当植酸酶的添加量为 466 U/kg（常规添加量的 155%）时，DCP 被取代的比例为 56.8%（38%～100%）。

为了探究植酸酶在蛋鸡饲料中的适宜添加量，学者们进行了大量的试验研究。Simons（1992）以白来航母鸡为实验动物，对其分别饲喂基础饲料（玉米-豆粕型：代谢能 12.13 MJ/kg、钙 0.38%、总磷 0.39%、植酸磷 0.19%、非植酸磷 0.20%），以及添加植酸酶 200 U/kg 的低磷饲料（总磷 0.33%、非植酸磷 0.14%、植酸磷为 0.19%）发现，低磷饲料组可释放 0.6 g 非植酸磷，植酸酶的磷当量值为 333 U/g 非植酸磷。Bougon（1995）以伊沙褐蛋鸡为实验动物，经检测，对照组饲料（0～40 周龄、40～52 周龄、52～68 周龄 3 种基础饲料）中的非植酸磷含量分别为 0.28%、0.23%、0.18%，给试验组鸡补充植酸酶。结果表明，试验组和对照组在产蛋率、蛋重、日采食量、饲料转化率和蛋壳强度等指标上差异均不显著，2 组植酸磷水平均约为 0.29%，植酸酶的磷当量值为 250 U/g 非植酸磷。Gordon 等（1997）研究了玉米-豆粕型饲料（代谢能 11.80 MJ/kg）中添加植酸酶对 21 周龄海兰蛋鸡生产性能、胫骨和蛋壳品质的影响。结果发现，在总磷为 0.33%、非植酸磷为 0.1%的饲料中添加植酸酶 300 U/kg 时，各项指标均可达到总磷含量、非植酸磷含量分别为 0.53%和 0.30%时的水平，此时植酸酶的非植酸磷当量值是 150 U/g 非植酸磷。他在 1998 年发表的另一项报告中指出，58 周龄的海兰蛋鸡饲料代谢能为 12.0 MJ/kg、非植酸磷为 0.1%时，添加植酸酶 300 U/kg 后，上述各项指标均不低于非植酸磷为 0.3%的饲料。

由上述研究结果可见，由植酸释放 1 g 非植酸磷的植酸酶当量值分别为 333 U、250 U、150 U、150 U、150 U 时，其变化范围在 150～333 U，平均值为 206 U，亦即每千克蛋鸡饲料中添加植酸酶 206 U 可增加 0.1%的非植酸磷。上述当量值的巨大变化受多种因素影响：饲料的采食量、表观代谢能、总磷含量、植酸磷含量、非植酸磷含量、钙含量及钙变化、类型及鸡的品种与周龄等。

## 二、植酸酶在猪饲料中的应用

大量国内外研究证实，在猪饲料中添加植酸酶的应用效果极佳，这可能存在两方面的原因：一个方面是，植酸酶水解植酸盐释放出很大比例植酸结合态的磷，既降低了无机磷的添加量，又增加了饲料配方空间，同时可降低粪磷排泄量达 20%～50%，有助于降低养猪业对环境所造成的压力；另一个方面是，植酸酶具有潜在的营养价值，适量添加可以提高钙、磷、蛋白质和能量等利用率，促进猪生长，降低饲养成本。

在猪消化道内降解植酸的植酸酶可能有四种来源：动物肠道组织分泌的植酸酶、饲料原料中存在的内源性植酸酶、由肠道内微生物产生的植酸酶、由外源微生物产生的植酸酶。猪胃肠道的生理特点与家禽不同，猪胃内容物 pH 为 2.0～4.5，每克内容物的蛋白酶活性为 0.2～0.5 U，空肠内容物 pH 为 5.5～7.0，每克内容物的胰蛋白酶活性为 0.5～1.4 U（杨浦，2007）。此外，与家禽相比，猪消化道的排空时间较长，粪便存留 23～36 h 后才开始排出，92～117 h 为全部排出时间。

众多研究表明，植酸酶能提高猪饲料中磷的表观消化率。在妊娠、泌乳母猪饲料中添加植酸酶，钙、磷利用率会显著增加，血清中碱性磷酸酶的活性随磷利用率的增加而升高。以 11.3 kg 猪为实验动物研究小麦源植酸酶和微生物源植酸酶对钙、磷利用率的影响结果表明，在添加相同酶活植酸酶的情况下，小麦源植酸酶使钙、磷的表观消化率分别提高 7.4%和 4.9%，而微生物源植酸酶可使钙、磷的表观消化率提高 22.6%和 18.3%（Steiner 等，2006）。在玉米-豆粕型断奶仔猪饲料（代谢能 13.81 MJ/kg、总磷 0.32%、钙 0.44%）中添加植酸酶 750 U/kg，与未添加组相比，植酸酶添加组磷和钙的表观消化率分别由 45.4%、70.9%提高到 69.0%、83.6%。Beers（1992）以玉米、大麦、豆粕为基础饲料（代谢能 13.30 MJ/kg、总磷 0.42%、植酸磷为 0.23%）饲喂体重 10～25 kg 的小猪，与未加酶饲料相比，添加植酸酶 1 450 U/kg 时猪的磷表观消化率、日增重和饲料转化率分别提高了 56%、25%、9%。

Beers（1992）测得了 2 种不同类型饲料磷的表观消化率，饲料 A 由玉米、大麦、木薯、豆粕构成，含植酸磷 0.18%；饲料 B 除了饲料 A 所含饲料外，还含有向日葵和油菜粕等，含植酸磷 0.23%。在 2 种饲料中分别添加不同水平的植酸酶（0～2 000 U/kg），结果表明，磷的表观消化率随着植酸酶添加量的增加而明显提高，当植酸酶添加量达 1 000 U/kg时达到最高，但超过 1 000 U/kg 时对消化率的提高未见明显影响（图 5-1）。由图 5-1 可见，在植酸磷水平为 0.18%～0.23%的前提下，植酸酶对植酸磷的最佳释放效率为 600～700 U/kg，超过 900 U/kg 以后对植酸磷消化率的提高几乎无影响；在添加量为 600～700 U/kg（平均添加量为 650 U/kg）时，其磷的消化率在 50%以上，即 A、B 2 种饲料所释放出的可消化磷为 0.09%～0.125%（平均可消化磷为 0.1%），其释放量为 1.075 g/kg。

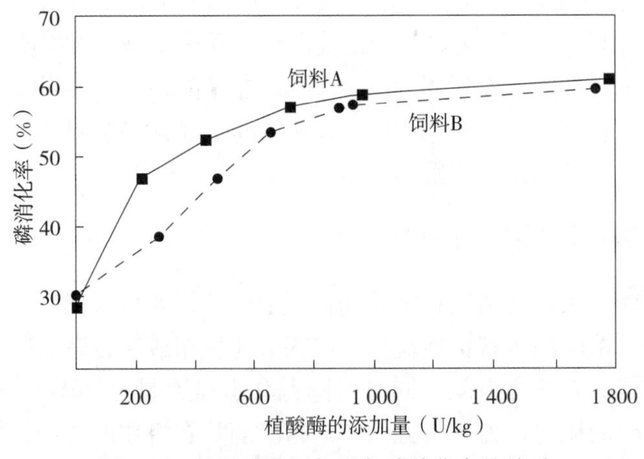


图 5-1　植酸酶的添加量与磷消化率的关系

## 三、植酸酶在鸡饲料中的应用

### （一）植酸酶在肉鸡饲料中的应用

肉鸡的消化功能较弱，食糜在消化道中停留的时间较短。植酸酶可以分解植酸及其盐类，在饲料中添加植酸酶可以减轻或消除饲料中植酸的抗营养作用，改善肉鸡的生长性能，在肉鸡生产中的应用效果较为显著。添加植酸酶对肉鸡生长性能的影响可以归为以下3个方面的原因：①释放被植酸束缚的磷酸根离子，提高磷的利用效率。但如果饲料中的磷超过了肉鸡的需要量，不仅对肉鸡的生长性能造成的影响大，而且对环境有不良作用。②植酸酶能将一些金属离子（如 $Mg^{2+}$、$Mn^{2+}$、$Zn^{2+}$、$Cu^{2+}$ 等）从植酸中释放出来，从而提高机体对它们的吸收利用率。③植酸能与淀粉和蛋白质结合，而植酸酶则可以释放这些被结合的成分，从而提高能量和蛋白质的利用率。植酸酶水解植酸后，有利于改善饲料的适口性，进而提高肉鸡的采食量，这也可能是植酸酶能够改善肉鸡生长性能的原因之一。

大量试验研究结果证实，饲料中添加植酸酶对肉鸡生长性能有不同程度的改善作用（颜惜玲等，2005；赵春等，2007；孟婕等，2007；李桂明等，2008）。低磷饲料中适量添加植酸酶可使肉仔鸡达到正常磷水平的生产性能。单安山等（2002）研究发现，在含0.39%、0.35%和0.30%有效磷的饲料中添加500 U/kg 植酸酶，可使肉仔鸡的生长性能分别达到与含0.40%、0.41%和0.38%有效磷时的水平。Driver 等（2005）研究表明，添加植酸酶对肉鸡生长性能和骨骼质量的改善作用在低非植酸磷、高钙水平饲料中明显，但随着饲料中钙水平的降低或非植酸磷水平的升高这种作用呈下降趋势。Cowieson 等（2006）研究发现，添加大肠杆菌源植酸酶能提高肉仔鸡对磷、钠、钾、镁、钙、铜、铁、锰等的利用率，并减少内源性矿物质元素的损失。

Broz（1993）研究了玉米-豆粕型肉仔鸡低磷饲料（代谢能12.72 MJ/kg、钙0.91%、总磷0.45%）添加不同水平植酸酶对肉仔鸡磷代谢指标的影响。结果表明，饲料植酸酶的添加量为500 U/kg 时，肉仔鸡各项生产指标、血浆无机磷、胫骨灰分重量表现最优（表5-10）。

**表5-10 饲料中添加植酸酶对8～22日龄肉仔鸡磷代谢指标的影响**

| 项目 | 饲料中添加的植酸酶（U/kg） | | | |
|---|---|---|---|---|
| | 0 | 125 | 250 | 500 |
| 平均增重（g） | 386.7$^{c}$ | 410.1$^{b}$ | 436.0$^{a}$ | 436.4$^{a}$ |
| 平均采食量（g） | 602.2$^{c}$ | 629.2$^{bc}$ | 656.6$^{ab}$ | 668.9$^{a}$ |
| 料重比 | 1.57$^{a}$ | 1.54$^{a}$ | 1.51$^{a}$ | 1.53$^{b}$ |
| 血浆无机磷（22日龄，mg/L） | 21.6$^{b}$ | 24.9$^{ab}$ | 25.9$^{ab}$ | 31.4$^{a}$ |
| 胫骨灰分重量（g） | 0.42$^{c}$ | 0.48$^{b}$ | 0.56$^{a}$ | 0.59$^{a}$ |

注：基础饲料表观代谢能12.72为MJ/kg，含钙0.91%；同行上标不同字母表示差异显著（$P<0.05$）。

Simons 等（1990）用玉米-高粱-豆粕型饲料（代谢能13.10 MJ/kg、总磷0.45%、植酸酶0.30%）研究了植酸酶对肉仔鸡生产性能、总磷表观存留率、磷排泄量的影响。结果发现，总磷含量为0.45%的饲料中添加植酸酶375～500 U/kg，肉仔鸡的生产水平及总磷表观存留率即可达到甚至超过总磷含量为 0.60%的饲料；植酸酶的添加量 250～375 U/kg 时，磷的排泄量只有总磷为 0.60%饲料的 55%～60%（表 5-11）。

**表 5-11 植酸酶对给饲喂低磷饲料肉仔鸡的影响**

| 试验分组 | 饲料 | | | 0～2 周龄 | | 总磷的表观存留率（%，21～24 d） | 磷的排泄量（g/kg DM） |
|---|---|---|---|---|---|---|---|
| | 钙（g/kg） | 总磷（g/kg） | 植酸酶（U/kg） | 增重（g/只） | 料重比 | | |
| 试验Ⅰ | | | | | | | |
| 1 | 6 | 4.5 | 0 | 166[a] | 1.69[a] | 49.8[a] | 2.7[a] |
| 2 | 7.5 | 6 | 0 | 247[bc] | 1.48[b] | 45.6[b] | 3.8[b] |
| 3 | 9 | 7.5 | 0 | 288[de] | 1.38[b] | 44.6[b] | 4.9[c] |
| 4 | 6 | 4.5 | 250 | 238[b] | 1.46[b] | 56.5[c] | 2.3[d] |
| 5 | 6 | 4.5 | 500 | 266[cd] | 1.40[b] | 59.6[cd] | 2.1[de] |
| 6 | 6 | 4.5 | 750 | 293[e] | 1.37[b] | 59.6[cd] | 2.1[de] |
| 7 | 6 | 4.5 | 1 000 | 291[e] | 1.38[b] | 62.5[de] | 2.0[e] |
| 8 | 6 | 4.5 | 1 000 | 298[e] | 1.34[b] | 64.5[e] | 1.9[e] |
| *P* 值 | | | | 0.01 | 0.01 | 0.001 | 0.001 |
| SED | | | | 9.7 | 0.064 | 1.46 | 0.089 |
| 试验Ⅱ | | | | | | | |
| 1 | 6 | 4.5 | 0 | 234[a] | 1.48[a] | 51.6[a] | 2.5[a] |
| 2 | 7.5 | 6 | 0 | 294[b] | 1.41[ab] | 46.2[b] | 3.8[b] |
| 3 | 9 | 7.5 | 0 | 315[bc] | 1.37[bc] | 41.4[c] | 5.0[c] |
| 4 | 6 | 4.5 | 375 | 338[bcd] | 1.32[bcd] | 60.0[d] | 2.1[d] |
| 5 | 6 | 4.5 | 750 | 346[cd] | 1.31[cd] | 61.7[d] | 2.0[d] |
| 6 | 6 | 4.5 | 1 500 | 365[d] | 1.29[cd] | 62.3[d] | 2.0[c] |
| 7 | 6 | 4.5 | 2 000 | 359[cd] | 1.25[d] | 62.6[d] | 2.0[d] |
| *P* 值 | | | | 0.01 | 0.05 | 0.001 | 0.001 |
| SED | | | | 19.5 | 0.040 | 1.89 | 0.130 |

注：同列上标不同小写字母表示差异显著（$P<0.05$）。

Denbow 等（1995）用肉仔鸡研究总磷及植酸酶添加水平对其趾骨灰分含量（%）的影响。结果表明，总磷水平为 0.52%，或总磷 0.45%＋植酸酶 400 U/kg，或总磷 0.38%＋植酸酶 1 200 U/kg 时，三者测得的趾骨灰分含量（%）是相等的（图 5-2）。

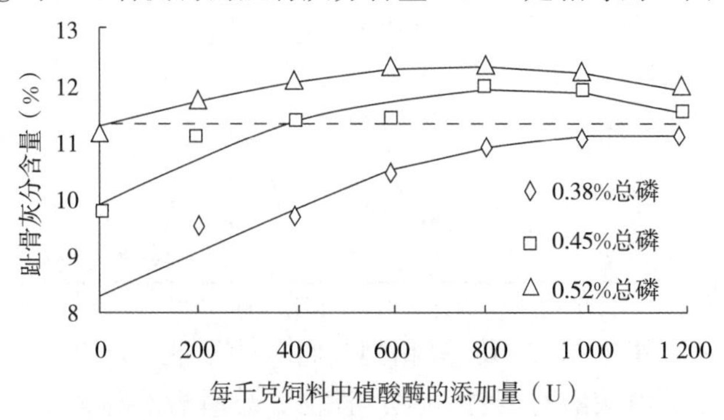


图 5-2 饲料总磷及植酸酶对肉仔鸡趾骨灰分含量的影响

Sebastian 等（1997）研究了低磷低钙玉米-豆粕型肉仔鸡饲料（含非植酸磷 0.31%）中添加植酸酶对饲料回肠末端前蛋白质和氨基酸表观消化率的影响。结果显示，植酸酶对饲料蛋白质和氨基酸表观消化率的影响微乎其微。Sebastian 等（1996）还研究了低磷饲料（含非植酸磷 0.31%）中添加植酸酶对新生肉仔鸡的影响，根据生产性能、矿物质的相对沉积率、血浆和胫骨的矿物质元素含量等指标综合判断，添加植酸酶能提高肉仔鸡的生产性能和磷的利用率，而对镁、锌、钙、铁、锰等利用率的提高不十分明显。

此外，在炎热的季节，向肉鸡饲料中添加植酸酶，不仅提高了磷的利用率，增强了肉鸡对高温环境的耐受力，显著提高了肉鸡在炎热季节下的生产性能，而且会比适宜气候条件下表现出更好的添加效果。

### （二）植酸酶在蛋鸡饲料中的应用

与肉鸡、猪相比，在蛋鸡饲料中添加植酸酶，其水解植酸磷的效率明显较高，对提高蛋鸡生产性能、胫骨参数及蛋壳品质等均有积极作用。研究表明，在不添加或添加少量无机磷的蛋鸡饲料中，添加微生物植酸酶能提高蛋鸡的生产性能和蛋壳质量，但在有效磷含量为 0.296%以上的饲料中添加植酸酶则没有显著的作用效果。

Van Der Klis（1996）通过研究发现，每千克饲料中添加 280 U 的植酸酶可释放约1 g 非植酸磷中的磷含量。而其于 1997 年用不同植酸酶含量的玉米-豆粕型饲料（表观代谢能 12.13 MJ/kg、钙 4%）饲喂白来航蛋鸡发现，总磷 0.37%＋植酸酶 148 U/kg 饲料组中蛋鸡各项指标均优于总磷 0.46%的未加酶饲料（表 5－12），此时植酸酶的磷当量值为 135 U/g非植酸磷。在他的另一项研究测得，在总磷为 0.32%、植酸磷为 0.24%的蛋鸡饲料中添加 0.1%的磷酸二氢钙磷或者添加植酸酶 250U/kg、500 U/kg，可使肌醇六磷酸盐磷的回肠末端前消化率由 8.1%上升至 11.5%、49.6%和 66.1%（表 5－13）。

**表 5－12　添加植酸酶对白来航蛋鸡生产性能、胫骨参数和蛋壳品质的影响**

| 组别 | 试验饲料 | | 生产性能 | | | | | 胫骨参数 | | 单位面积蛋壳重（mg） |
|---|---|---|---|---|---|---|---|---|---|---|
| | 总磷（g/kg） | 植酸酶（U/kg） | 20～68 周龄增重（g） | 产蛋率（%） | 蛋重（g） | 采食量（g） | 料蛋比（kg/kg） | 重量（g） | 灰分（%） | |
| 1 | 3.6 | 0 | 366[a] | 84 | 59.3 | 104 | 2.06 | 4.86[b] | 52.6 | 78.6 |
| 2 | 3.9 | 0 | 558[b] | 88 | 60.7 | 109 | 2.03 | 5.22[a] | 53.8 | 76.0 |
| 3 | 4.2 | 0 | 586[b] | 90 | 60.7 | 110 | 2.01 | 5.20[a] | 53.4 | 77.1 |
| 4 | 4.6 | 0 | 590[b] | 90 | 60.8 | 110 | 2.00 | 5.23[a] | 54.9 | 79.3 |
| 5 | 3.7 | 148 | 604[b] | 90 | 60.1 | 111 | 2.05 | 5.32[a] | 54.5 | 76.8 |
| 6 | 3.7 | 218 | 627[b] | 88 | 61.2 | 110 | 2.03 | 5.38[a] | 54.6 | 79.3 |
| 7 | 3.7 | 300 | 586[b] | 89 | 61.0 | 109 | 2.00 | 5.20[a] | 54.4 | 79.0 |
| 总体标准误 | | | 64 | 2.6 | 0.8 | 3.0 | 0.06 | 0.204 | 1.34 | 1.48 |
| 变异源 | | | 概率 | | | | | | | |
| 组间（总体） | | | <0.001 | 0.091 | NS | NS | NS | 0.070 | NS | NS |
| 1 和 2～4 组间 | | | <0.001 | 0.005 | 0.043 | 0.060 | NS | 0.010 | 0.087 | NS |
| 1 和 5～7 组间 | | | <0.001 | 0.008 | 0.004 | 0.002 | NS | 0.002 | 0.029 | NS |
| 1 和 2～7 组间 | | | <0.001 | 0.004 | 0.003 | 0.002 | NS | 0.003 | 0.038 | NS |

（续）

| 组别 | 试验饲料 | | 生产性能 | | | | | 胫骨参数 | | 单位面积 |
|---|---|---|---|---|---|---|---|---|---|---|
| | 总磷（g/kg） | 植酸酶（U/kg） | 20～68周龄增重（g） | 产蛋率（%） | 蛋重（g） | 采食量（g） | 料蛋比（kg/kg） | 重量（g） | 灰分（%） | 蛋壳重（mg） |
| 2～4 和 5～7 组间 | | | NS | NS | NS | NS | NS | NS | NS | NS |

资料来源：Van Der Klis 等（1997）。

注：NS 表示差异不显著。

**表 5-13　植酸酶对蛋鸡钙磷和肌醇六磷酸磷消化率的影响**

| 周龄 | 饲料中的添加量 | | 回肠末端消化率 | | | |
|---|---|---|---|---|---|---|
| | 磷酸二氢钙磷（g/kg） | 植酸酶（U/kg） | 钙（%） | 磷（%） | 磷（%） | 肌醇六磷酸磷（%） |
| 24 | 0 | 0 | 72 | 26.2 | 0.85 | 8.1[c] |
| | 1 | 0 | 74 | 40.6 | 1.72 | 11.5[c] |
| | 0 | 250 | 72.6 | 47.7 | 1.55 | 49.6[b] |
| | 0 | 500 | 70.6 | 54.5 | 1.77 | 66.1[a] |
| 26 | 0 | 0 | 69.2 | 12.5 | 0.41 | — |
| | 1 | 0 | 70.6 | 30 | 1.27 | — |
| | 0 | 250 | 66.2 | 36.8 | 1.19 | — |
| | 0 | 500 | 70.2 | 52.4 | 1.7 | — |
| 总体标准误 | | | 4.25 | 4.28 | | |
| 差异源 | | | | 概率 | | |
| 周龄 | | | 0.037 | <0.001 | | |
| 添加物 | | | NS | <0.001 | | <0.001 |
| 周龄×添加物 | | | NS | 0.075 | | |

资料来源：Van Der Klis 等（1997）。

为了探究饲料磷及植酸酶添加水平对 26～48 周龄海兰褐蛋鸡生产性能和蛋壳品质的影响（表 5-14），Barbara（1996）进行了代谢试验，其用代谢能（10.88 MJ/kg）和植酸磷含量（0.25%）一致、总磷和非植酸磷含量及植酸酶添加量不等的饲料对蛋鸡进行饲喂的研究发现，代谢能为 10.88 MJ/kg、总磷为 0.55%、非植酸磷为 0.30%即可满足蛋鸡对磷的需要量；当饲料总磷为 0.50%、非植酸磷为 0.25%时，添加 150 U/kg 的植酸酶可使蛋鸡的生产水平和蛋壳质量高于总磷 0.55%、非植酸磷 0.3%的饲料组（$P<0.05$）。由此可知，每千克饲料中添加 150 U 植酸酶可减少 0.05%的非植酸磷，即植酸酶的磷当量值为 300 U。但当植酸酶的添加量达到 450 U 时，蛋鸡的生产性能指标并未得到进一步改善。

**表 5-14　磷水平和植酸酶添加量对蛋鸡生产性能及蛋壳品质的影响**

| 饲料中总磷（%，非植酸磷） | 植酸酶添加量（U/kg 饲料） | | | |
|---|---|---|---|---|
| | 0 | 150 | 300 | 450 |
| | 产蛋率（%） | | | |
| 0.50（0.25） | 85.5[c] | 90.8[ab] | 93.3[a] | 91.7[ab] |

（续）

| 饲料中总磷（%，非植酸磷） | 植酸酶添加量（U/kg 饲料） | | | |
|---|---|---|---|---|
| | 0 | 150 | 300 | 450 |
| 0.55（0.30） | 89.4ab | 90.8ab | 87.9bc | 92.0ab |
| 0.60（0.35） | 91.2ab | 92.6ab | 91.2ab | 90.1abc |
| 蛋重（g/枚） | | | | |
| 0.50（0.25） | 61.6 | 59.8 | 59.7 | 61.5 |
| 0.55（0.30） | 61.4 | 60.4 | 60.2 | 60.6 |
| 0.60（0.35） | 59.4 | 59.5 | 60.0 | 59.1 |
| 蛋壳破裂强度（kg） | | | | |
| 0.50（0.25） | 3.69 | 3.93 | 4.01 | 3.81 |
| 0.55（0.30） | 4.04 | 4.06 | 4.09 | 4.10 |
| 0.60（0.35） | 3.75 | 4.19 | 4.02 | 4.10 |
| 蛋壳厚度（$\mu$m） | | | | |
| 0.50（0.25） | 347 | 374 | 369 | 366 |
| 0.55（0.30） | 366 | 381 | 369 | 386 |
| 0.60（0.35） | 368 | 384 | 378 | 373 |
| 蛋壳密度（mg/cm$^3$） | | | | |
| 0.50（0.25） | 77.3B | 82.5A | 82.0A | 81.2AB |
| 0.55（0.30） | 82.0A | 84.4A | 80.8AB | 84.9A |
| 0.60（0.35） | 81.6AB | 84.9A | 83.0A | 81.6AB |
| 蛋壳比重 | | | | |
| 0.50（0.25） | 1.085 | 1.091 | 1.089 | 1.038 |
| 0.55（0.30） | 1.090 | 1.092 | 1.089 | 1.092 |
| 0.60（0.35） | 1.039 | 1.092 | 1.091 | 1.090 |
| 蛋壳比例（%） | | | | |
| 0.50（0.25） | 9.15 | 9.83 | 9.71 | 9.65 |
| 0.55（0.30） | 9.76 | 10.05 | 9.67 | 10.10 |
| 0.60（0.35） | 9.71 | 10.13 | 9.95 | 9.81 |

资料来源：Barbara 等（1996）。

注：同行上标不同小写字母表示差异显著（$P\leqslant0.05$），不同大写字母表示差异极显著（$P\leqslant0.01$）。

饲料中植酸磷含量不同，添加植酸酶对蛋鸡生产性能的影响也不同。在含植酸磷0.15%饲料中添加植酸酶，蛋鸡增重、产蛋率、耗料量及饲料转化率均显著高于不添加植酸酶组；在含植酸磷0.20%饲料中添加植酸酶可显著提高产蛋期的产蛋率和耗料量，并有提高增重的趋势；在含植酸磷0.25%饲料中添加植酸酶可显著提高蛋鸡的增重，并有提高产蛋率和耗料量的趋势，但差异不显著（朱连勤，2003）。

为了探究低水平磷及与植酸酶配伍后对蛋鸡产蛋率和蛋重的影响，姚松林（2013）对所选46周龄褐壳蛋鸡进行了为期14周的试验（表5-15）。试验有6个处理，其中对照组A组饲料中含0.20%有效磷（AP）和0.009%植酸酶《鸡饲养标准》（NY/T 33—2004）

规定，蛋鸡产蛋期有效磷需要量为0.32%，若按0.1%植酸酶可替代饲料0.1%有效磷的研究结果计算，磷的供给量相当于0.3%，稍低于营养标准，基本满足蛋鸡对磷的需要。B、C、D、E、F试验组饲料均为不同程度低于营养需要的低磷饲料，AP含量分别为0.16%、0.12%、0.20%、0.16%和0.12%，其中B、C组分别添加0.009%植酸酶。

**表5-15 饲料低水平磷与植酸酶配伍后对蛋鸡产蛋率和蛋重的影响**

| 指标 | 组别 | 试验时间（周） | | | | | | | |
|---|---|---|---|---|---|---|---|---|---|
| | | 0～2 | 3～4 | 5～6 | 7～8 | 9～10 | 11～12 | 13～14 | 0～14 |
| 产蛋率（%） | A | 91.52 | 90.28 | 90.58 | 89.58 | 90.28[a] | 90.38 | 89.29[a] | 90.27 |
| | B | 92.16 | 90.77 | 90.88 | 88.64 | 88.64[ab] | 89.04 | 87.75[abc] | 89.70 |
| | C | 91.32 | 90.43 | 88.99 | 86.17 | 87.06[ab] | 88.15 | 88.45[ac] | 88.65 |
| | D | 92.01 | 90.13 | 87.70 | 87.21 | 86.61[ab] | 87.20 | 85.97[abc] | 88.12 |
| | E | 91.27 | 91.57 | 88.30 | 87.70 | 88.15[ab] | 86.61 | 86.41[abc] | 88.57 |
| | F | 91.62 | 90.43 | 88.40 | 85.26 | 84.22[b] | 83.49 | 82.15[b] | 86.51 |
| 蛋重（g） | A | 64.21 | 64.79 | 65.26 | 65.76 | 66.00 | 66.31 | 65.68[b] | 65.43 |
| | B | 64.13 | 64.68 | 64.90 | 65.55 | 65.65 | 65.90 | 65.50[b] | 65.19 |
| | C | 64.13 | 64.74 | 65.10 | 65.83 | 65.99 | 66.00 | 65.71[b] | 65.35 |
| | D | 64.54 | 64.78 | 65.26 | 65.67 | 65.86 | 65.96 | 65.73[b] | 65.40 |
| | E | 64.46 | 64.89 | 65.52 | 66.19 | 65.23 | 66.17 | 66.01[b] | 65.64 |
| | F | 64.47 | 64.73 | 65.12 | 65.24 | 65.88 | 65.76 | 65.11[a] | 65.19 |

注：同列上标相同小写字母表示差异不显著（$P>0.05$），不同小写字母表示差异显著（$P<0.05$）。

饲料磷的缺乏对蛋鸡产蛋和生理有不同程度的影响，这与饲料低磷水平、低磷与植酸酶的配合及饲喂低磷饲料的时间有关。B、C、D、E、F各组蛋鸡的产蛋率平均值均不同程度地低于对照组，但F组更低。表明AP低于标准需要量0.04%时产蛋率就会降低，低于标准需要量0.08%时产蛋率会更低；并且在相同AP水平时，添加0.009%植酸酶时蛋鸡的产蛋率较不添加植酸酶组有明显提高。蛋重主要取决于饲料蛋白质和蛋基酸等营养水平，长期缺少钙、磷时蛋重也会受到影响。试验13～14周，F组平均蛋重比A、C、D、E组分别降低0.87%、0.91%、0.94%和1.36%，差异均显著（$P<0.05$）。由此可知，饲喂有效磷为0.12%且不添加植酸酶的低磷饲料至9～10周时，蛋鸡产蛋率较正常磷水平开始显著下降，至13～14周时蛋重显著降低。

## 第二节 磷酸盐在猪鸡饲料中的应用

国内常用的饲料磷酸盐主要来源于动物和矿石，动物性磷酸盐主要是肉骨粉、蒸骨粉和脱胶骨粉，来自矿石加工的磷酸盐包括磷酸二氢钙［磷酸一钙，$Ca(H_2PO_4)_2$］、磷酸氢钙［磷酸二钙，$CaHPO_4$］及磷酸钙［磷酸三钙，$Ca_3(PO_4)_2$］，不同磷酸盐中磷的含量亦不相同。由于生物学效价及出于饲料安全方面的考虑，磷酸三钙和骨粉已逐渐被磷酸氢钙代替。本节总结了几个试验研究，以探讨几种常见磷酸盐在猪、鸡配合饲料中的应用情况。

## 一、磷酸盐在猪饲料中的应用

### （一）磷酸二氢钙和磷酸氢钙在仔猪饲料中的应用

用60头（28±1）日龄健康的杜×长×大三元杂交断奶仔猪，对磷酸二氢钙、磷酸氢钙Ⅰ型和磷酸氢钙Ⅲ型3种含磷矿物质饲料的性能进行比较，旨在评价相同磷水平下不同磷源的饲喂效果。基础饲料营养水平参考NRC（1998）5～10 kg和10～20 kg仔猪营养需要配制，通过调整统糠及碳酸钙的添加量达到不同处理组相同的钙、磷水平。不同磷酸盐对断奶仔猪生产性能的影响结果见表5-16。此表表明，以磷酸二氢钙作为磷源时，断奶仔猪平均日增重最大，料重比最低；其次是磷酸氢钙Ⅲ型，磷酸氢钙Ⅰ型表现出来的生产性能最差。表5-17数据显示了以磷酸二氢钾为参照磷源，体增重、饲料磷表观消化率和血清碱性磷酸酶为考核指标时，3种磷酸盐的生物学利用率（rate of biological value，RBV）值。由此表可以看出，在配制断奶仔猪饲料时可以采用以下当量式：1 kg磷酸氢钙Ⅰ型＝0.71 kg磷酸氢钙Ⅲ型；1 kg磷酸氢钙Ⅰ型＝0.63 kg磷酸二氢钙；1 kg磷酸氢钙Ⅲ型＝0.89 kg磷酸二氢钙。

**表5-16　不同磷酸盐对杜×长×大三元杂交断奶仔猪生产性能的影响**

| 效应指标 | 磷酸二氢钙 | 磷酸氢钙Ⅰ型 | 磷酸氢钙Ⅲ型 |
|---|---|---|---|
| 参试猪数量（头） | 20 | 20 | 20 |
| 断奶日龄（d） | 28 | 28 | 28 |
| 断奶时平均个体重（kg） | 8.37±0.39 | 8.55±0.45 | 8.50±0.46 |
| 试验结束时日龄（d） | 56 | 56 | 56 |
| 试验期（d） | 28 | 28 | 28 |
| 末重（kg/头） | 21.74 | 21.25 | 21.44 |
| 增重（kg/头） | 13.37 | 12.13 | 12.94 |
| 平均日增重（g） | 477.46 | 433.41 | 462.05 |
| 平均耗料（kg/头） | 19.22 | 17.95 | 18.86 |
| 平均日采食量（g） | 686.37 | 654.45 | 673.50 |
| 料重比 | 1.44 | 1.51 | 1.46 |

**表5-17　不同磷酸盐在断奶仔猪中的生物学效价**

| 磷酸盐（P,%） | 测定RBV的指标 | | | 均值 | 经校正磷（%） | 替代当量（kg） |
|---|---|---|---|---|---|---|
| | 体增重［g/（头·d）］ | 饲料磷表观消化率（%） | 血清碱性磷酸酶（IU/L） | | | |
| 磷酸二氢钾 | 100 | 100 | 100 | 100 | | |
| 磷酸二氢钙 | 92 | 94 | 93 | 93 | 26.84 | 0.63 |
| 磷酸氢钙Ⅲ型 | 87 | 90 | 85 | 87 | 23.94 | 0.71 |
| 磷酸氢钙Ⅰ型 | 80 | 77 | 71 | 76 | 17.00 | 1 |

### （二）磷酸氢钙和磷酸三钙在生长猪饲料中的应用

磷酸氢钙（含磷18%）和磷酸三钙（含磷14.8%）对体重为20～60 kg生长猪的生

长性能，血液中的钙、磷浓度，每千克增重成本影响的结果见表 5-18。以磷酸氢钙、磷酸三钙为磷源时，对猪生产性能有显著的影响。磷酸氢钙组生长猪的日增重显著高于磷酸三钙组，料重比低于磷酸三钙组，且每千克增重成本较低。这可能是因为磷酸氢钙的生物效价高于磷酸三钙。因此，20～60 kg 体重阶段的生长猪饲料中用磷酸氢钙作磷源的效果要优于磷酸三钙。

**表 5-18 磷酸氢钙与磷酸三钙对生长猪生产性能的影响**

| 试验次数 | 处理 | 始重 (kg) | 末重 (kg) | 增重 (kg) | 日增重 (g) | 日平均采食量 (kg) | 料重比 | 每千克增重成本 (元) | 试验期 (d) |
|---|---|---|---|---|---|---|---|---|---|
| 第一次 | 磷酸氢钙 | 31.44 | 52.61 | 52.61 | 814 | 2.24 | 2.76 | 2.46 | 26 |
| | 磷酸三钙 | 38.39 | 49.94 | 49.94 | 749 | 2.23 | 2.99 | 2.61 | |
| 第二次 | 磷酸氢钙 | 21.50 | 59.65 | 59.65 | 763 | 2.25 | 2.95 | 2.63 | 50 |
| | 磷酸三钙 | 22.80 | 59.40 | 59.40 | 732 | 2.30 | 3.14 | 2.78 | |

### （三）磷酸氢钙和脱胶骨粉在生长猪饲料中的应用

选取同期出生、60 日龄断奶后刚转群的杜长杂交仔猪 28 头，按窝别、性别、体重等配对分为 2 组，每组 14 头（6 公、8 母），探讨饲料中添加磷酸氢钙和脱胶骨粉对生长猪生产性能的影响。试验按猪的生长阶段分为前期（15～35 kg，66～96 d）和后期（35～60 kg，96～126 d）。根据不同阶段猪的营养需要，分别用磷酸氢钙和骨粉提供等量的无机磷，同时考虑钙的平衡和基础饲料部分配比的一致，采用石粉作为调节。结果表明，磷酸氢钙组和骨粉组试验猪的全期日增重几乎相同；但前期磷酸氢钙组略高，后期骨粉组略高，差异均不显著。

### （四）磷酸氢钙对育肥猪生长性能及氮代谢的影响

为研究磷酸氢钙对育肥猪生长性能和氮代谢的影响，将 24 头体重为 60 kg 左右的育肥猪随机分为 2 组，每组 3 个重复，每个重复用 4 头猪进行试验。对照组饲料中不添加磷酸氢钙，总磷含量为 0.39%，有效磷含量为 0.09%；试验组饲料中添加 0.85%的磷酸氢钙，总磷含量为 0.54%，有效磷含量为 0.23%。试验为期 44 d。结果表明，饲料中添加磷酸氢钙提高了育肥猪的采食量，平均日增重也有较大提高，同时提高了饲料报酬。

### （五）5 种磷酸盐在生长猪中的生物学效价评定

为了评定磷酸氢钙（DCP）、磷酸二氢钙（MCP 含量 50%，MCP50）、磷酸二氢钙（MCP 含量 70%，MCP70）、磷酸二氢钙（MCP 含量 100%，MCP100）和磷酸二氢钠（MSP）在生长猪中的生物学效价，试验选取体重约为 16.8 kg 的生长猪 44 头，采用单栏饲养，随机饲喂 11 种饲料（10 种试验饲料和 1 种基础饲料），每种饲料设 4 个重复。基础饲料中的磷含量为 0.10%，10 种试验饲料分别用 5 种磷酸盐形式补充 0.07%和 0.14%的有效磷。试验猪自由采食，试验期 28 d。试验结束后，取猪前肢的第 3、4 掌骨测定骨承压力、灰分含量及钙和磷含量。随着 DCP、MCP50、NCP70、MCP100、MSP 在日粮中添加量的增加，生长猪掌骨灰分含量提高；随着 DCP、MCP50、MCP70、MCP100 在日粮中添加量的增加，掌骨中磷含量提高。以掌骨承压力为评价指标，MSP 为参考磷源，采用斜率比法测得 DCP、MCP50、MCP70 和 MCP100 中磷的 RBV 值分别为 57%、83%、80%和 109%。其中，DCP 的斜率与 MCP100 和 MSP 的斜率差异显著，与 MCP50 和 MCP70

的斜率差异不显著。由此表明，DCP生物学效价低于MCP，几种MCP间没有差异。

## 二、磷酸盐在鸡饲料中的应用

### （一）磷酸一二钙和磷酸氢钙在肉仔鸡饲料中的应用

为研究磷酸一二钙和磷酸氢钙及其添加水平对肉仔鸡生产性能的影响，试验采用2×7两因子的完全随机设计，磷的添加水平为0、0.05%、0.1%、0.15%、0.2%、0.25%、0.30%［NRC（1994）推荐水平］，对照组为零磷添加水平组（非植酸磷水平为0.13%）。试验将1 560只1日龄AA肉公鸡分成13个处理组，每个组12个重复，每个重复10只鸡，试验期21 d。结果见表5-19和5-20。在肉仔鸡饲料的实际生产中，当以特定磷酸一二钙（P，21%）代替特定磷酸氢钙（P，16.5%）时，可参照以下当量式：1 kg磷酸氢钙=0.71 kg磷酸一二钙，两者的磷占比为16.50：23.42。

**表5-19　不同磷源对肉仔鸡相对生物学的利用率**

| 效应指标 | 磷酸一二钙 | 磷酸氢钙 |
| --- | --- | --- |
| 21日龄体重（g） | 113.2 | 100 |
| 1～21日龄体增重（g） | 113.8 | 100 |
| 21日龄胫骨钙含量（%） | 110.4 | 100 |
| 21日龄胫骨磷含量（%） | 109.7 | 100 |
| 21日龄胫骨强度（N） | 110.5 | 100 |
| 均值 | 111.5 | 100 |

**表5-20　不同磷源对肉仔鸡的相对生物学效价**

| 磷酸盐（P,%） | 测定RBV的指标 | | | | | | 经校正磷（%） |
| --- | --- | --- | --- | --- | --- | --- | --- |
| | 体重（g） | 体增重（g） | 胫骨钙（%） | 胫骨磷（%） | 胫骨强度（g） | 均值 | |
| 磷酸氢钙（16.5） | 100 | 100 | 100 | 100 | 100 | 100 | 16.50 |
| 磷酸一二钙（21） | 113.2 | 113.8 | 110.4 | 109.7 | 110.5 | 111.5 | 23.42 |

### （二）磷酸二氢钙、骨粉、脱氟磷酸钙在肉仔鸡和蛋仔鸡饲料中的应用

以玉米-豆粕型饲料（表观代谢能12.21 MJ/kg、粗蛋白质20%、总钙1.0%、非植酸磷0.21%）为基础，采用斜率比法，以饲料磷酸氢钙为参照物，测定了饲料磷酸二氢钙、饲料级骨粉和自制脱氟磷酸钙的相对生物学利用率。试验选取新生AA品种肉仔鸡（公母各半）和伊萨褐蛋用仔公鸡各192只，随机等分为12个处理组，每个处理组设4个重复，随机给饲由4种参试物分别配制的非植酸磷水平为0.21%、0.31%、0.41%的12种试验饲料。试验饲料中除总磷和非植酸磷水平外，其他各项指标均与基础饲料保持一致。

试验结果表明，含磷矿物质饲料种类影响其相对生物学利用率，4种参试物中磷的相对生物学利用率以饲料磷酸二氢钙最高，其次是饲料磷酸氢钙、骨粉，脱氟磷酸钙的最低，分别为饲料磷酸氢钙的101.9%～139.0%、100%、75.7%～106.7%和69.9%～89.1%。试验鸡类型（肉仔鸡或蛋用仔公鸡）不影响含磷矿物质饲料的RBV值。衡量指

标不同导致含磷矿物质饲料 RBV 值不一样，其中体增重最高，胫骨灰分含量最低，趾骨灰分含量居中。

### （三）磷酸二氢钾、磷酸二氢钙、磷酸氢钙和磷酸一二钙在蛋鸡饲料中的应用

以基础饲料的非植酸磷（non-phytate P，NPP）为基础，添加 4 种磷酸盐，即磷酸二氢钾（$KH_2PO_4$，MPP）、磷酸二氢钙［$Ca(H_2PO_4)_2$，MCP］、磷酸氢钙（$CaHPO_4$，DCP）、磷酸一二钙［$CaHPO_4+Ca(H_2PO_4)_2$，MDCP］，采用 3 种不同的添加水平，分别构成非植酸磷含量不同（0.20%、0.26%、0.32%）的 3 种饲料。通过测定不同磷源的相对生物学效价，评价 4 种磷源在蛋鸡饲料中应用的优劣。

结果表明，在不同磷添加水平下，颗粒状 MDCP 组的平均蛋重显著大于 MPP 组，且各无机磷之间的 RBV 值差异最大。因此，以平均蛋重作为指标评定蛋鸡磷源生物学效价具有较好的代表性。以平均日产蛋量作为产蛋率和平均蛋重的综合值，以其为指标，4 种磷酸盐磷的 RBV 值差异介于产蛋率和平均蛋重二者之间。说明根据不同指标来评定相对生物学效价其值不同。若以这 3 种指标或综合指标来评价 4 种无机磷源的 RBV 值，则均以 MDCP 最高，DCP 次之，MCP 和 MPP 较低。因磷酸盐生物学效价的高低受评定指标的影响，衡量指标不同，RBV 值不同，所以比较饲料不同无机磷源 RBV 值之间必须选用相同的评定指标。分别以产蛋率、平均蛋重及平均日产蛋量为指标的各磷酸盐生物学效价的平均值作为评定其生物学效价的综合指标，测得各磷酸盐 RBV 值，由大到小为 MDCP＞DCP＞MCP＞MPP。表明以磷酸一二钙作为蛋鸡饲料的无机磷源利用效率最佳，磷酸氢钙也是蛋鸡饲料较好的磷源。

为了探讨不同磷源对高产蛋鸡生产性能和蛋壳质量的影响，在高产罗曼粉壳蛋鸡饲料中分别添加 MDCP 和 DCP。试验将处于产蛋高峰期的 1 170 只罗曼粉壳蛋鸡分成 13 个处理组，每个处理组 6 个重复，每个重复有 15 只鸡。采用2×7两因子完全随机区组试验设计，MDCP 和 DCP 的 7 个添加水平是 0、0.05%、0.10%、0.15%、0.20%、0.25%、0.30%，两个处理的对照组均为零磷添加水平组，试验期 24 周。分别以蛋鸡的生产性能、所产鸡蛋蛋壳强度、胫骨强度、灰分及钙、磷含量，血清钙磷和碱性磷酸酶水平为评定指标。

结果表明，磷源与磷水平在蛋鸡生产性能和蛋壳质量上未表现出显著的互作效应。从全期来看，零添加组蛋鸡平均日产蛋率、平均日产蛋量、平均日采食量和平均蛋重显著低于磷酸盐添加组，料蛋比、破蛋率和畸形蛋率显著高于磷酸盐添加组。磷源和磷水平对蛋壳厚度均无显著影响。0.05%～0.30% NPP 组蛋鸡的平均日产蛋率、料蛋比（除 1～4 周外）、死亡率、破蛋率、软壳蛋率和畸形蛋率无显著差异；0.10%～0.30% NPP 组蛋鸡的平均日产蛋量无显著差异；平均蛋重和平均日采食量随 NPP 水平的提高呈先升高后降低的趋势。结果提示，MDCP 可以替代 DCP 作为蛋鸡饲料的磷源；蛋鸡（25～49 周龄）玉米-豆粕型饲料中适宜的 NPP 量为 0.22%，适宜的 MDCP 添加量为 0.48%。

综上所述，不同动物在不同饲养阶段应该选用不同化学形态、颗粒形态的磷酸盐。从生产性能和生物学效价的角度来评判，肉仔鸡和生长育肥猪饲料中添加 MCP 要优于其他磷酸盐，蛋鸡饲料磷源建议使用颗粒状 MDCP 或者颗粒状 DCP，早期断奶仔猪中建议使用 MCP。在生产实践中，还应该根据校正磷价格来决定使用哪种磷酸盐。

# 第六章
# 含磷矿物质饲料制作及质量控制 ▸▸▸

## 第一节 含磷矿物质饲料制作

磷矿是指在经济上能被利用的磷酸盐类矿物质的总称，是一种重要的化工矿物质原料。不仅可以制取磷肥，而且也可以用来制造黄磷、磷酸、磷化物及其他磷酸盐类，广泛用于医药、食品、染料、制糖、陶瓷、国防等领域。饲料磷酸盐被用来生产含磷矿物质饲料，以补充畜禽体内的磷含量。

### 一、磷矿资源

#### （一）磷矿的分布及储量

磷矿作为正磷酸组分的钙盐，在地壳中是最普通的存在形式。在地壳中磷的平均含量为 1 180 mg/kg，占地壳成分的 0.09%，是排在第 11 位的常量元素。磷矿资源在地域上分布集中且不均衡，只有为数不多的国家拥有经济意义较大的磷矿资源。根据美国地质调查局统计，2012 年全球磷矿储量为 670 亿 t，主要分布在非洲、北美洲、亚洲、中东、南美洲等 60 多个国家和地区。其中，摩洛哥拥有 500 亿 t，占全球的 74.6%，摩洛哥、中国、阿尔及利亚、叙利亚、约旦、南非、美国和俄罗斯等的磷储量占全球磷总储量的 97.5%、总产量的 86%。我国磷矿石基础储量为 37 亿 t，居全球第二，资源储量为 170 亿 t。但我国磷矿质量较差，平均品位 $P_2O_5$ 含量在 17%左右，矿石品位 $P_2O_5$ 大于 30%的富矿只有 16.57 亿 t，富矿约占磷矿总量的 9.4%。因此，我国大部分的磷矿必须经过选矿富集后才能满足湿法磷酸生产的需要。

据 1996 年统计，我国磷矿广泛分布于 26 个省（自治区），主要包含以下几个区域：云南滇池地区，贵州开阳地区，四川金河—清平地区、马边地区，湖北宜昌地区、湖集地区、保康地区。从总体上看，我国磷矿资源分布极不平衡，储量南多北少、西多东少，大型磷矿及富矿高度集中在西南地区。西南地区不仅矿多量大，而且质量最佳，共有磷矿产地 121 处，保守储量 66.77 亿 t，占全国总储量的 44%。其中，$P_2O_5$ 含量大于 30%的富矿储量为 9.7 亿 t，占全国富矿总储量的 86%。其次为中南地区，共有磷矿产地 159 处，保有储量 51.49 亿 t，占全国总储量的 33%，$P_2O_5$ 含量大于 30%的富矿储量仅为 1.3 亿 t。

按磷矿储量丰度排列，湖北省居首位，有磷矿产地 102 处，保有储量 33.55 亿 t，占全国总储量的 22%，$P_2O_5$ 含量大于 30%的富矿仅 1.3 亿 t。第二位为云南省，有磷矿产地 35 处，保有储量 31.95 亿 t，占全国总储量的 21%。云南省的磷矿不仅量大且质量较优，而且 $P_2O_5$ 含量大于 30%的富矿为 3.7 亿 t，占全国富矿总储量的 33%。第三位为贵州省，保有储量 26.22 亿 t，占全国总储量的 17%，$P_2O_5$ 含量大于 30%的富矿保有储量为 4.9 亿 t，占全国富矿保有储量的 43%。第四位为湖南省，保有储量 17.3 亿 t，占全国总储量的 11%，但矿石质量不佳。四川省居第五位，保有储量 8.6 亿 t，占全国总储量的 5.6%，其中富矿 1 亿 t。除上述 5 个省以外，余下 22%的储量分散在山东、陕西、河北、青海、山西等 21 个省（自治区）。

### （二）磷矿的种类及特点

大量含磷矿物质饲料的生产，需要较多的磷矿原料。自然界中已知的含磷矿物质有 120 多种，分布广泛，但达到开采利用标准的含磷矿物质则不过几种。工业上用于磷提取的主要含磷矿物质是磷灰石，包含了自然界中约 95%的磷元素，其次为硫磷铝锶石、鸟粪石和蓝铁石等。

按磷的工业品位将岩石中 $P_2O_5$ 含量<8%的称为含磷岩；8%～18%的称为磷质岩；>18%的称为磷块岩。根据磷块岩的成因，将岩浆成因或变质成因的结晶磷质岩称为磷灰石，将沉积成因的磷质岩称为磷块岩。

**1. 磷灰石** 磷灰石是指磷以晶质磷灰石形式出现在岩浆岩和变质岩中的磷矿石，是地层中熔融的岩浆由地壳深处喷出时凝结而成的岩石矿物质的一种，常以副矿物质见于各种火成岩中，在碱性岩中可以形成有工业价值的矿床。

磷灰石化学通式为［$(X_5ZO_4)_3$（F，Cl，OH）］，式中 X 代表 Ca、Sr、Ba、Pb、Na、Ce、Y 等，Z 主要为 P，还可为 As、V、Si 等。自然界中最常见的、能够组成矿床磷灰石的有以下 5 种：氟磷灰石、氯磷灰石、碳磷灰石、羟基磷灰石、碳氟磷灰石，其他磷矿石还有磷锶铝［$SrAl_3(PO_4)_2(OH)_5 \cdot H_2O$］、蓝铁矿［$Fe_3(PO_4)_2 \cdot 8H_2O$］等。自然界存在最多的磷是氟磷灰石，其化学式为 $Ca_5(PO_4)_3F$。纯的氟磷灰石含 CaO（55.5%）、$P_2O_5$（42.3%）、F（3.8%），天然的纯氟磷灰石很罕见。磷灰石在结晶学分类上属六角系，其晶体常呈六方柱状，集合体呈粒状、致密块状、土状和结核状等，坚固而致密，难溶于水。

具有工业利用价值的天然磷灰石，常是由磷灰石和许多其他矿物质构成的致密混合物。这些矿物质多为氟磷灰石、霞石［$(Na、K)_2O \cdot Al_2O_3 \cdot 2SiO_2$］$\cdot nSiO_2$，以及一些伴生矿物杂质，如钝钠辉石［$NaFe(SiO_3)_2$］、硝石（$CaTiSiO_5$）、钛磁铁矿（$mFeSiO_3 \cdot nFe_3O_4 \cdot qTiO_2$）等。

**2. 磷块岩** 磷块岩是指由外生作用形成、由隐晶质或显微隐晶质磷灰石及其他脉石矿物质组成的堆积体，是一种以碳氟磷灰石为主要矿物质组分的沉积磷矿。其中的磷酸盐物质主要由极分散的氟磷灰石组成，呈纤维状或鳞片状的结核。磷块岩中含有各种杂质，其数量和特性因产地不同而各不一样，一般为小卵石、方解石、白云石、石英、海绿石、铝硅酸盐和黏土粒等矿物质。根据矿层的形状，可将磷块岩分为层状磷块岩和结核状磷块岩两种。

（1）层状磷块岩 是一种厚度不同的致密块状物，分布于微受磷酸盐化而多数是碳酸盐和含硅的沉积岩中，其特点是质量好，便于化学加工和生产含磷矿物质饲料。当磷块岩中的铁、铝（常称之倍半氧化物）和镁含量较多时，加工变得复杂和困难，且制得的矿物质饲料质量低，生产成本高。

（2）结核状磷块岩　是一些单个的矿石，由大小不等的磷结核组成，直径有几毫米到几厘米长，表面常有许多压凹面。在一些较大的结核表面常有铁和锰的氧化物存在，有些大的结核还包裹着2个或2个以上的小结核。因此，结核状磷块岩中的有用组分不多，质量低。

根据组成结核的非磷酸盐矿物质性质的不同，结核状磷块岩主要分为3种：黏土、海绿石和砂质磷块岩。黏土磷块岩是含磷最丰富的一种，含有24%～30%的 $P_2O_5$ 和含量达10%～15%的 $SiO_2$。海绿石磷块岩中含有大量的海绿石矿物质，因而其倍半氧化物含量最高，为5%～15%。砂质磷块岩为富含碎屑石英的包裹体，$SiO_2$ 的含量高达30%～50%；倍半氧化物的含量最低，为1%～5%。

（3）其他类型磷块岩　海洋沉积的磷块岩中，有机生物磷块岩是典型有机矿的沉积层。这种磷矿的磷酸盐由酸盐化的介壳石灰岩或磷酸盐化的动物遗骸所构成，而这种动物遗骸一般都嵌镶在沉积的矿层中，用破碎和浮选的方法可以比较容易地分离。

其他磷块岩根据形状分类，主要包括叠层石磷块岩、粒状磷块岩、球粒状及棱角状磷块岩、砾状磷块岩等。

### （三）磷矿的开采和富集

根据矿床的储存状态，磷矿的开采与其他矿产的开采一样，多数采用地下开采法，部分大型磷矿用露天开采法，也有上部为露天开采、下部为地下开采的磷矿山。当覆盖层薄时，用露天开采；当覆盖层厚时，用地下开采。

露天开采的优点是：劳动条件好、安全；可用大型机械，生产稳定；产量高，矿石贫化损失小；基建及生产管理简单，开采成本低。露天开采一般工艺流程如下：岩石地表剥离、分阶段采矿、矿石装车、矿山内部运输、矿石破碎、矿石进仓或堆场。但地下开采却复杂、困难得多，开采方法和运输方法也多种多样。地下开采方法主要有房柱采矿法、无底柱分段崩落法、浅孔留矿法等。

从开采难度看，我国磷矿石整体呈现难选矿多、易选矿少的特点。我国磷矿中，大部分为中低品位矿石，且以胶磷矿为主，占全国总储量的80%左右，这类矿石颗粒细微、嵌布紧密；另外，磷矿中约90%是高镁磷矿，其矿石中有用矿物质的粒度细小，和脉石结合紧密，不易解离，一般需要磨细到200目且占90%以上才能单体解离，属当今世界上难选的磷矿石。

从目前的经济与技术角度考虑，难以直接进行磷化工的加工生产利用，尤其是用于加工含磷矿物质饲料，产品质量很难过关，且生产成本高。在我国约80%的磷矿石必须经过选矿富集才可能被经济、合理地利用。磷矿选矿目的在于提高矿石中的 $P_2O_5$ 含量，降低有害杂质含量。其任务就是使磷矿物质富集，使有害杂质（主要是 $MgO$、$Al_2O_3$、$Fe_2O_3$ 等）得以排出，从而获得相应品级的商品磷矿，更经济地加工磷化工产品和含磷矿物质饲料。

磷矿的选矿方法较多，浮选、重选、磁电选、光电选、化学处理等方法均有应用，其中浮选是磷矿选矿的主要方法。

### （四）我国磷矿资源的特点

磷矿是我国优势矿产之一。但在地理分布上很不平衡，存在着“四多四少”现象，即贫矿多、富矿少，难选矿多、易选矿少，适宜地下开采的多、露天开采的少，倾斜-缓倾斜薄中厚的矿床多、急倾斜厚大的矿床少。

**1. 资源丰富，但分布过于集中** 磷矿是我国的优势矿产之一，蕴藏量相当丰富。随着地质工作的深入开展，储量还会有新的增长。但我国磷矿资源分布极不平衡，保有储量的78%集中分布于西南部的云南、贵州、四川及中南部的湖北和湖南。除去四川产磷大部分能自给外，全国大部分地区所需磷矿均依赖云南、贵州、湖北三省供应，从而造成了“南磷北运、西磷东调”的局面，给交通运输、磷肥企业的原料供给、生产成本带来较大的影响。

**2. 贫矿多，富矿少** 我国磷矿贫矿多，富矿少。磷矿保有储量中$P_2O_5$含量大于30%的富矿仅为16.57亿t，占探明总储量的9.4%。矿石$P_2O_5$平均品位仅为16.85%，品位低于18%的储量约一半，且品位大于30%的富矿几乎全部集中于云南、贵州、湖北和四川。

**3. 难选矿多，易选矿少** 全国保有储量中磷块岩储量占85%，且大部分为中低品位矿石，除少数富矿可直接作为生产高效磷肥的原料以外，大部分矿石需经选矿才能为工业部门所利用。这类矿石中有害杂质的含量一般较高，矿石颗粒细，嵌布紧密，选别比较困难。

**4. 较难开采的矿床多，适宜于大规模高强度开采的矿床少** 我国磷矿床大部分成矿时代久远，岩化作用强，矿石胶结致密，且75%以上的矿层呈倾斜至缓倾斜产出，为薄至中厚层。这种产出特征无论是给露天开采还是地下开采都带来一系列的技术难题，往往造成损失率高、贫化率高和资源回收率低等问题。

## 二、含磷矿物质饲料的生产工艺

### （一）生产发展史

**1. 国外生产发展史** 第二次世界大战之前，含磷矿物质饲料的磷源主要来自含磷的有机质，如鱼粉、蒸煮过的骨粉、肉粉、骨渣等。此时，没有专业化的工厂制造无机矿物质饲料添加剂，也没有上述磷源的足够供应，肉骨粉均是来自肉类加工业的副产物，配合饲料质量不够优质。由于传统有机磷源的短缺及战后北半球国家对动物食品需求量的迅速增长，人们开始开发新的辅助饲料来源，同时科学研究的发展对动物营养组分、饲料的生物效价和动物机体的新陈代谢也有了更深的了解，使得配合饲料生产者可以制备大量的优质饲料产品来满足日益增长的市场需要。在20世纪50年代初，由于解决了磷酸和磷矿制造含磷矿物质饲料的商业方法，故含磷矿物质饲料的生产得以问世。由于含磷矿物质有良好的饲用效果，20世纪70年代初期，含磷矿物质饲料在西方国家迅速发展起来。此时，使用热法磷酸生产的代价昂贵，能源紧张，人们着眼于开发湿法磷酸除杂，以代替价格不菲的热法磷酸生产及节能降耗的工艺，获得低成本的含磷矿物质饲料，使生产方法不断发展和完善。至80年代需求与供应已达到供需平衡和供需增长平衡，生产方法改进不多，专利文献的申请量逐年减少。

**2. 国内生产发展史** 国内饲料磷酸盐的发展比国外起步晚，从20世纪中叶开始使用无机磷酸盐作为动物性饲料中磷、钙的补充料，但当时发展较慢，且主要为饲料磷酸氢钙。60年代前后，青岛化工厂用盐酸分解骨粉制得饲料磷酸钙，并有小规模生产。1964年浙江化工研究所和广西化工研究所分别建成年产500 t和100 t盐酸法肥料及饲料磷酸氢钙中试车间。1966 年以后，四川鸿鹤化工厂、广西南宁化工厂、山东张店化工厂等相继建成生产车间。后来由于历史原因，生产和研究几乎没有发展。至 1985 年后，随着改革的深入及饲料工业的发展，当时主要为动物补充钙、磷的骨粉已经不能满足配合饲料增长的要求，含磷矿物质饲料的研究与生产开始活跃起来，饲料磷酸盐产品供不应求。1991—1996 年，饲料磷酸盐生产企业相续建成投产（有 60 余家），到 1996 年磷酸氢钙生产能力达 53 万 t。在随后的 3 年，又有 70 余家磷酸盐生产企业相继建成投产。到 1999 年年底，全国磷酸氢钙生产企业达 145 家，国内生产能力达到 173 万 t，远远超过了当时市场的实际需求，造成很多企业开工率低。尽管如此，局部地区企业仍在继续筹建和扩产。经过十余年激烈的市场竞争，部分磷酸盐生产企业重新整合、淘汰；加之受资源分布的影响，饲料磷酸盐生产企业逐渐向规模化、区域化方向发展，到目前全国饲料磷酸盐生产企业有 70 余家，年生产总能力达 360 万 t。产品品种也由原来单一的磷酸氢钙品种发展到目前的一钙、二钙、三钙三大系列，并开发出了钾、钠、钙、铵等精细饲料磷酸盐产品，充分满足了饲料工业对钙、磷的需求，进一步推动了饲料工业走向成熟。

### （二）主要生产工艺

依从磷矿中分离磷的方法将含磷矿物质饲料的生产主要分为热法磷酸法和湿法磷酸法两类，另外还有直接用磷矿进行脱氟生产的脱氟磷酸钙法。

#### 1. 热法磷酸法

（1）生产原理　以磷矿、焦炭、液氨、碳酸钙（白垩）为原料进行还原、燃烧、中和反应而制成含量为 85%磷酸，其反应原理为：

第一步：生产黄磷

$$4Ca_5F(PO_4)_3+21SiO_2+30C\rightarrow 3P_4+30CO+SiF_4+20CaSiO_3 \quad (7-1)$$

第二步：生产热法磷酸

$$P_4+5O_2\rightarrow 2P_2O_5 \quad (7-2)$$

第三步：生产含磷矿物质饲料

$$P_2O_5+3H_2O\rightarrow 2H_3PO_4 \quad (7-3)$$

$$2H_3PO_4+CaCO_3+H_2O\rightarrow Ca(H_2PO_4)_2\cdot 2H_2O+CO_2 \quad (7-4)$$

$$H_3PO_4+CaCO_3\rightarrow CaHPO_4\cdot H_2O+CO_2 \quad (7-5)$$

$$H_3PO_4+NH_3\rightarrow NH_4H_2PO_4 \quad (7-6)$$

$$H_3PO_4+2NH_3\rightarrow (NH_4)_2HPO_4 \quad (7-7)$$

（2）生产工艺流程

如图 6-1 所示，在高温下，首先用碳还原磷矿石生成磷蒸汽，然后冷凝得到黄磷；将黄磷再经燃烧或氧化后用水吸收得到热法磷酸；得到的热法磷酸再与碳酸钙（俗称“石灰石”）按不同比例反应即得到磷酸一钙或磷酸二钙，若用液氨代替石灰石反应可得到磷酸一铵或磷酸二铵。

相对于湿法生产工艺，该工艺生产以黄磷为原料加工磷酸盐的工艺路线短，技术简单，工艺装置投资少，磷酸盐产品中杂质含量低，质量稳定；但黄磷是高耗能原料（14 000～15 000 kW・h/t），磷酸盐产品能耗（以电耗计为 3 000～4 500 kW・h/t）和成本高，生产 1 t 含磷矿物质饲料大约需要消耗 10.08GJ 电能。受能源紧张及生产成本的影响，对于热法磷酸生产中热能的回收利用，20 世纪 50 年代以前美国进行过试验，但未取

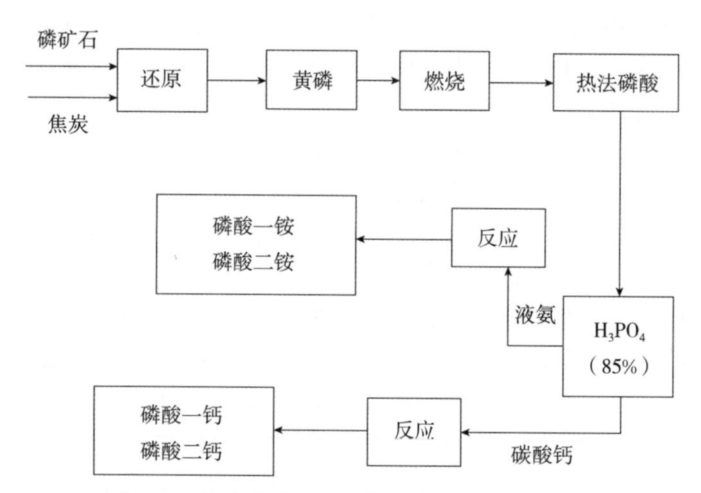


图 6-1　热法磷酸生产含磷矿物质饲料工艺流程

得很大进展，更未实现工业化生产，之后逐渐被湿法生产工艺取代。

传统的热法磷酸法生产工艺落后、污染大、排放量多、能耗高，目前国外已实现的反应热回收利用的热法磷酸法生产工艺，使用的是经特别处理的干燥空气，但附加设备投资大、材质要求高、能耗高，并且每年还需更换被腐蚀的零部件。因此，利用普通自然空气燃烧黄磷的回收反应热副产工业蒸汽新技术，一直是世界性技术难题。

我国云南省化工研究院首先开展热法磷酸热能回收利用课题，并与清华大学工程力学系合作，对热法磷酸的热能回收利用进行了研究，发明了一整套高效利用反应热副产工业蒸汽的热法磷酸新技术。该技术是世界唯一一套不需使用干燥空气即可回收反应热的热法磷酸新工艺。他们采用两步法，即磷的燃烧和 $P_2O_5$ 的水化分别在两个塔内进行。与传统工艺相比，新工艺是通过工艺与设备的创新，实现利用普通自然空气在生产热法磷酸的同时回收副产工业蒸汽的热能，减少了单位产品的水耗、电耗和投资，提高了产能。同时，课题组还发明了利用自身反应形成固体结膜物的高温防腐技术，实现了防腐技术的重大突破。此外，课题组还开发了一台实现高效利用反应热副产工业蒸汽的热法磷酸生产关键设备——特种燃磷塔。它具有化工反应与热工锅炉两种功能，是将化工反应塔结构要素与工业锅炉结构要素结合起来的一种独特的创新设计，也是热能回收装置，相当于一台余热锅炉。其中，热能回收装置采用膜式换热器结构，以提高热能的回收效率并满足磷燃烧所需要的空间。据测算，采用该技术的 33 套热法磷酸装置年可节约标准煤 34 万 t、冷却循环水 767 万 t、电 1 408 万 kW·h，年减排二氧化碳 85 万 t、煤渣 18.3 万 t、二氧化硫 1.6 万 t。与传统工艺相比，该技术实际热能回收率高达 65.2%，不仅突破了使用普通自然空气理论回收率 63%的极限，还使新建装置减少投资 20%，使传统装置改造后产能提高 30%。

**2. 湿法磷酸法**　湿法磷酸法是用酸性较强的无机酸或酸式盐分解磷矿粉，分离出粗磷酸，再进行脱氟、除杂并用碳酸钙（白垩）、液氨中和反应制得含磷矿物质饲料的方法。湿法磷酸法工艺按其所用无机酸的不同可分为硫酸法、盐酸法、硝酸法或氟硅酸及硫酸氢铵法等。常用生产方法为硫酸法和盐酸法，硝酸法、硫酸氢铵和氟硅酸法主要用于研究工作。

因为湿法磷酸浓度低，且含有 $Ca^{2+}$、$Fe^{3+}$、$Al^{3+}$、$Mg^{2+}$、$F^-$、$SiF_6^{2-}$、$SO_4^{2-}$ 等多种杂质，腐蚀性强，故需除杂质净化。用湿法磷酸生产饲料、工业磷酸盐的传统工艺是：先将生产磷酸盐用的原料碱或盐与湿法磷酸中和，除去酸中的杂质生产得稀净化盐，然后将净化稀溶液中和至工艺规定的中和度。也可先用有机溶剂除去湿法磷酸中的杂质，生产得到净化湿法磷酸稀溶液，此法国内目前应用少。化学法除去湿法磷酸中的杂质，可克服设备腐蚀、大幅度降低工程投资。

湿法磷酸比热法磷酸的生产成本低 20%～30%，经适当方法净化后，产品纯度可与热法磷酸相媲美。目前，湿法磷酸工艺处于磷酸生产的主导地位。

矿石分解反应式表示如下：

$$Ca_5F(PO_4)_3+5H_2SO_4+nH_2O=3H_3PO_4+5CaSO_4\cdot nH_2O+HF \quad (7-8)$$

$$Ca_5F(PO_4)_3+10HCl=3H_3PO_4+5CaCl_2+HF \quad (7-9)$$

$$Ca_5F(PO_4)_3+10HNO_3=3H_3PO_4+5Ca(NO_3)_2+HF \quad (7-10)$$

这些反应的共同特点是都能够制得磷酸，但是磷矿中的钙生成什么形式的钙盐不尽相同，各有其特点。反应终止后，如何将钙盐分离出去，并能经济地生产出磷酸则是问题的关键。

（1）硫酸法　先用硫酸分解磷矿得到的磷酸与磷石膏（主要成分是硫酸钙）、磷酸经过脱除随矿石带来的氟及有毒有害杂质，再与碳酸钙或石灰乳中和反应，得到饲料磷酸钙盐，若用液氨中和则得到饲料磷酸铵盐。硫酸法的特点是矿石分解后的产物磷酸为液相，副产物硫酸钙是溶解度很小的固相，两者分离是简单的液固分离，具有其他工艺方法无可比拟的优越性。因此，硫酸法生产磷酸工艺在湿法磷酸生产中处于主导地位，但是其产生的大量磷石膏废渣无法得到有效利用，导致的“三废”问题严重。

1）湿法磷酸的生产　通常所称的“湿法磷酸”实际上是指“硫酸法湿法磷酸”，在大量磷酸溶液介质中，用硫酸分解磷矿得到磷酸，其反应为：

$$Ca_5F(PO_4)_3+5H_2SO_4+nH_3PO_4+5nH_2O\rightarrow(n+3)H_3PO_4+5CaSO_4\cdot nH_2O+HF \quad (7-11)$$

式中，$n$ 可以等于 0、1/2、2。

实际上分解过程分两步进行：第一步是磷矿同磷酸（返回系统的磷酸）作用，生产出磷酸一钙：

$$Ca_5F(PO_4)_3+7H_3PO_4\rightarrow5Ca(H_2PO_4)_2+HF \quad (7-12)$$

第二步是磷酸一钙和硫酸反应，将磷酸一钙全部转化为磷酸，并析出硫酸钙沉淀：

$$5Ca(H_2PO_4)_2+5H_2SO_4+5nH_2O\rightarrow10H_3PO_4+5CaSO_4\cdot nH_2O \quad (7-13)$$

生成的硫酸钙根据磷酸溶液中酸浓度和温度不同，可以有二水硫酸钙（$CaSO_4\cdot2H_2O$）、半水硫酸钙（$CaSO_4\cdot1/2H_2O$）和无水硫酸钙（$CaSO_4$）。实际生产中，析出稳定磷石膏的过程是在制取含量为 30%～32%$P_2O_5$的磷酸和温度为 65～80℃条件下进行的。在较高浓度的溶液（>35%$P_2O_5$）和温度提高到 90～95℃时则析出半水化合物，所析出的半水化合物在不同程度上能水化成石膏。降低析出沉淀的温度和磷酸的浓度，以及提高溶液中 CaO 或 $SO_3$含量都有助于获得迅速水合的半水化合物。有大量石膏存在时也能加速半水化合物的转变。在温度为 100～150℃和酸浓度大于 45%时析出的则是无水化合物。

磷矿中除了磷灰石外，还含有许多杂质。因此，硫酸分解磷矿时，在反应槽中会同时发生许多副反应，主要的副反应有以下几种：

酸盐：碳酸盐在磷矿中是以白云石形式的碳酸钙和碳酸镁存在，酸解时需要消耗较多的硫酸，其反应如下：

$$CaCO_3+H_2SO_4+H_2O \rightarrow CaSO_4 \cdot 2H_2O+CO_2 \quad (7-14)$$

$$MgCO_3+H_2SO_4 \rightarrow MgSO_4+CO_2+H_2O \quad (7-15)$$

$CO_2$的逸出使得反应槽中将会产生较多的泡沫，对生产造成不利影响。钙作为硫酸钙沉淀进入磷石膏，而镁却全部进入磷酸溶液，造成分解料浆磷酸黏度及比重增加，对磷石膏结晶体的生产不利，从而使生产能力降低。

倍半氧化物：倍半氧化物是$Fe_2O_3$和$A1_2O_3$的合称，用$R_2O_3$表示，与磷酸反应为：

$$Fe_2O_3+2H_3PO_4 \rightarrow 2FePO_4+3H_2O \quad (7-16)$$

$$Al_2O_3+2H_3PO_4 \rightarrow 2A1PO_4+3H_2O \quad (7-17)$$

分解磷矿时，磷矿中的$R_2O_3$有50%～80%进入磷酸中，除导致反应料浆溶液相对浓度升高，不利于磷石膏晶体生长和加大过滤生产强度外，更重要的是影响后续的脱氟生产工艺及产品质量和生产成本。

氟：反应中生产的HF与$SiO_2$作用生成$H_2SiF_6$

$$6HF+SiO_2 \rightarrow H_2SiF_6+2H_2O \quad (7-18)$$

$H_2SiF_6$大部分留在磷酸溶液中，少部分被分解成气体逸出。

$$2H_2SiF_6+SiO_2 \rightarrow 3SiF_4+2H_2O \quad (7-19)$$

2）含磷矿物质饲料的生产　用制得的湿法磷酸生产含磷矿物质饲料，最核心的工艺技术在于脱除其中的氟化合物。按脱氟生产工艺划分主要有化学沉淀脱氟法和浓缩脱氟法，前者在国内市场及生产量上占主导地位，而后者在国外市场及生产量上占主导地位。

① 化学沉淀脱氟法　在湿法磷酸中加入与氟化物能生成难溶化合物沉淀的化学物质（沉淀剂），使其从磷酸中沉淀出来，得到脱氟磷酸或脱氟的磷酸盐溶液，其反应为：

$$H_2SiF_6+2KCl \rightarrow K_2SiF_6+2HCl \quad (7-20)$$

$$H_2SiF_6+Na_2SO_4 \rightarrow Na_2SiF_6+H_2SO_4 \quad (7-21)$$

$$H_2SiF_6+3Ca(OH)_2 \rightarrow 3CaF_2+SiO_2 \cdot 4H_2O \quad (7-22)$$

$$2HF+Ca(OH)_2 \rightarrow CaF_2+2H_2O \quad (7-23)$$

$$H_3AlF_6+3Ca(OH)_2+H_3PO_4 \rightarrow 3CaF_2+AlPO_4+6H_2O \quad (7-24)$$

$$H_3FeF_6+3Ca(OH)_2+H_3PO_4 \rightarrow 3CaF_2+FePO_4+6H_2O \quad (7-25)$$

当沉淀剂为$Ca(OH)_2$时，磷酸也参与反应，反应如下：

$$2H_3PO_4+Ca(OH)_2 \rightarrow Ca(H_2PO_4)_2 \cdot 2H_2O \quad (7-26)$$

$$H_3PO_4+Ca(OH)_2 \rightarrow CaHPO_4 \cdot 2H_2O \quad (7-27)$$

部分$P_2O_5$随同脱氟渣被分离掉，造成磷矿中符合饲料级的$P_2O_5$含量较少，这是化学沉淀脱氟与浓缩脱氟生产含磷矿物质饲料的根本差异。分离沉淀后得到的脱氟磷酸或脱氟的磷酸盐溶液再与石灰乳反应生成磷酸二钙。

$$Ca(H_2PO_4)_2+Ca(OH)_2 \rightarrow 2CaHPO_4 \cdot 2H_2O \quad (7-28)$$

若与液氨按不同中和度反应，则可得到饲料磷酸一铵或磷酸二铵。化学沉淀法脱氟法是湿法稀磷酸脱氟或除去各种有害重金属普遍采用的方法之一。该法工艺流程简单，操作控制要求不高，投资小，生产成本低。但是净化深度不够，同时又引入了其他离子，给深度净化带来新的麻烦。

② 浓缩脱氟法 在湿法磷酸中加入活性硅，经蒸发浓缩，使生成的四氟化硅气体随水蒸气一同逸出，其化学反应如下：

$$2H_2SiF_6+SiO_2 \rightarrow 3SiF_4+2H_2O \quad (7-29)$$

脱氟之后的磷酸再与石灰石粉按不同比例反应得到磷酸一钙或磷酸二钙，其反应为：

$$2H_3PO_4+CaCO_3 \rightarrow Ca(H_2PO_4)_2 \cdot H_2O+CO_2 \quad (7-30)$$

$$H_3PO_4+CaCO_3+H_2O \rightarrow CaHPO_4 \cdot 2H_2O+CO_2 \quad (7-31)$$

或脱氟之后的磷酸与液氨按不同的中和度反应，得到磷酸一铵或磷酸二铵，其反应为：

$$H_3PO_4+NH_3 \rightarrow NH_4H_2PO_4 \quad (7-32)$$

$$H_3PO_4+2NH_3 \rightarrow (NH_4)_2HPO_4 \quad (7-33)$$

3）生产工艺流程简述 对于硫酸法湿法磷酸的生产，在用硫酸分解磷矿石时，由于反应温度和磷酸浓度不同，因此在磷酸水溶液中会产生 3 种不同形式的硫酸钙晶体，即二水化合物（$CaSO_4 \cdot 2H_2O$）、半水化合物（$CaSO_4 \cdot 1/2H_2O$）和无水化合物（$CaSO_4$）。当反应温度和磷酸浓度较高时，生成的硫酸钙为半水化合物和无水化合物；反之，即为二水化合物。所以其生产工艺也根据生产硫酸钙结晶形式的不同，而分为二水化合物、半水化合物和无水化合物流程。其中，生成二水化合物流程是湿法磷酸生产中应用最早、最为广泛和最为经典的流程。目前，世界含磷矿物质饲料的硫酸法生产工艺几乎都是二水化合物流程，其工艺流程如图 6-2 所示。

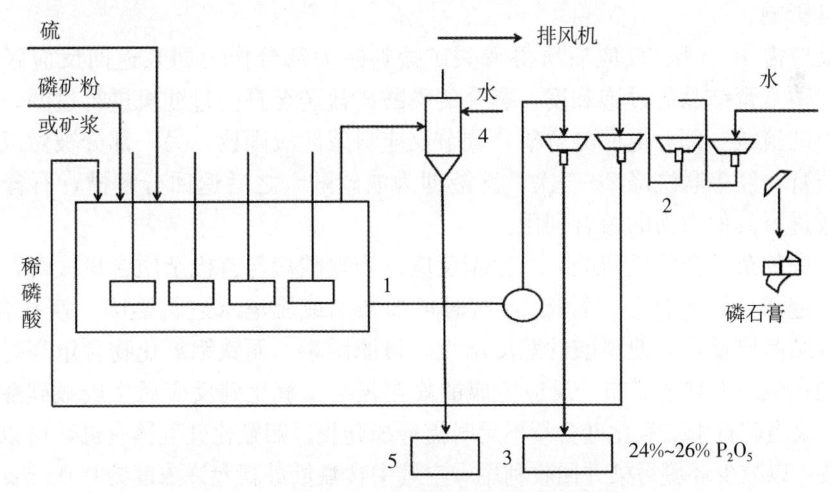


图 6-2 二水化合物流程湿法磷酸工艺流程

1. 反应槽 2. 真空过滤机 3. 磷酸槽 4. 废气洗涤器 5. 液封槽

二水化合物流程出现了很多各有特点的不同流程，工业上应用较多的主要有普莱昂流程、罗纳普朗克流程、吉科布斯-道尔科流程等几种。其中，普莱昂流程是被采用次数最多、规模最大的流程。

磷酸生产工艺流程见图 6-3：

将经过磨细至 80～100 目细度后的磷矿石粉或磷矿浆加入反应槽，加入返回的稀磷酸，以维持料浆的液固比为（2.0～3.0）：1（质量比），并调节磷酸浓度。硫酸则由高位

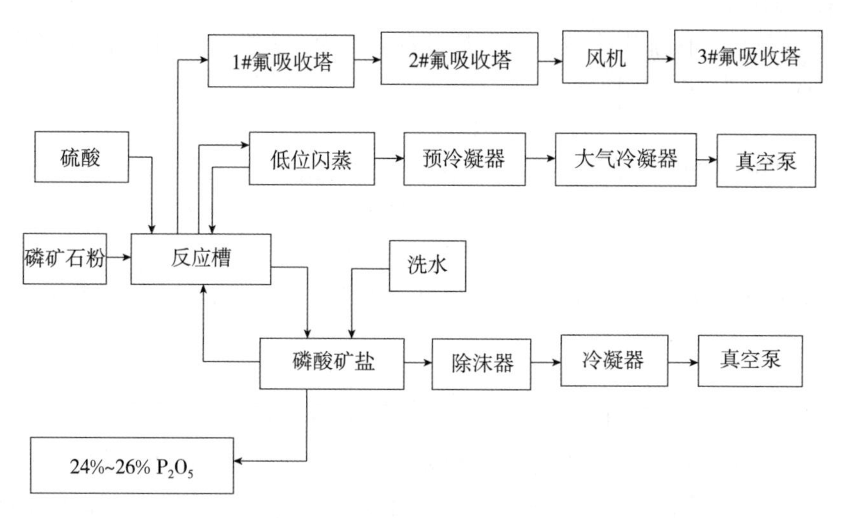


图 6-3 磷酸生产工艺流程

槽经流量计计量后加入反应槽，其实际用量为理论值的 102%～105%。反应生成的硫酸钙晶体要具有稳定的结晶形式，颗粒大而整齐，以便于洗涤和过滤。反应温度一般维持在 60～80℃。由于反应为放热反应，萃取液可加热到 80℃以上，因此需用抽真空或鼓入冷空气的办法来降低槽内温度，以保证二水化合物石膏和磷酸浓度，并排出小部分氟化物，减少过滤时因析出氟化物而造成的过滤困难等问题，但温度过低对石膏晶体及磷矿石分解率均有不良影响。

分解反应需 4～6 h。反应后所得磷酸矿盐料浆大部分作为回浆返回反应区，以降低分解反应时磷石膏结晶的过饱和度，剩余的磷酸矿盐送至真空过滤机进行过滤，滤液即为磷酸；滤出的磷酸一部分返回分解槽，调节反应料浆的液固比，另一部分被做成成品。滤渣为二水石膏，经串联洗涤 2～3 次，洗液即为淡磷酸。之后返回分解槽，石膏洗涤后送至石膏堆或进行其他方面的综合利用。

磷矿石中的杂质会消耗硫酸，产生副反应。当碳酸盐与有机杂质含量大时，会使溶液产生大量的泡沫，严重时会“冒槽”，这时可加柴油或肥皂水进行消除。镁盐含量高时，会影响石膏结晶质量，并使磷酸的黏度增大，过滤困难。而铁铝氧化物含量高时会造成五氧化二磷的损失，并堵塞滤布。反应生成的氟化氢与二氧化硅反应后生成氟硅酸，对石膏结晶有利，故当矿石中二氧化硅含量不足时需补加硅胶。四氟化硅气体有毒，可以用水吸收生成氟硅酸，以减少环境污染并回收利用（空气中含氟量最高允许浓度为 0.03 $mg/m^3$）。

用二水法生产的磷酸浓度为 24%～26% $P_2O_5$，并不能满足饲料磷酸二铵（diammonium phosphate，DAP）的生产要求，需要将其浓缩至 46%～48% $P_2O_5$。磷酸浓缩有直接传热和间接传热两种方法。前一种现在已很少采用，后一种通常以蒸汽为加热介质，通过换热器加热磷酸使水分蒸发，目前绝大部分间接传热方法采用的浓缩工艺为强制循环真空闪蒸工艺。磷酸浓缩工艺流程如图 6-4 所示，制取的磷酸用于生产含磷矿物质饲料。

图 6-5 所示为浓缩脱氟生产工艺，图 6-6 所示为化学沉淀脱氟生产工艺。

如图 6-5 所示，先将硅藻土化浆后加入湿法磷酸中，加入量为磷酸量的 1.0%～

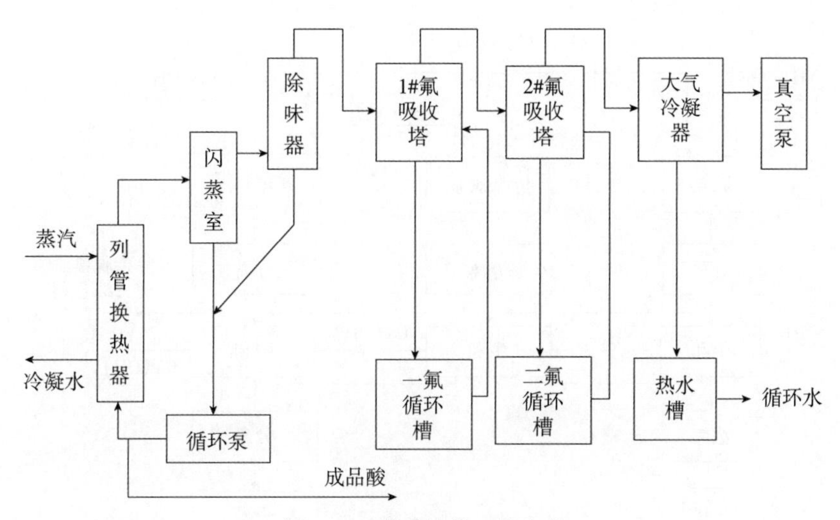


图 6-4　磷酸浓缩工艺流程

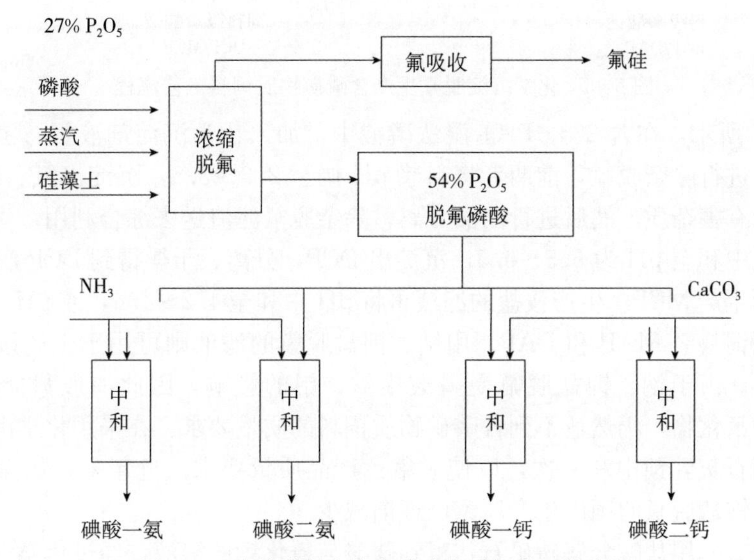


图 6-5　浓缩脱氟生产含磷矿物质饲料工艺流程

1.1%，然后与循环磷酸一起送入蒸发浓缩器。在 96～98.5 kPa 下蒸发。排出的含氟废气由两个串联吸收塔吸收。该状态下的饱和水蒸气由大气冷凝器冷凝后，不凝性气体经蒸汽喷射泵排空。磷酸脱氟随着蒸发水量的增加而提高。当磷酸浓缩到 50%～54% $P_2O_5$时，氟含量可从原料磷酸 1.6%～1.8%降至 0.16%～0.18%。

①钙盐的生产　将上述 54% $P_2O_5$浓缩脱氟磷酸稀释至 36% $P_2O_5$的浓度，与 100%过 100 目标准筛的石灰石粉按不同比例混合、反应、捏和，经干燥筛分，包装，得到饲料磷酸一钙（MCP）和饲料磷酸二钙（DCP）。

②铵盐的生产　将上述 54% $P_2O_5$浓缩脱氟磷酸直接用氨中和至 pH 为 4.6，然后喷雾干燥，即得到饲料磷酸一铵（MAP）；中和至 pH 为 8，进行喷雾干燥即可得到饲料磷酸二铵（DAP）。也可用管式反应器将氨与 54% $P_2O_5$磷酸直接混合反应后喷入干燥器中干燥制得产品。

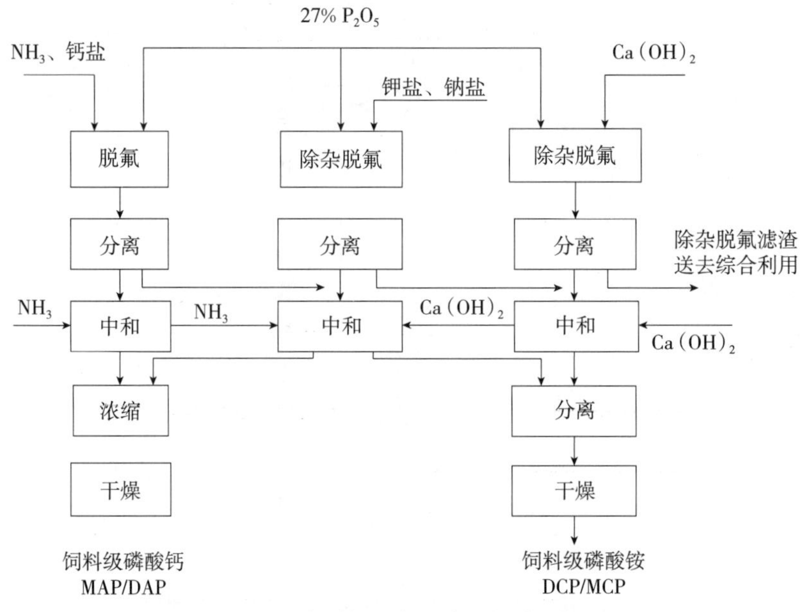


图 6-6　化学沉淀脱氟生产含磷矿物质饲料工艺流程

如图 6-6 所示，在含 27% $P_2O_5$ 湿法磷酸中，加入化学沉淀剂液氨、氢氧化钙、钠盐、钾盐等，进行除杂脱氟，前两者将料浆 pH 调至 2.5～3.5，沉淀出氟、铁、铝、镁、砷和铅等有毒有害杂质。然后进行固液分离，除杂脱氟滤渣送去综合利用。生产钙盐的滤液再用石灰乳中和至 pH 为 5.5～6.5，沉淀出 DCP，分离、干燥得到 DCP 产品，DCP 再与磷酸作用可生产 MCP。生产铵盐的滤液再将 pH 中和至 4.2～4.6，或 pH 为 8.0，经浓缩干燥，得到饲料级 MAP 和 DAP。用钠、钾盐脱氟的滤液则可用于生产铵盐和钙盐含磷矿物质饲料。由于钠、钾盐脱氟受磷酸中铁、铝的影响，因此一般只能脱除磷酸中 50%～80%的氟化物，仍然达不到含磷矿物质饲料的质量要求。在采用化学沉淀脱氟工艺中，还需再用石灰乳预中和一次，以使脱氟达产品质量要求。近年来，从操作费用上考虑，采用钠、钾盐脱氟的国内生产厂家已逐渐减少。

（2）盐酸法　用盐酸分解磷矿石，得到磷酸与氯化钙的溶液，经过化学沉淀脱氟，再与石灰乳中和反应，即得到饲料磷酸氢钙。

磷矿中不但有磷、钙，还含有氟、二氧化硅、砷、铅、氧化铁等，在用稀盐酸进行酸解时，有如下反应发生：

$$Ca_5F(PO_4)_3+10HCl \rightarrow 3H_3PO_4+5CaCl_2+HF \quad (7-34)$$

$$6HF+SiO_2 \rightarrow H_2SiF_6+2H_2O \quad (7-35)$$

$$Fe_2O_3+6HCl \rightarrow 2FeCl_3+3H_2O \quad (7-36)$$

$$2HF+CaO \rightarrow CaF_2+H_2O \quad (7-37)$$

接着加入 $Na_2S$ 和聚丙烯酰胺，产生如下反应：

$$3S^{2-}+2As^{3+} \rightarrow As_2S_3 \quad (7-38)$$

$$S^{2-}+Pb^{2+} \rightarrow PbS \quad (7-39)$$

$$2Fe^{3+}+3S^{2-} \rightarrow Fe_2S_3 \quad (7-40)$$

这时的酸解液为一个负溶胶体系，由于其胶粒的布朗运动和 ζ 电势而具有热力学稳定性。大量反离子 $Na^+$ 的加入，会与胶粒相互作用，降低 $\zeta$ 电势。再加之聚丙烯酰胺有很强的聚沉能力，因此原来稳定的溶胶体系被破坏，难溶硫化物颗粒和酸渣不断聚集和沉降，经过滤而除去，得到浸取磷酸。

由于酸度较高，$CaF_2$ 沉淀不易生成。因此，此磷酸中的氟存在形式主要为 HF 和 $H_2SiF_6$，还有少量的 $AlF_6^{3-}$、$FeF_6^{3-}$ 等。在此酸液中，加入活性二氧化硅和 NaCl，同时加入具有絮凝作用的改性高分子聚合物，其相关反应为：

$$6HF + SiO_2\text{（活性）} = H_2SiF_6 + 2H_2O \tag{7-41}$$

$$2H_2SiF_6 + SiO_2\text{（活性）} = 3SiF_4 + 2H_2O \tag{7-42}$$

$$H_2SiF_6 + 2NaCl = Na_2SiF_6 + 2HCl \tag{7-43}$$

活性二氧化硅具有 $SiO_2$ 含量高、比表面积大、活性好的特点，能与 HF、$H_2SiF_6$ 反应，生成 $SiF_4$ 气体和 $Na_2SiF_6$ 沉淀。生成的 $Na_2SiF_6$ 沉淀又吸附在高分子絮凝剂表面，形成了较大的矾花而迅速沉降，通过分离而除去，这样就达到了既净化、脱氟又不损失磷的目的。经脱氟后的磷酸再与石灰乳进行一次中和，便可得磷酸氢钙。

第一步：湿法磷酸的生产用盐酸分解磷矿石，得到磷酸与氯化钙的溶液，其反应式如下：

$$Ca_5F(PO_4)_3 + 10HCl \rightarrow 3H_3PO_4 + 5CaCl_2 + HF \tag{7-44}$$

同时，磷矿石中的杂质也一起参与反应：

$$MgCO_3 + 2HCl \rightarrow MgCl_2 + H_2O + CO_2 \tag{7-45}$$

$$CaCO_3 + 2HCl \rightarrow CaCl_2 + H_2O + CO_2 \tag{7-46}$$

$$Fe_2O_3 + 6HCl \rightarrow 2FeCl_3 + 3H_2O \tag{7-47}$$

$$A1_2O_3 + 6HCl \rightarrow 2AlCl_3 + 3H_2O \tag{7-48}$$

反应式（7-44）中的氟化氢则大部分与磷矿中的二氟化硅和铁、铝反应，生成四氟化硅和 $H_3FeF_6$、$H_3AlF_6$，其反应式如下：

$$4HF + SiO_2 \rightarrow SiF_4 + 2H_2O \tag{7-49}$$

$$12HF + Al_2O_3 \rightarrow 2H_3AlF_6 + 3H_2O \tag{7-50}$$

$$12HF + Fe_2O_3 \rightarrow 2H_3FeF_6 + 3H_2O \tag{7-51}$$

四氟化硅少量逸出，大部分则发生水解而生成氟硅酸留在溶液中，其反应如下：

$$3SiF_4 + 2H_2O \rightarrow 2H_2SiF_6 + SiO_2 \tag{7-52}$$

第二步：脱氟。在分解得到的磷酸中，加入氢氧化钙，沉淀出其中的氟化物；同时，中和部分磷酸，其反应式如下：

$$H_2SiF_6 + 3Ca(OH)_2 \rightarrow 3CaF_2 + SiO_2 \cdot 4H_2O \tag{7-53}$$

$$H_3FeF_6 + H_3PO_4 + 3Ca(OH)_2 \rightarrow 3CaF_2 + FePO_4 + 6H_2O \tag{7-54}$$

$$H_3AlF_6 + H_3PO_4 + 3Ca(OH)_2 \rightarrow 3CaF_2 + AlPO_4 + 6H_2O \tag{7-55}$$

$$2H_3PO_4 + Ca(OH)_2 \rightarrow Ca(H_2PO_4)_2 + 2H_2O \tag{7-56}$$

$$Ca(H_2PO_4)_2 + Ca(OH)_2 \rightarrow 2CaHPO_4 \cdot 2H_2O \tag{7-57}$$

第三步：磷酸氢钙的生产。在脱氟溶液中加入石灰乳，生成饲料磷酸氢钙，其反应式如下：

$$2H_3PO_4 + Ca(OH)_2 \rightarrow Ca(H_2PO_4)_2 + 2H_2O \tag{7-58}$$

$$Ca(H_2PO_4)_2 + Ca(OH)_2 \rightarrow 2CaHPO_4 \cdot 2H_2O \tag{7-59}$$

生产流程如图 6-7 所示，经磨细到 40～80 目的磷矿粉（或磷矿浆）与 15%～25%浓度的盐酸经计量后，连续加入装有搅拌器的分解反应槽中，按反应式（7-44）至（7-52）进行反应，盐酸的实际用量为理论值的 100%～110%，反应时间为 0.5～1.5 h。反应结束后加水稀释，立即用 7%～10%氢氧化钙进行脱氟，按反应式（7-53）至（7-57）进行反应，调整 pH 在 1.4～2.5 范围（不同产地磷矿其 pH 不一样），控制溶液中的 $P_2O_5$/F 比大于 250，加入浓度 0.01%聚丙烯酰胺絮凝剂，至料浆出现矾花。将料浆转入沉降槽进行沉降分离，沉淀物经过漂洗分离作其他用途。清液进入二段中和槽，继续用 7%～8%氢氧化钙进行中和反应［反应式（7-58）和（7-59）］，至 pH 为 4～5，使 $PO_4^{3-}$ 尽量沉淀完全，即得饲料磷酸氢钙。当 pH 低于 4 时 $PO_4^{3-}$ 沉淀不完全，将造成磷损失增加；pH 过高易使磷酸氢钙结晶变坏，造成分离强度降低，产品色泽变黄。在增稠器内沉降 0.5～1 h 后即可离心分离、洗涤，再经气流干燥、过筛即得成品饲料磷酸氢钙。

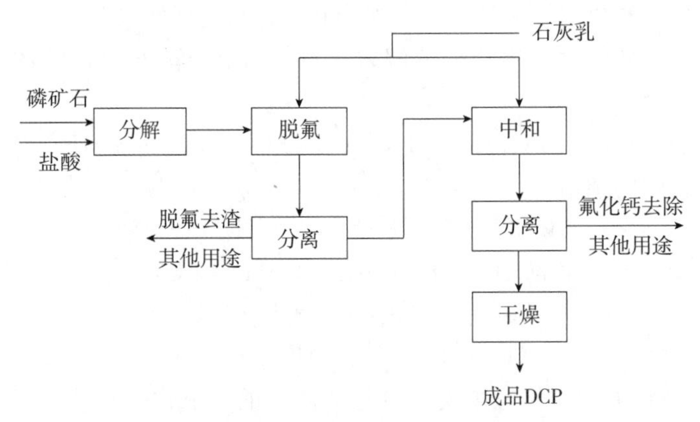


图 6-7　盐酸法含磷矿物质饲料生产工艺流程

所得母液用石灰乳调至 pH 为 8.0～9.0，以全部沉淀出 $PO_4^{3-}$，溶液再经浓缩、结晶、干燥而得副产品氯化钙。生产过程中的废气，则用氢氧化钠吸收而回收。

**3. 脱氟磷酸钙法**　磷矿中含磷成分是氟磷灰石［$Ca_5F(PO_4)_3$］。在氟磷灰石的化学结构中普遍存在原子取代，如 $PO_4^{3-}$ 被 $CO_3^{2-}$ 取代形成碳氟磷灰石；而 $F^-$ 可以被 $OH^-$、$Cl^-$ 取代形成羟基磷灰石和氯氟磷灰石。氟是磷灰石中最强的稳定剂，其含量只要达到氟磷灰石分子式中氟的 30%，氟磷灰石的结晶结构就能保持不变，而且在饲料磷酸盐制取过程中氟磷灰石有内生（在脱氟过程中重新生成）趋势。一般而言，脱氟反应进行得越充分，在冷却过程中析出氟磷灰石的趋势就越低，故充分脱氟是制取脱氟磷酸钙的先决条件。水蒸气在 1 400℃的高温下可与氟磷灰石发生反应，氟磷灰石中的 $F^-$ 被 $OH^-$ 取代形成羟基磷灰石，羟基磷灰石然后分解为磷酸钙和磷酸四钙，其化学反应方程式为：

$$2Ca_5F(PO_4)_3+2H_2O=2Ca_5(OH)(PO_4)_3+2HF \qquad (7-60)$$

$$2Ca_5(OH)(PO_4)_3=2Ca_3(PO_4)_2+Ca_4P_2O_9+H_2O \qquad (7-61)$$

总反应方程式为：

$$2Ca_5F(PO_4)3+H_2O=2Ca_3(PO_4)_2+Ca_4P_2O_9+2HF \qquad (7-62)$$

在高硅钙比以及 1 200℃的高温下，二氧化硅（$SiO_2$）也能与氟磷灰石反应，生成 $SiF_4$、$nCa_3(PO_4)_2$ 和硅酸钙的固熔体，反应可用下式表示：

$$4Ca_5F(PO_4)_3+2SiO_2=6Ca_3(PO_4)_2+Ca_2SiO_4+SiF_4 \quad (7-63)$$

高温下二氧化硅还能与羟基磷灰石反应生成磷酸钙与硅酸钙的固熔体，这对羟基磷灰石的转化起着重要的促进作用，反应方程式为：

$$4Ca_5(OH)(PO_4)_3+SiO_2=6Ca_3(PO_4)_2+Ca_2SiO_4+2H_2O \quad (7-64)$$

在水蒸气与二氧化硅同时存在的条件下，对氟磷灰石脱氟和羟基磷灰石的进一步分解，都能显示出比两个因子单独存在时更优的效果，整个方程式可以表示为：

$$4Ca_5F(PO_4)_3+2H_2O+SiO_2=6Ca_3(PO_4)_2+Ca_2SiO_4+4HF \quad (7-65)$$

当反应按式（7-66）进行时生成偏硅酸钙：

$$2Ca_5F(PO_4)_3+H_2O+SiO_2=3Ca_3(PO_4)_2+CaSiO_3+2HF \quad (7-66)$$

而在磷酸法脱氟磷酸钙的生产中，磷矿、磷酸的反应过程按下列反应进行：

$$Ca_5F(PO_4)_3+7H_3PO_4+5H_2O=5Ca(H_2PO_4)_2\cdot H_2O+HF \quad (7-67)$$

这是一个液固反应，其反应速率主要与反应温度、氢离子浓度、矿粉的比表面积和矿粉表面液膜中的扩散系数有关。提高反应温度、增大氢离子浓度、减小矿粉粒径以增大其表面积都可以加快反应的进行。当温度较高时，水合磷酸一钙被分解生成偏磷酸钙：

$$Ca(H_2PO_4)_2\cdot H_2O=Ca(PO_3)_2+3H_2O \quad (7-68)$$

偏磷酸钙在水蒸气的存在下与氟磷灰石反应生成焦磷酸钙：

$$2Ca_5F(PO_4)_3+4Ca(PO_3)_2+H_2O=7Ca_2P_2O_7+2HF \quad (7-69)$$

生成的焦磷酸钙与氟磷灰石发生反应：

$$2Ca_5F(PO_4)_3+Ca_2P_2O_7+H_2O=4Ca_3(PO_4)_2+2HF \quad (7-70)$$

其总反应方程式可表示为：

$$3Ca_5F(PO_4)_3+H_3PO_4=5Ca_3(PO_4)_2+3HF \quad (7-71)$$

由于在磷矿中通常都含有倍半氧化物和碳酸盐，因而还存在如下副反应：

$$(Al,Fe)_2O_3+2H_3PO_4=2(Al,Fe)PO_4+3H_2O \quad (7-72)$$

$$3(Ca,Mg)CO_3+2H_3PO_4=(Ca,Mg)_3(PO_4)_2+3CO_2+3H_2O \quad (7-73)$$

配料时没有反应的碳酸盐在高温下将被分解，从而释放出二氧化碳气体：

$$(Ca,Mg)CO_3=(Ca,Mg)O+CO_2 \quad (7-74)$$

二氧化碳气体的排出会在一定程度上改善炉料的透气性，降低系统的传热、传质阻力，使脱氟反应以较快的速度进行。然而当氧化物和碳酸盐含量较高时，会增加磷酸的消耗，而且高温下碳酸盐的分解也会导致能耗增加。因此，在实际生产中，应根据原料磷矿的组成确定是否需要预处理。如果原料磷矿的碳酸盐含量较高，一般都要进行煅烧处理之后再配料烧结。

在磷灰石的晶体结构中，当磷酸根离子（$PO_4^{3-}$）被碳酸根离子（$CO_3^{2-}$）取代时，两离子基团大小不同，使得晶格产生力而降低了磷灰石晶体结构的稳定性，使磷矿脱氟反应能够在相对温和条件下进行。同一磷矿由于配料组成有差异，因此反应温度也并非一成不变。例如，磷矿的水热脱氟，通常需要在1 400℃以上的高温才能实现。然而当配料适宜时，在1 000～1 300℃下即有羟基磷灰石生成，羟基磷灰石再分解即可得到脱氟磷酸钙，这大大降低了反应的温度。磷矿组成复杂，包含的物质种类繁多，因此决定了磷矿烧结脱氟是一个非常复杂的过程。影响脱氟反应的因素也很多，磷矿的组成、性质、晶体结构、杂质含量、添加剂的种类及配料组成等，都可能对磷矿脱氟反应历程产生影响，在某些情况下还可能有两种或多种反应历程共存。

脱氟磷酸钙是一种在高温（1 350～1 500℃）下将磷矿石和石灰石、蛇纹石、硅石、磷酸等添加物熔融、骤冷、粉碎而制成的产物。它是一种比磷酸一钙、磷酸二钙的生物效价低且主要用于家禽与牛、羊等的饲料钙磷补充剂。美国脱氟磷酸占含磷矿物质饲料量的1/4～1/3。而苏联因食物结构的差异，脱氟磷酸钙占含磷矿物质饲料总量的近 70%。我国几乎没有工业化生产装置，现仅有云南省化工研究院的一套小规模试验生产装置在运行。上海化工研究院有限公司曾完成用磷酸和水造粒的回转窑生产烧结脱氟磷酸钙的中间试验。

## 三、含磷矿物质饲料的发展趋势

含磷矿物质饲料经过半个多世纪的发展，供需已基本达到平衡。但是，由于发达国家与发展中国家在经济上的差异，未来的含磷矿物质饲料需求增长量主要在发展中国家，特别是在亚洲。从世界饲料生产发展趋势来看，2017 年全球饲料总产量为 10.697 亿 t，已经连续 2 年超过 10 亿 t，与 2012 年相比全球饲料总产量增长率达到 13%；其中，亚洲饲料总产量占比为 36%，生产量达 3.811 亿 t。但是，随着植酸酶开发应用技术的完善和提高，以及含磷矿物质饲料应用开发技术的发展，其含磷矿物质饲料需求量的增长不会随饲料生产量的增长而同步增长。

我国随着对肉、蛋、奶需求量的增加和养殖业的蓬勃发展，配合饲料增产幅度较大，跃居世界第 2 位。目前，我国人均食用肉、蛋、奶的量远低于世界平均水平，今后随着经济的发展，会有较大的增加。这就要求养殖业必须增大发展力度，相应地对饲料磷酸盐的需求也将逐步增长。因此，我国发展饲料磷酸盐的生产有极为广阔的发展前景。

我国含磷矿物质饲料的发展，要根据资源特点、国民消费生活水平及生活方式开发出具有自己特色的工艺技术和生产装置。首先应增加新产品的开发应用，改变目前仅以 DCP 为主、少量 MCP、更少量脱氟磷酸钙（DFP）的生产应用情况；此外，还要增加 MAP、DAP、磷酸脲（UP）及磷酸钠（SP）盐的应用研究，开拓牛、羊动物性饲料市场。

我国有丰富的磷矿资源，可供生产脱氟磷酸钙的磷矿约有 10 亿 t，同时作为开发该产品热源的煤矿和天然气资源储量也巨大，因此我国开发脱氟磷酸钙产品具有很好的资源优势；同时，我国脱氟磷酸钙市场潜力巨大，这为该产品的开发利用也开辟了广阔的前景。

# 第二节　含磷矿物质饲料质量控制

用于生产的含磷矿物质饲料来源非常复杂，主要有以下几类：磷矿石类、正磷酸盐类、骨粉类和磷酸液。其中，磷矿石类是天然产品，骨粉类属于加工产品，而其他则为合成品。

## 一、含磷矿物质饲料的种类

### （一）磷矿石类

通常所说的磷矿是磷矿石的简称，主要由称作磷矿物的含磷结晶体和成矿过程中作为杂质存在的共生矿组成。最常见的天然的含磷矿物质是磷灰石类，具有开发价值的有5种，即氟磷灰石［$Ca_5(PO_4)_3F$］、碳氟磷灰石［$Ca_{10}(PO_4, CO_3, OH)_6(F, OH)_2$］、羟基磷灰石［$Ca_5(PO_4)_3(OH)$］、氯磷灰石［$Ca_5(PO_4)_3Cl$］和碳磷灰石［$Ca_{10}(PO_4)_6(CO_3)$］。此外，还有一些含铁的氟磷锰铁矿（$(Mn, Fe, Mg, Ca)_2FPO_4$）、含铝的硫酸铝锶矿［$SrAl_3(OH)_6(SO_4)(PO_4)$］等。

由于磷矿石中几种原料的含磷量和生物学效价要比经过加工处理后的产品低很多，而且变异系数大，因此，生产中一般不直接添加磷矿石类。但在一些国家和地区，饲料磷酸盐价格或者货源的不便使其使用受到了一定的限制，而磷矿石类可能是最经济的磷源之一，因此人们便转而使用磷酸盐石或肥料级磷酸盐。

美国饲料控制委员会（the Association of American Feed Control Officials，AAFCO）将产自美国的磷矿石定义为3种——软磷矿石（soft rock phosphate）、磷矿石粉末（ground rock phosphate）和低氟磷矿石（low fluorine rock phosphate）。经鉴定，这些磷矿石乃数世纪前由动物死尸分解所形成，含氟量较高；而由动物排泄物所形成的磷矿石，如太平洋岛屿上的海鸟粪石，含氟量则较低。软磷矿石是经水压处理形成的细粉末产品，浅黄色，含磷9%以上、钙15%以上、黏土金属不超过30%、氟不高于1.5%，可作为磷源。软磷矿石含有约30%的黏土金属，可延缓饲料通过肠道的时间，有报告认为其可因此改善畜禽饲料转化率。磷矿石粉末是磷矿石粉碎后的产品，在保证钙、磷含量及含氟量达标的前提下可作为磷源。但磷矿石粉末利用率低，仅为25%；含氟量较高，有致害的可能；而且品质变化较大，使用前应详细了解其成分状况。低氟磷矿石是特殊磷矿石粉碎后的产品，含氟量在0.5%以下，品质极佳（含氟量越低，磷矿石的品质越佳），且其利用率优于其他磷矿石，是安全、可靠的高品质磷源。

这些磷源广泛应用于畜禽饲料中，可提供动物全部或部分的磷需要量，但前提是必须掌握其生物学效价及确保氟和钒的含量达标。研究发现，将它们与生物学效价高的磷酸盐混合后使用效果更佳。

### （二）正磷酸盐类

正磷酸盐也称为饲料磷酸盐，主要包括磷酸钙盐、磷酸铵盐、磷酸钠盐和磷酸钾盐，它们经化学方法加工而成，属于营养型动物性饲料添加剂，广泛应用于家禽、家畜、鱼虾等的饲养；除此之外，磷酸钙镁、尿素磷酸盐等饲料磷酸盐在市场中也有应用，但使用量相对较少。磷酸钙盐主要包括磷酸氢钙（dicalcium phosphate，DCP）、磷酸二氢钙（monocalcium phosphate，MCP）、磷酸钙（tricalcium phosphate，TCP）和磷酸一二钙（MDCP）；磷酸铵盐主要有磷酸二氢铵（MAP）、磷酸氢二铵（DAP）和聚磷酸铵；磷酸钠盐主要有磷酸二氢钠和磷酸氢二钠；磷酸钾盐主要有磷酸二氢钾和磷酸氢二钾。

**1. 磷酸钙盐**

（1）磷酸氢钙　别名磷酸二钙，化学式为$CaHPO_4 \cdot 2H_2O$，相对分子质量为

172.09。白色三斜晶体或结晶性粉末，无臭、无味，相对密度为 2.306（16℃）。吸湿性较小，可溶于稀盐酸、稀硝酸、醋酸，微溶于水，不溶于乙醇。在 115～120℃时失去2 个结晶水，加热至 400℃以上时形成焦磷酸钙。

市售磷酸氢钙是以干式法磷酸液或湿式法磷酸液作用于石灰乳或磷酸钙加工制成，纯磷酸氢钙含磷 18.0%、钙 23.2%、水 20.92%；工业品按纯度 88.9%计，含磷 16%、钙 21%、水 18.6%。磷酸氢钙在动物体内的利用率高，既能补磷也能补钙，是优质的矿物质饲料，猪饲料中一般用量 1.0%～1.5%，鸡饲料中一般用量 1.2%～2.0%，牛饲料中一般用量 1.0%～2.0%，鱼饲料中一般用量 1.5%～2.5%。

生产工艺不同，饲料磷酸氢钙的质量也不同。马金芝等（2008）分别用硫酸法和盐酸法对饲料磷酸氢钙的质量进行了研究，结果表明，硫酸法和盐酸法生产的饲料磷酸氢钙质量指标之间存在差异，硫酸法产品 pH 高于盐酸法，而在产品钙含量和游离水含量上则是盐酸法的较高一些。

（2）磷酸二氢钙　别名磷酸一钙，化学式为 $Ca(H_2PO_4)_2 \cdot H_2O$，相对分子质量为 252.07。无色三斜晶体或白色结晶性粉末，相对密度为 2.22。稍有吸湿性，易溶于盐酸、硝酸，稍溶于冷水，几乎不溶于乙醇。在 30℃时，100 mL 水中可溶解 1.8 g 的磷酸二氢钙，其水溶液为酸性，加热则可水解为正磷酸氢钙；在 109℃时失去结晶水，203℃则被分解为偏磷酸钙。

市售磷酸二氢钙是以湿式法磷酸液（脱氟精制处理后再使用）或干式法磷酸液作用于磷酸二钙或磷酸三钙所制成，纯品含磷 24.57%、钙 15.90%、水 7.14%；工业品按纯度 92%计，含磷 22.60%、钙 14.63%、水 6.57%。

磷酸二氢钙的水溶性、生物学利用率均优于磷酸氢钙，是优质的补磷剂；同时，也是补钙剂，并有促进生长、减少体脂肪储存的作用，最适宜用作鱼虾饲料；此外，亦适宜作为牛液体饲料、乳猪饲料等相对价值高的饲料。

（3）磷酸钙　别名磷酸三钙，分子式为 $Ca_3(PO_4)_2$。纯品磷酸钙为白色晶体或无定型粉末，含钙 38.69%、磷 19.97%，无臭。不溶于水、乙醇和醋酸，但可溶于稀酸。

国外磷酸钙多由磷酸废液制得，呈灰色或褐色，并具有米糠味。而用天然磷矿石生产的磷酸钙需经过脱氟处理，脱氟后的磷酸钙又称脱氟磷酸钙（defluorinated phosphate, DFP），为灰白色或茶褐色粉末，含钙 36%、磷 16%，含氟量不超过 0.18%。

虽然磷酸钙的生物利用率不如磷酸氢钙，但也是重要的补钙剂之一。市场上销售的淡黄色、灰色、灰白色等产品杂质含量相当高，特别是那些含磷量低于 16%甚至不足 15%的质量较差，若含氟量高达 1.8%以上的则无利用价值。

（4）磷酸一二钙　磷酸一二钙（MDCP）是磷酸氢钙（DCP）与磷酸二氢钙（MCP）的共振结晶体，是一种水溶性磷酸盐与枸溶性磷酸盐相结合的饲料添加剂，外观呈白色粉状或微粒状。MDCP 总磷含量为 21%左右，产品水溶性磷含量可高达 10%以上，呈微酸性，加热至 80℃时逐渐失去结晶水。

不同厂家由于生产工艺不同，生产的产品中磷酸氢钙和磷酸二氢钙的比例也不一致，其比较常见的有 80∶20、60∶40、50∶50 和 40∶60。磷酸一二钙中由于磷酸二氢钙在产品中所占比例不同，因此其水溶性磷的含量和使用效果也不同。

MDCP 自 20 世纪 90 年代末出现以来，就受到欧美国家的大力推广，很多厂家将

MDCP加工成小颗粒状。经分析，颗粒状MDCP具有诸多优点：①产品总磷含量较高，与传统饲料添加剂DCP相比可减少添加量，增加饲料配方空间，便于提高饲料品质，降低饲料生产成本；②产品水溶性磷含量高，且颗粒在动物肠胃中停留时间较长，有利于动物对其有效成分进行充分吸收；③由于颗粒状MDCP生物学效价较高，动物粪便中残留的磷较少，因此提高磷资源利用率的同时有利于环保；④颗粒状产品在使用中不易起尘，能减少料物在运输和加工过程中的损失，有利于改善加工环境；⑤产品堆密度0.8～0.9 g/cm$^3$，为多棱形晶体，在预混料时有较好的亲和力，不会产生沉淀或浮顶等不均现象；⑥产品呈微酸性，能改变口感，可提高动物的采食量。目前，MDCP在国内市场占有比例不高，以DCP为主。但已有学者推断，颗粒状MDCP应该是国内饲料磷酸盐市场未来的发展趋势。

**2. 磷酸铵盐** 美国饲料控制委员会（AAFCO）将脱氟磷酸（包括多磷酸）与氨经中和反应后的产品定义为饲料磷酸铵盐。磷酸铵盐含氮9%以上、磷23%以上，含氟量不可超过磷的1%，含砷量不可超过75 mg/kg，铅等重金属含量应在30 mg/kg以下。

磷酸铵盐具有较高的生物学效价，可为反刍动物日粮提供磷和氮，而在猪和家禽日粮中很少使用。常用的磷酸铵盐主要有磷酸二氢铵、磷酸氢二铵和聚磷酸铵等。反刍动物的粗饲料中常含有大量的钙，而磷含量与其相比相差甚远，这就要求所使用的含磷矿物质饲料在提供充足磷的同时，含钙量要尽量低。磷酸铵盐作为反刍动物饲料中非蛋白氮的一个来源，所提供的氨可被瘤胃微生物区系利用并合成机体必需氨基酸。研究表明，磷酸铵盐中的非蛋白氮比尿素更安全、更有效，同时它们与磷结合可防止因吸收速度过快而引起中毒。

**3. 磷酸钠盐**

（1）磷酸二氢钠 别名磷酸一钠，化学式为$NaH_2PO_4 \cdot 2H_2O$，相对分子质量为156.01。无色斜方晶体或白色结晶粉末，相对密度为1.91，熔点为60℃，易溶于水，其水溶液呈酸性，不溶于醇。在湿空气中易结块，加热至95℃时脱水成无水化合物，在190～204℃时转化成酸式焦磷酸钠，在204～244℃时形成偏磷酸钠。

磷酸二氢钠是采用碳酸钠中和法将萃取磷酸加入中和反应器中反应制成，纯品中含磷19.85%、钠14.74%、水22.08%；工业品按纯度98%计，含磷19.45%、钠14.45%、水（结晶水）22.61%。

磷酸二氢钠的水溶性好，生物利用率高，既含磷又含钠，适用于所有饲料，尤其是液体饲料（如代乳料）或鱼虾饲料。

（2）磷酸氢二钠 别名磷酸二钠，化学式为$Na_2HPO_4 \cdot 12H_2O$，相对分子质量为358.14。无色单斜晶体或白色粉末，相对密度为1.52。溶于水，其水溶性呈弱碱性，1%水溶液的pH为8.8～9.2，不溶于醇。在空气中易风化，常温放置于空气中失去约5个结晶水后可形成七水化合物，35.1℃时熔融并失去5个结晶水，加热至100℃时失去全部结晶水而成无水化合物，250℃时分解变成焦磷酸钠，在34℃以下小心干燥可得白色粉末的二水磷酸氢二钠。

磷酸氢二钠也是由磷酸和碳酸钠经过特殊反应制得，纯品含磷8.65%、钠12.84%、水60.31%；工业品按纯度98%计，含磷8.47%、钠12.58%、水59.11%。

磷酸氢二钠的水溶性好，生物利用率高，同时补磷又补钠，既可用作液体饲料，也可用于一般饲料。在氯足够时可代替部分氯化钠使用，以免氯使用量过高。

**4. 磷酸钾盐**

（1）磷酸二氢钾　别名磷酸一钾，化学式为 $KH_2PO_4$，相对分子质量为 136.09。无色四方晶体或白色结晶性粉末，相对密度为 2.338，熔点为 252.6℃。溶于水（90℃时为 83.5 g/100 mL 水），其水溶液呈酸性，1%溶液的 pH 为 4.6，不溶于醇，有潮解性。加热至 400℃时可熔成透明的液体，冷却后可固化为不透明的玻璃状偏磷酸钾。

磷酸二氢钾是用氢氧化钾溶液和稀磷酸中和制得，纯品中含磷 22.76%、钾 28.73%；工业品按纯度 98%计，含磷 22.30%、钾 28.16%。

磷酸二氢钾的水溶性好，易被动物吸收利用，是一种优质电解质，同时既能提供磷又能提供钾，可用于液体饲料和各种动物性饲料，尤以鱼饲料为佳，远远优于饲用磷酸氢钙。适当使用磷酸二氢钾有利于动物体内的电解质平衡，促进动物生长发育，提高动物生产性能。

（2）磷酸氢二钾　别名磷酸二钾，化学式为 $K_2HPO_4 \cdot 3H_2O$，相对分子质量为 228.22。白色结晶或无定型粉末，易溶于水，其水溶性呈微碱性，微溶于醇，有吸湿性。磷酸氢二钾也是用氢氧化钾溶液和稀磷酸反应制得，纯品中含磷 13.57%、钾 34.26%、水 23.66%；工业品按纯度 95%计，含磷 12.89%、钾 32.55%、水 22.45%。本品饲喂效果同磷酸二氢钾。

## （三）骨粉类

骨粉类以动物骨骼为原料加工而成，主要成分是钙和磷。骨粉是我国配合饲料中常用的磷源饲料，优质骨粉含钙 24%～30%、磷 10%～15%，钙、磷比为 2∶1 左右，符合动物机体需要，有利于动物吸收利用，同时富含多种微量元素。一般猪、鸡饲料中骨粉的添加量为 1%～3%，在浓缩饲料中的添加量为 5%左右。骨粉按加工方法不同可分为煮骨粉、蒸制骨粉、脱胶骨粉和焙烧骨粉，其主要营养成分含量见表 6-1。

**表 6-1　几种常见骨粉的营养成分（%）**

| 类别 | 干物质 | 粗蛋白质 | 粗纤维 | 粗灰分 | 粗脂肪 | 无氮浸出物 | 钙 | 磷 |
|---|---|---|---|---|---|---|---|---|
| 煮骨粉 | 75.0 | 36.0 | 3.0 | 49.0 | 4.0 | 8.0 | 22.0 | 10.0 |
| 蒸制骨粉 | 93.0 | 10.0 | 2.0 | 78.0 | 3.0 | 7.0 | 32.0 | 15.0 |
| 脱胶骨粉 | 92.0 | 6.0 | 0 | 92.0 | 1.0 | 1.0 | 32.0 | 15.0 |
| 焙烧骨粉 | 94.0 | 0 | 0 | 98.0 | 1.0 | 1.0 | 34.0 | 16.0 |

资料来源：《中国饲料成分及营养价值表》（1999）。

**1. 煮骨粉**　将原料骨放置于开放式锅炉煮沸，直至附着组织脱落，然后粉碎制成。煮骨粉色泽发黄，骨胶溶出少，蛋白质和脂肪含量较高，易吸湿后腐败，适口性差，不易久存。

**2. 蒸制骨粉**　将原料在高压（$2.0\times10^5$ Pa）蒸汽条件下加热，除去大部分蛋白质及脂肪，使骨骼变脆，并加以压榨、干燥、粉碎制成，一般含钙 32.0%、磷 15.0%、粗蛋白质 10.0%。

**3. 脱胶骨粉**　又称特级蒸制骨粉，制法与蒸制骨粉基本相同，可通过蒸制原料骨或直接蒸制（$4.0\times10^5$ Pa）已提出骨胶的骨骼而得。由于骨髓和脂肪几乎全部除去，故无异臭，色泽洁白，钙、磷含量稳定，不易带菌，可长期储存，是最好的骨粉制品。

**4. 焙制骨粉**（骨灰）　将骨骼烧制而成，这是利用废弃骨骼的可靠方法，充分烧透后既可灭菌又易粉碎。

**5. 骨质磷酸盐**　将骨头用碱液、酸液（如盐酸）处理后，再由石灰沉淀干燥制得，含磷量高达17%，属于优质钙、磷补充剂。

**6. 生骨粉**　由蒸煮过的、未经高压处理的动物骨干燥、粉碎而成。含有大量的有机质（一般含粗蛋白质26.0%、粗脂肪5.0%），但钙、磷含量低（一般含钙23.0%、磷10.5%），质地坚硬，不易消化，易腐败，饲喂动物后的效果较其他骨粉差。

**7. 肉骨粉**　以新鲜、无变质的动物废弃组织及骨经高温高压、蒸制、灭菌、脱脂、干燥、粉碎后制成。饲料用肉骨粉以粗蛋白质、赖氨酸、胃蛋白酶消化率、酸价、挥发性盐基氮、粗灰分等指标分为3个等级（表6-2）。

**表6-2　《饲料用骨粉及肉骨粉》**（GB/T 20193—2006）

| 等级 | 质量指标 | | | | | |
|---|---|---|---|---|---|---|
| | 粗蛋白质（%） | 赖氨酸（%） | 胃蛋白酶消化率（%） | 酸价（KOH）（mg/g） | 挥发性盐基氮（mg/100g） | 粗灰分（%） |
| 1 | ≥50 | ≥2.4 | ≥88 | ≤5 | ≤130 | ≤33 |
| 2 | ≥45 | ≥2.0 | ≥86 | ≤7 | ≤150 | ≤38 |
| 3 | ≥40 | ≥1.6 | ≥84 | ≤9 | ≤170 | ≤43 |

### （四）磷酸液

磷酸液，又名磷酸水溶液（由AAFCO定义），一般以$H_3PO_4$表示。当以磷酸液作为饲料中含磷矿物质来源时应保证最低含磷量达标，且氟含量不可超过含磷量的1%、含砷量在3.2 mg/kg以下。由于此类产品具有强酸性，且使用上很麻烦，因此通常将其与尿素、糖蜜或微量元素混合制成牛用液态饲料。

## 二、含磷矿物质饲料的质量标准

随着我国畜牧业生产和饲料工业的兴起与发展，人们对饲料的质量安全问题也日益重视。饲料质量主要包括了3项内容：①营养质量；②卫生质量；③加工质量。

世界上许多经济发达的国家先后制定了相应的含磷矿物质饲料的质量标准（表6-3和表6-4），并不断进行修订与完善。我国也在1991年正式颁布了《饲料卫生标准》（GB 13078—1991），并于1992年4月1日起正式实施。该标准实施10年之后，又在2001年7月对其进行了重新修订，发布了新版《饲料卫生标准》（GB 13078—2001），并于同年10月1日起实施。

**表6-3　美国的饲料磷酸钙盐质量标准**

| 成分 | 软磷酸盐石 | 磷酸氢钙 | 磷酸钙 | 磷酸一二钙 | 脱氟磷酸钙 |
|---|---|---|---|---|---|
| 钙（%） | 15～18 | >23 | 32.00 | 20～24 | 32～34 |
| 磷（%） | >9.0 | >18 | 18.25 | >18.5 | >18 |

（续）

| 成分 | 软磷酸盐石 | 磷酸氢钙 | 磷酸钙 | 磷酸一二钙 | 脱氟磷酸钙 |
|---|---|---|---|---|---|
| 氟（%） | <1.5 | 0.18 | 0.13～0.17 | <0.18 | |
| 砷（mg/kg） | 3 | | 2～5 | <5 | |
| 铅（mg/kg） | 30 | | <5 | <5 | |

**表 6-4　日本的饲料磷酸钠盐质量标准**

| 成分 | 磷酸二氢钠（二水） | 磷酸氢二钠 |
|---|---|---|
| 钠（%） | >19.3 | 27～32.5 |
| 磷（%） | >26.3 | 18～22 |
| 氟（%） | | <0.125 |
| 砷（mg/kg） | <2 | <12 |
| 重金属（mg/kg） | <20 | <50 |

表 6-5 至表 6-11 列出了我国含磷矿物质饲料的几种常用标准。

**表 6-5　我国台湾地区的饲料磷酸盐及骨粉的质量标准**

| 成分 | 磷酸二氢钙 | 磷酸氢钙 | 磷酸钙 | 脱氟磷酸钙 | 蒸制骨粉 |
|---|---|---|---|---|---|
| 钙（%） | ≥15 | ≥23 | ≥31.5 | ≥24.5 | ≥17 |
| 磷（%） | ≥22 | ≥18 | ≥18 | ≥15 | ≥10 |
| 氟/磷（%） | ≤1 | ≤1 | ≤1 | ≤1 | ≤1 |
| 铅（mg/kg） | ≤50 | ≤50 | ≤50 | ≤50 | ≤50 |

**表 6-6　我国饲料磷酸氢钙的国家标准**（GB/T 22549—2008）

| 项目 | 范围 | 指标 | | |
|---|---|---|---|---|
| | | Ⅰ型 | Ⅱ型 | Ⅲ型 |
| 总磷含量（%） | ≥ | 16.5 | 19.0 | 21.0 |
| 枸溶性磷含量（%） | ≥ | 14.0 | 16.0 | 18.0 |
| 水溶性磷含量（%） | ≥ | — | 8 | 10 |
| 钙含量（%） | ≥ | 20.0 | 15.0 | 14.0 |
| 氟含量（%） | ≤ | 0.18 | | |
| 砷含量（%） | ≤ | 0.003 | | |
| 铅含量（%） | ≤ | 0.003 | | |
| 镉含量（%） | ≤ | 0.001 | | |
| 细度粉状（通过 0.5 mm 试验筛，%） | ≥ | | 95 | |
| 粒状（通过 2 mm 试验筛，%） | ≥ | | 90 | |
| 外观 | | | 白色或略带微黄色粉末或颗粒 | |

**表 6-7 我国饲料磷酸氢钙的化工行业标准（HG 2636—2000）**

| 项目 | 范围 | 指标 |
| --- | --- | --- |
| 磷含量（%） | ≥ | 16.5 |
| 钙含量（%） | ≥ | 21.0 |
| 氟含量（%） | ≤ | 0.18 |
| 砷含量（%） | ≤ | 0.003 |
| 铅含量（%） | ≤ | 0.003 |
| 细度（通过 500 μm 网孔的试验筛，%） | ≥ | 95 |
| 外观 | | 白色、微黄色、微灰色粉末或颗粒 |

**表 6-8 我国饲料磷酸二氢钙的化工行业标准（HG 2861—2006）**

| 项目 | 范围 | 指标 |
| --- | --- | --- |
| 总磷质量分数（%） | ≥ | 22.0 |
| 水溶性磷质量分数（%） | ≥ | 20.0 |
| 钙质量分数（%） | | 13.0～16.5 |
| 氟质量分数（%） | ≤ | 0.18 |
| 砷质量分数（%） | ≤ | 0.003 |
| 铅质量分数（%） | ≤ | 0.003 |
| 细度（通过 500 μm 网孔的试验筛，%） | ≥ | 95 |
| pH（2.4 g/L 溶液） | ≥ | 3 |
| 水分（%） | ≤ | 4.0 |
| 外观 | | 白色或略带微黄色粉末（颗粒） |

**表 6-9 我国饲料磷酸一二钙的化工行业标准（HG/T 3776—2005）**

| 项目 | 范围 | 指标 |
| --- | --- | --- |
| 总磷质量分数（%） | ≥ | 21.0 |
| 水溶性磷质量分数（%） | ≥ | 40 |
| 钙质量分数（%） | | 15.0～20.0 |
| 氟质量分数（%） | ≤ | 0.18 |
| 砷质量分数（%） | ≤ | 0.003 |
| 铅质量分数（%） | ≤ | 0.003 |
| 细度（通过 2 mm 网孔的试验筛，%） | ≥ | 90 |
| pH（10 g/L 溶液） | | 3.5～4.5 |
| 外观 | | 白色或略带微黄色粉末（颗粒） |

**表 6-10 我国饲料磷酸二氢钾的化工行业标准（HG 2860—1997）**

| 项目 | 范围 | 指标 |
| --- | --- | --- |
| 磷酸二氢钾含量（%，干基） | ≥ | 98.0 |

（续）

| 项目 | 范围 | 指标 |
|---|---|---|
| 以磷计（%） | ≥ | 22.3 |
| 以钾计（%） | ≥ | 28 |
| 水分（%） | ≤ | 0.5 |
| 氯化物含量（以 $Cl^-$ 计,%） | ≤ | 1.0 |
| 硫酸盐含量（以 $SO_4^{2-}$ 计,%） | ≤ | 0.1 |
| 砷含量（%） | ≤ | 0.001 |
| 铅含量（%） | ≤ | 0.002 |
| 外观 | | 白色或微黄色粉末 |

**表 6-11 我国饲料用肉骨粉的质量标准**（GB 13078—2001、GB/T 20193—2006）

| 项目 | 范围 | 指标 |
|---|---|---|
| 总磷含量（%） | ≥ | 3.5 |
| 钙含量（%） | | 为总磷含量的 180～220 |
| 粗脂肪含量（%） | ≤ | 12.0 |
| 粗纤维含量（%） | ≤ | 3.0 |
| 水分含量（%） | ≤ | 10.0 |
| 砷（以总 As 计，mg/kg） | ≤ | 10 |
| 铅（以 Pb 计，mg/kg） | ≤ | 10 |
| 氟（以 F 计，mg/kg） | ≤ | 1 800 |
| 铬（以 Cr 计，mg/kg） | ≤ | 5 |
| 霉菌（$\times 10^3$个/g） | < | 20 |
| 沙门氏菌 | | 不得检出 |
| 外观 | | 黄至黄褐色油性粉状物 |

## 三、含磷矿物质饲料的监控

含磷矿物质饲料中的有毒元素主要包括 5 种，即氟（F）、砷（As）、镉（Cd）、铅（Pb）和汞（Hg）。我国饲料卫生标准及相应的国家和行业标准都限定了这 5 种有毒矿物质元素在磷酸盐、骨粉和肉骨粉中的允许添加量，工业污染和农药污染与它们在饲料中的含量密切相关。动物采食含有有毒有害矿物质元素的饲料后，一般表现为慢性中毒，如生长发育受阻、生产性能下降等，临床症状并不明显，因此常常不被人们重视；但当表现出明显的临床症状时治愈非常困难，主要是由于机体组织器官长期受损和毒物已在畜禽体内大量蓄积所致；此外，残留于畜产品中的有毒有害矿物质元素还可通过食物链对人体健康造成威胁。因此，对含磷矿物质饲料中有毒有害元素进行监控至关重要。

### （一）氟

氟在岩石中自然存在，特别是存在于与磷酸盐有关的岩石中。大多数磷灰石中含较高水平的氟，如北美洲的磷灰石含氟量可高达 0.9%～1.4%。因此，用这些矿石提炼生产的饲料如未经脱氟处理或脱氟不彻底可导致含氟量过高，一旦将其添加到配合饲料中就会对畜禽产生危害。

动物体内的氟主要存在于骨骼、牙齿中，正常含量可达 129 mg/kg。在高氟地区受氟危害的动物，其干燥、脱脂的骨中氟水平高于 400 mg/kg。因此，骨粉、肉骨粉也是饲料中的高氟携带者，饲料中添加时要小心。

氟是动物体生命活动的必需微量元素，适量的氟对牙齿及骨骼钙化、神经兴奋性传导和酶系统代谢均有促进作用。但氟也是有毒有害元素，过量饲喂会引起动物发病。如通过饲料长期摄入稍过量的氟会引起动物慢性氟中毒，可导致氟斑牙和氟骨症。动物急性氟中毒可引起不同程度的肠胃炎，表现出食欲废绝。不同动物氟中毒后的具体反应不同，中毒后猪和犬出现呕吐和腹泻；反刍动物瘤胃停滞、呼吸困难并伴有便秘或腹泻。神经症状包括肌肉震颤、乏力，动物瞳孔散大，并不断地进行咀嚼行为，随后发生搐搦和虚脱，一般在几小时内死亡。

牙齿和骨的损害是慢性氟中毒的特点。牙齿的变化是最早也是最具有诊断意义的症状，但常被忽略。动物氟中毒后牙齿出现最早和最轻的症状是色素沉积或有带状斑纹，呈水平排列。当色素沿釉质裂隙沉积时，也可偶尔见到垂直带；其中，斑纹和着色发生于切齿和臼齿，而刚刚长出的牙齿不明显。如果暴露于氟的时间有限，则仅有某些牙齿受损，且受损牙齿总是左右对称的，齿斑发展到一定程度便不再增加。但由严重氟中毒引起的釉质钙化障碍可导致牙齿加速磨损或腐蚀，造成齿斑区凹陷，甚至是牙齿碎裂。牙齿疼痛，以致不能衔住食物、不能咀嚼食物，使采食量大大减少，引起幼畜生长不良和成年动物健康问题。跛行、疼痛、步态僵硬通常是牲畜首先出现的症状，且疼痛以腰、髋关节和后肢最为明显。通常，在一个牛群内发生髋关节性的跛行被认为对氟病具有诊断价值。

氟的危害程度取决于氟化物的摄入量、可溶性、有效性及动物的年龄、品种等。氟化钙形式的氟毒性很小，而氟化钠则具有很大的毒性。不同品种的畜禽在不同生长阶段对氟的耐受量是不同的，受动物品种、摄取氟化物的化学组成、饲料的营养水平、生活环境等诸多因素的影响。不同动物对饲料中氟的最大耐受量见表 6-12。

**表 6-12 各种动物对饲料中氟的最大耐受量**（mg/kg）

| 动物种类 | 最大耐受 |
| --- | --- |
| 雏鸡 | 200～400 |
| 蛋鸡 | 500～700 |
| 火鸡 | 300～400 |
| 猪 | 100～200 |
| 绵羊 | 70～100 |
| 青年奶牛 | 30 |
| 成年奶牛 | 30～50 |
| 育肥牛 | 100 |
| 繁殖牛 | 30 |

资料来源：李卫芬等（1998）。

添加剂中的维生素和矿物质可以减少氟中毒带来的危害。研究表明，维生素 C、维生素D、维生素E可降低畜禽对氟的耐受性，促进氟的排泄，减少氟的吸收；饲料中矿物质钙、镁、铝、硼、硒等对动物体内的氟有颉颃作用，可以减轻和避免氟中毒。

饲料中氟的含量可以由国家标准GB/T 13083—2002测定，具体测定方法为离子选择性电极法。

### （二）砷

砷也是动物必需的微量元素之一，各种有机砷化合物对猪和家禽的生长、健康的积极作用已被充分肯定。但砷也是一种全身组织的毒物，其可通过与组织酶的巯基结合使之灭活而产生毒性。虽然所有组织均受害，但受害程度不同。研究发现，在那些抗氧化系统丰富的组织中砷沉积量最多，毒性作用也最大，故消化道内壁、肝脏、肾脏、脾脏和肺脏对砷极为敏感。

当动物大量摄食无机砷导致急性砷中毒时，最主要的临床症状是肠胃炎。在食入砷后的一段时间里暂时不表现出临床症状，这段时间的长短随胃的充盈程度不同而不同，反刍动物可拖延20～50 h。随后，动物突然心跳加快、脉搏幅度减小、呼吸次数增加，表现出严重的腹痛、不安、呻吟、流涎、磨牙等症状，牛甚至发生呕吐行为。病畜一般于发病后的3～4 h死亡。

在不严重的病例中，病程可延长2～7 d，主要临床症状仍然是肠胃炎。病畜腹部疼痛明显，肌肉强直，不愿活动；偶有病例发生呕吐、腹泻、食欲废绝，出现严重渴感和脱水现象，心跳加快，脉搏快而浅，外周循环衰竭。

在慢性病例中动物通常表现为健康不佳，如被毛干燥、竖立，容易脱落；精神不振，食欲反复无常，生长不良，出现消化障碍；结膜和可视黏膜发红，眼睑水肿；颊黏膜出现红斑并伴有溃疡，溃疡可扩展至口、鼻部。患病奶牛产奶量严重下降，妊娠母牛有流产和死产的可能；猪和羔羊慢性中毒时的临床症状则局限于神经系统。试验表明，共济失调和失明的临床症状可在第一次饲喂污染的饲料1周后才出现。

《饲料卫生标准》（GB 13078—2001）要求，磷酸盐饲料中砷（以总砷计）的含量不得超过20 mg/kg，肉骨粉中不得超过10 mg/kg，而欧美国家对磷酸盐饲料中砷的含量规定为不超过10 mg/kg。砷在各种饲料中的存在形式有所不同，其毒性大小也不同。无机砷的毒性作用大，而有机砷的毒性小且高度稳定。因此，在评价饲料中砷对动物机体的影响时，不能仅凭砷的总量，还应区分其存在形式。不同动物对饲料中不同存在形式的砷的中毒剂量见表6-13。

**表6-13　不同动物对饲料中不同存在形式的砷的中毒剂量**（mg/kg）

| 名称 | 马 | 牛 | 绵羊 | 猪 |
| --- | --- | --- | --- | --- |
| 三砷酸钠 | 6.5 | 7.5 | 11 | 2 |
| 三氯化砷 | 33～55 | 33～55 | 33～55 | 7.5～11 |

资料来源：杨曙明和张辉（1994）。

为防止饲料中过量的砷给动物带来危害，除了严格控制饲料原料中的砷含量外，还可根据砷与其他元素和基团的作用，减少氧化砷的形成，阻碍砷的吸收，增加其排泄量。

（1）动物消化道中吸收的主要是五价的砷，饲料中添加还原性的维生素C，可促进五价砷还原为低价砷，降低其吸收率。

(2) 在动物体内，三氧化二砷可与硫化氢反应生成毒性较低的硫化砷，半胱氨基酸也可以与三价砷结合成络合类的砷。因此，在饲料中添加适量的可吸收硫化物和半胱氨基酸，是缓解砷中毒的一种办法。

(3) 利用碘、硒、锌与砷的作用，在砷含量较高的日粮中添加适量的碘、硒、锌有利于降低砷的危害。

饲料中总砷的含量可以用国家标准 GB/T 13079—2006 测定，主要方法有银盐法、硼氢化物还原光度法和原子荧光光度法 3 种。

### (三) 镉

镉是对畜禽生长有害的金属元素，可经消化道、呼吸道及皮肤吸收，一般情况下在胃、肠道中的吸收率为 40%～80%，在呼吸道中的吸收率为 10%～40%。镉的吸收速度很快，除部分存留于体内外，大部分经粪便排出体外，但排出过程耗时较长，故在动物体内具有明显的蓄积性。研究表明，肝脏和肾脏是机体镉蓄积的主要器官，其中以肾脏最为重要。镉对机体的肾脏、骨骼、免疫系统、生殖系统、生产性能等都有影响。

镉中毒也分为急性中毒和慢性中毒。急性镉中毒在动物中很少见，主要临床症状是肺水肿，具体表现为咳嗽、流鼻液、呼吸困难，并伴有头颈伸展、鼻孔扇动，甚至张口呼吸等；另外，动物中毒后也会出现流涎、食欲减退、呕吐、腹痛、腹泻等消化系统症状。慢性镉中毒主要临床症状为病畜食欲减退、营养不良、消瘦、贫血、发育停滞、被毛粗乱无光泽；对骨骼的影响主要表现为骨质疏松，脱钙和骨质软化，多发生于肋骨、四肢骨、尾椎骨和骨盆等。由于镉会阻挠睾丸血液供应，因此雄性动物中毒后其睾丸会发生变性、坏死，甚至失去生殖能力；同样，镉对母畜的卵巢也有损害作用，过量会致使母畜繁殖能力降低，或延迟发情和受胎，甚至引起不孕。羊出现镉中毒的特有症状为贫血、肾功能紊乱、骨质疏松及脾脏、淋巴和肾上腺重量增加。

镉的毒性与其存在的形式有关。氯化镉、硝酸镉的毒性大于碳酸镉，乙酸镉与半胱氨镉对鸡的毒性一致，而硫酸镉对动物的毒性较小。

锌、铁与镉有颉颃作用，可通过提高饲料中锌、铁的含量从而降低动物镉中毒的可能。研究发现，1kg 日粮中镉的含量每上升 1 mg，其锌、铁的含量也要随之提高 5～8 mg。另外，提高日粮中维生素 $D_3$、维生素 C、钙、磷的含量也可降低镉的毒性。

饲料中镉的含量可以用国家标准《饲料中镉的测定方法》（GB/T 13082—1991）测定。

### (四) 铅

铅属于蓄积性毒物，长期少量、缓慢接触即可导致动物中毒。铅的毒性作用主要表现在 3 个方面：铅脑病、肠胃炎和外周神经变性。当动物摄食大剂量铅之后，其大脑神经系统受损，在摄食中等剂量之后会产生消化道炎症，而外周神经系统受损则在长期摄食小剂量铅之后出现。

饲料中的铅主要通过消化道进入家禽体内，被吸收后经门静脉到达肝脏。铅在机体内大多以与血清蛋白或吸附于红细胞膜的结合态形式存在，少部分以游离态形式存在。铅在动物体内主要储存于骨骼中，少部分游离态的铅可分布于各种组织中。骨骼虽是铅的重要储存场所，但对铅容纳量有一定限度。贫血是急性和慢性铅中毒的一种早期表现，但在慢性铅中毒时最为常见。

牛铅中毒通常表现为急性和亚急性两种综合征，前者在犊牛中较常见，后者则常见于成年牛。发生急性铅中毒时，病犊出现空嚼、口吐泡沫的情况，头部、面部和颈部肌肉震颤明显，甚至可能失明。发生亚急性铅中毒时，牛可存活 3～4 d，表现为反应迟钝，完全丧失食欲和步态异常。其中，步态异常包括共济失调和蹒跚，有时转圈。

绵羊铅中毒症状与牛的相似，通常表现为亚急性综合征。患病绵羊食欲降低，便秘，继而排出黑色、有恶臭的粪便；接着变得虚弱，步态僵硬、跛行和后躯瘫痪，并伴有腹痛症状。山羊铅中毒多见厌食并有腹泻，粪便恶臭。

猪铅中毒的早期症状包括似因疼痛引起的尖叫、轻度腹泻、磨牙、流涎、倦怠、厌食、体重减轻，继而肌肉震颤，共济失调，部分或完全失明，腕关节肿大，后期有惊厥发作，病程一般较长。

各种动物对铅的易感性有相当大的差异，铅毒性也受含铅化合物化学成分的影响。青年动物比成年动物易感。牛，特别是青年牛，最易发生铅中毒。绵羊、马也易发生铝中毒，但中毒症状不像牛那样常见。各种动物中以马对铅最为敏感，牛、绵羊次之，再次为山羊、鸡和猪。各种畜禽铅中毒的致死量见表 6-14。

**表 6-14　各种畜禽铅中毒的致死量**（mg/kg，以体重计）

| 中毒 | 犊牛 | 成年牛 | 山羊 | 绵羊 | 马 | 猪 | 鸡 |
|---|---|---|---|---|---|---|---|
| 急性中毒 | 400～600 | 600～800 | 400 | | 100 | | |
| 慢性中毒 | | 6～7 | | 4～5 | | 100 | 33～66 |

资料来源：杨曙明和张辉（1994）。

在饲料中适当加大钙的用量对防止铅中毒的发生有预防效果，补硒也可减轻铅对动物组织器官机能和结构的损伤。

饲料中铅的含量可以用国家标准 GB/T 13080—2004 测定，主要方法有干灰化法和湿消化法两种。

### （五）汞

汞对动物的毒性很大，畜禽都对其很敏感，而且肠道和肾脏中汞的排泄速度很慢，故汞也是一种蓄积性毒物。

动物一次性摄食大量无机汞后可引起急性汞中毒，临床症状为急性肠胃炎，其呕吐物带血并有剧烈腹泻。动物休克和严重脱水，于数小时内死亡。亚急性汞中毒导致肠胃炎的同时，病畜还出现厌食现象，并伴有流涎，呼出臭气，但可存活数日。长期摄食少量汞会引起动物慢性汞中毒，其中犬、猫、鸟类多因中枢神经兴奋而发狂、痉挛；而牛、猪、禽则表现出沉郁、厌食、消瘦、步态蹒跚，甚至发生瘫痪。

汞的毒性取决于其存在形式的溶解性和动物对汞的敏感性，牛、羊最为敏感，家禽、马次之，猪对汞的敏感性最低。

饲料中汞的含量可以用国家标准 GB/T 13081—2006 测定，主要方法有两种：原子荧光光谱分析法和冷原子吸收光谱法。

# 参 考 文 献

陈文，黄艳群，陈代文，等，2005. 植酸酶对长白×荣昌杂交仔猪饲料钙、磷利用率影响的研究［J］. 四川农业大学学报，23（4）：446-446.
陈娴，2010. 肉鸭常用植物性饲料原料中磷利用率的研究［D］. 北京：中国农业科学院.
方静文，2006. 饲料中氟的作用与中毒的预防［J］. 饲料世界，2：18-19.
方热军，王康宁，印遇龙，等，2004. 体外透析法评定饲料磷的透析率及其可透析磷预测模型研究［J］. 广西农业生物科学（4）：265-269，273.
方热军，邹秀芸，李四元，等，2005. 植物性饲料总磷、植酸磷和植酸酶含量及其相互关系研究［C］// 动物营养与饲料研究——第五届全国饲料营养学术研讨会论文集. 北京：中国畜牧兽医学会动物营养学分会：215.
郭洁，张海荣，2010. 饲料添加剂中重金属的污染及其防治措施［J］. 畜牧兽医杂志，29（6）：98-103.
贺建华，2005. 植酸磷和植酸酶研究进展［J］. 动物营养学报，1：1-6.
胡骁飞，2005. 生长猪应用植酸酶日粮适宜钙磷比的研究［D］. 郑州：河南农业大学.
黄安兵，2009. 不同有效磷水平及植酸酶来源对三黄鸡生长性能的影响［D］. 长沙：湖南农业大学.
霍启光，2002. 动物磷营养与磷源［M］. 北京：中国农业科学技术出版社.
李桂明，计成，赵丽红，等，2008. 植酸酶对肉鸡生产性能与胴体品质的影响［J］. 饲料工业，29（2）：18-21.
刘美江，2011. 饲料中的重金属污染对家禽的危害［J］. 卫生检疫，8：53-54.
马金芝，张克英，柏凡，等，2008. 不同来源饲料级磷酸氢钙的质量研究［J］. 中国畜牧杂志，44（3）：45-48.
孟婕，郝正里，魏时来，等，2007. 不同植酸酶添加水平对肉仔鸡生产性能的影响［J］. 甘肃农业大学学报，42（2）：1-7.
单安山，王安，徐奇友，等，2002. 植酸酶的特性及其在家禽饲料中应用的研究 2：植酸酶在家禽饲料中应用的研究［J］. 东北农业大学学报，33（1）：39-47.
屠焰，范先国，霍启光，2000. 不同含磷矿物质饲料中磷相对生物学利用率的研究［J］. 动物营养学报，12（1）：32-37.
王晋晋，2010. 0～6 周龄白羽肉鸡钙磷需要量的研究［D］. 郑州：河南工业大学.
王康宁，方热军，2002. 植物性饲料中植酸磷和植酸酶的研究进展［J］. 中国饲料（20）：4-6.
王顺祥，2004. 0～6w 北京鸭钙磷营养需要研究［D］. 杨凌：西北农林科技大学.
宣大蔚，石发庆，王伟，等，2000. 低磷奶牛红细胞抗氧化功能的研究［J］. 中国兽医杂志，26（3）：7-9.
宣大蔚，张学艳，石发庆，等，1999. 低磷奶牛血清某些生化指标变化［J］. 黑龙江畜牧兽医（7）：4-6.
颜惜玲，Clementine Camara，冯定远，2005. 低磷日粮中添加植酸酶对肉鸡生产性能的影响［C］//酶制剂在饲料工业上的应用. 北京：中国农业科技出版社：98-116.
杨浦，2007. 蓝塘猪和长白猪胃肠道主要消化酶变化规律的比较研究［D］. 广州：华南农业大学.
杨秀平，2002. 动物生理学［M］. 北京：高等教育出版社.
易中华，翟明仁，朱年华，等，2004. 南方高温环境下植酸酶对杜长大猪生长性能和钙、磷、蛋白质利

用率的影响 [J]. 家畜生态 (4): 32-36.
张国，2008. 磷酸一二钙 (MDCP) 应是饲料磷酸盐的发展趋势 [J]. 磷肥与复肥，23 (1): 39-40.
张国强，谭德富，孟杰，等，2012. 优化肠道功能、促进营养吸收暨降低饲料成本、减少氮磷排放之新选择 [J]. 国外畜牧学 (猪与禽) (9): 71-73.
张子仪，2000. 中国饲料学 [M]. 北京：中国农业出版社.
赵春，朱忠珂，李勤凡，等，2007. 制粒温度对饲喂含植酸酶日粮肉仔鸡生长性能及钙磷利用的影响 [J]. 西北农业学报，16 (4): 47-51.
朱连勤，2003. 不同的日粮磷水平下蛋用鸡生长、骨骼发育、产蛋性能以及植酸酶应用效果的研究 [D]. 北京：中国农业大学.
Ajakaiye A, Fan M Z, Archbold T, et al, 2003. Determination of true digestive utilization of phosphorus and the endogenous phosphorus outputs associated with soybean meal for growing pigs [J]. Journal of Animal Science, 81 (11): 2766-2775.
Bar A, Shinder D, Yosefi S, et al , 2003. Metabolism and requirements for calcium and phosphorus in the fast-growing chicken as affected by age [J]. British Journal of Nutrition, 89 (1): 51-60.
Bardet C, Vincent C, Lajarille M, et al, 2010. OC-116, the chicken ortholog of mammalian MEPE found in eggshell, is also expressed in bone cells [J]. Journal of Experimental Zoology Part B: Molecular and Developmental Evolution, 314 (8): 653-662.
Baxter C A, Joern B C, Ragland D, et al 2003. Phytase, high-available-phosphorus corn, and storage effects on phosphorus levels in pig excreta [J]. Journal of Environmental Quality: 32.
Biber J, Hernando N, Forster I, et al, 2009. Regulation of phosphate transport in proximal tubules [J]. Pflügers Archiv European Journal of Physiology, 458 (1): 39-52.
Brintrup R, Mooren T, Meyer U, et al, 1993. Effects of two levels of phosphorus intake on performance and faecal phosphorus excretion of dairy cows [J]. Journal of Animal Physiology and Animal Nutrition, 69 (1-5): 29-36.
Czech A, Grela E R, 2004. Biochemical and haematological blood parameters of sows during pregnancy and lactation fed the diet with different source and activity of phytase [J]. Animal Feed Science and Technology, 116 (3-4): 211-223.
David V, Martin A, Hedge A, et al, 2009. Matrix extracellular phosphoglycoprotein (MEPE) is a new bone renal hormone and vascularization modulator [J]. Endocrinology, 150 (9): 4012-4023.
Dobbie H, Unwin R J, Faria N J R, et al, 2008. Matrix extracellular phosphoglycoprotein causes phosphaturia in rats by inhibiting tubular phosphate reabsorption [J]. Nephrology Dialysis Transplantation, 23 (2): 730-733.
Driver J P, Atencio A, Edwards H M, 2006. Improvements in nitrogen-corrected apparent metabolizable energy of peanut meal in response to phytase supplementation [J]. Poultry Science, 85: 96-99.
Driver J P, Pesti G M, Bakalli R I, et al, 2005. Effects of calcium and nonphytase phosphorus concentrations on phytase efficacy in broiler chicks [J]. Poultry Science, 84: 1406-1417.
Eeckhout W, De Paepe M, 1997. The digestibility of three calcium phosphates for pigs as measured by difference and by slope-ratio assay [J]. Journal of Animal Physiology and Animal Nutrition, 77 (1-5): 53-60.
Fan M Z, Archbold T, Sauer W C, et al, 2001. Novel methodology allows simultaneous measurement of true phosphorus digestibility and the gastrointestinal endogenous phosphorous outputs in studies with pigs [J]. Journal of Nutrition, 131 (9): 2388.
Fernández J, 1995. Calcium and phosphorus metabolism in growing pigs. II. Simultaneous radio-calcium and

radio-phosphorus kinetics [J]. Livestock Production Science，41 (3)：243-254.

Friedlander G，2010. Welcome to MEPE in the renal proximal tubule [J]. Nephrology Dialysis Transplantation，25 (10)：3135-3136.

Gentile J M，Roneker K R，Crowe S E ，et al，2003. Effectiveness of an experimental consensus phytase in improving dietary phytate-phosphorus utilization by weanling pigs [J]. Journal of Animal Science，81：2751-2757.

Han Y M，Yang F，Zhou A G，et al，1997. Supplemental phytases of microbial and cereal sources improve dietary phytate phosphorus utilization by pigs from weaning through finishing [J]. Animal Science，75：1017-1025.

Harper A F，Kornegay E T，Schell T C，1997. Phytase supplementation of low-phosphorus growing-finishing pig diets improves performance，phosphorus digestibility，and bone mineralization and reduces phosphorus excretion [J]. Journal of Animal Science，75 (12)：3174-3186.

Hessle L，Johnson K A，Anderson H C，et al，2002. Tissue-nonspecific alkaline phosphatase and plasma cell membrane glycoprotein-1 are central antagonistic regulators of bone mineralization [J]. Proceedings of the National Academy of Sciences，99 (14)：9445-9449.

Hilfiker H，Hattenhauer O，Traebert M，et al，1998. Characterization of a murine type II sodium-phosphate cotransporter expressed in mammalian small intestine [J]. Proceedings of the National Academy of Sciences，95 (24)：14564-14569.

Horvat-Gordon M，Yu F，Burns D，et al 2008. Ovocleidin (OC 116) is present in Avian skeletal tissues [J]. Poultry Science，87 (8)：1618-1623.

Houston B，Stewart A J，Farquharson C，2004. PHOSPHO1—A novel phosphatase specifically expressed at sites of mineralisation in bone and cartilage [J]. Bone，34 (4)：629-637.

Hu H L，Wise A，Henderson C，1996. Hydrolysis of phytate and inositol tri-，tetra-，and penta-phosphates by the intestinal mucosa of the pig [J]. Nutrition Research，16 (5)：781-787.

Huber K，Hempel R，Rodehutscord M，2006. Adaptation of epithelial sodium-dependent phosphate transport in jejunum and kidney of hens to variations in dietary phosphorus intake [J]. Poultry Science，85 (11)：1980-1986.

Jongbloed A W，Mroz Z，Kemme P A，1992. The effect of supplementary Aspergillus niger phytase in diets for pigs on concentration and apparent digestibility of dry matter，total phosphorus，and phytic acid in different sections of the alimentary tract [J]. Journal of Animal Science，70 (4)：1159-1168.

Jongbloed A W，Van Diepen J T M，Kemme P A，et al，2004. Efficacy of microbial phytase on mineral digestibility in diets for gestating and lactating sows [J]. Livestock Production Science，91 (1-2)：143-155.

Ketaren P P，Batterham E S，Dettmann E B，et al，1993. Phosphorus studies in pigs. 3. Effect of phytase supplementation on the digestibility and availability of phosphorus in soya-bean meal for grower pigs. [J]. British Journal of Nutrition，70 (1)：289-311.

Khoshniat S，Bourgine A，Julien M，et al，2011. The emergence of phosphate as a specific signaling molecule in bone and other cell types in mammals [J]. Cellular & Molecular Life Sciences Cmls，68 (2)：205-218.

Kies A K，De Jonge L H，Kemme P A，et al，2006. Interaction between protein，phytate，and microbial phytase. In vitro studies [J]. Journal of Agricultura and Food Chemistry，54 (5)：1753-1758.

Knowlton J，Radcliffe S，2004. Animal management to reduce phosphorus losses to the environment [J]. Animal Science，82 (Suppl.)：173-195.

Knowlton K F, Herbein J H, 2002. Phosphorus partitioning during early lactation in dairy cows fed diets varying in phosphorus content [J]. Journal of Dairy Science, 5 (5): 1227-1236.

Knowlton K F, Wark W A, Herbein J H, 2000. Phosphorus balance throughout early lactation in dairy cows fed diets varying in phosphorus content [J]. Journal of Dairy Science, 83 (1): 303-313.

Murer H, Hernando N, Forster I, et al, 2000. Proximal tubular phosphate reabsorption: molecular mechanisms [J]. Physiological Reviews, 80 (4): 1373-1409.

Nefussi J R, Boy-Lefevre M L, Boulekbache H, et al, 1985. Mineralization in vitro of matrix formed by osteoblasts isolated by collagenase digestion [J]. Differentiation, 29 (2): 160-168.

Peerce B E, 1997. Interaction of substrates with the intestinal brush border membrane Na/phosphate cotransporter [J]. Biochimica et Biophysica Acta (BBA) - Biomembranes, 1323 (1): 45-56.

Qian H, Kornegay E T, Conner D E, 1996. Adverse effects of wide calcium: phosphorus ratios on supplemental phytase efficacy for weanling pigs fed two dietary phosphorus levels [J]. Journal of Animal Science, 74 (6): 1288-1297.

Quarles L D, 2003. FGF23, PHEX, and MEPE regulation of phosphate homeostasis and skeletal mineralization [J]. American Journal of Physiology - Endocrinology and Metabolism, 285 (1): 1-9.

Rama R S V, Ramasubba R V, Ravindra R V, 1999. Non-phytin phosphorus requirements of commercial broilers and White Leghorn layers [J]. Animal Feed Science and Technology, 80 (1): 1-10.

Renfro J L, Clark N B, 1984. Parathyroid hormone effect on chicken renal brush-border membrane phosphate transport [J]. Integrative and Comparative Physiology, 247 (2): R302-R307.

Roberson K D, 1999. Estimation of the phosphorus requirement of weanling pigs fed supplemental phytase [J]. Animal Feed Science and Technology, 80 (2): 91-100.

Rowe P S N, 2004. The wrickkened pathways of FGF23, MEPE and PHEX [J]. Critical Reviews in Oral Biology & Medicine, 15 (5): 264-281.

Selle P H, Ravindran V, 2008. Phytate-degrading enzymes in pig nutrition [J]. Livestock Science, 113 (2-3): 99-122.

Shen Y, Fan M Z, Ajakaiye A, et al, 2002. Use of the regression analysis technique to determine the true phosphorus digestibility and the endogenous phosphorus output associated with corn in growing pigs [J]. The Journal of Nutrition, 132 (6): 1199-1206.

Shimada T, Hasegawa H, Yamazaki Y, et al, 2004. FGF23 is a potent regulator of vitamin D metabolism and phosphate homeostasis [J]. Journal of Bone and Mineral Research, 19 (3): 429-435.

Shimada T, Kakitani M, Yamazaki Y, et al, 2004. Targeted ablation of FgF23 demonstrates an essential physiological role of FGF23 in phosphate and vitamin D metabolism [J]. The Journal of Clinical Investigation, 113 (4): 561-568.

Silver J, Naveh-Many T, 2009. Phosphate and the parathyroid [J]. Kidney International, 75 (9): 898-905.

Stahl C H, K R Roneker, J R Thornton, et al, 2000. A new phytase expressed in yeast effectively improves the bioavailability of phytate phosphorus to weanling pigs [J]. Animal Science, 78: 668-674.

Stein H H, Kadzere C T, Kim S W, et al, 2008. Influence of dietary phosphorus concentration on the digestibility of phosphorus in monocalcium phosphate by growing pigs [J]. Journal of Animal Science, 86 (8): 1861-1867.

Steiner T, Mosenthin R, Fundis A, et al, 2006. Influence of feeding level on apparent total tract digestibility of phosphorus and calcium in pigs fed low-phosphorus diets supplemented with microbial or wheat phytase [J]. Livestock Sciece, 102 (1-2): 1-10.

Viveros A, Centeno C, Brenes A, et al, 2000. Phytase and acid phosphatase activities in plant feedstuffs [J]. Journal of Agricultural and Food Chemistry, 48 (9): 4009-4013.

Waldroup P W, Kersey J H, Saleh E A, et al, 2000. Nonphytate phosphorus requirement and phosphorus excretion of broiler chicks fed diets composed of normal or high available phosphate corn with and without microbial phytase [J]. Poultry Science, 79 (10): 1451-1459.

Weremko D, Fandrejewski H, Zebrowska T, et al, 1997. Biovailability of phosphorus in feeds of plant origin for pigs [J]. Asian-Australasian Journal of Animal Science, 10: 551-566.

Wu Z, Satter L D, Blohowiak A J, et al, 2001. Milk production, estimated phosphorus excretion, and bone characteristics of dairy cows fed different amounts of phosphorus for two or three years [J]. Journal of Dairy Science, 84 (7): 1738-1748.

# 附录

## 附录 1　饲料中植酸磷的测定方法

植物性饲料中的磷通常是以植酸磷的形式存在，测定饲料中的植酸磷含量，对于评价饲料、研究动物营养、减少有害物质的排放、促进畜牧业发展具有重要意义。据国内外文献报道，测定植物性饲料中植酸磷含量的方法主要有：铁沉淀法或 TCA 法（三氯乙酸法，Trichloroacetic acid method）、离子交换法（Ion exchange process）以及后来发展的高效液相色谱法、极谱法（Polarography）和近红外光谱法（Near-infraredspectrometry，NIR）等。后几种方法因需大型精密仪器因此难以普及，TCA 法分析步骤较为繁琐。

近几年，学者通过改进铁离子沉淀法，使其成为一种简单、快速、重复性好的测定植酸磷的方法，该方法为沉淀消解法，其原理为：饲料样品经稀盐酸提取，植酸磷游离出来，加铁盐使其生成植酸铁沉淀，将沉淀用硝酸、硫酸消解，$PO_4^{3-}$ 在酸性条件下，与钼酸发生反应生成磷钼酸，用抗坏血酸将其还原为钼兰显色，在波长 660 nm 下进行比色测定。以下为沉淀消解法测定饲料中植酸盐含量的具体操作流程。

### 一、材料与方法

#### 1.1　仪器

分析天平（精确到 0.000 1 g），恒温振荡摇床，数显恒温水浴锅，自动平衡离心机，调温电热套，723A 型可见光光度计。

#### 1.2　试剂

**1.2.1**　浓硫酸 98%，$\rho$=1.84 g/ml。

**1.2.2**　浓硝酸 $\rho$=1.40 g/ml。

**1.2.3　1.2%盐酸溶液**

量取 26.8 ml 盐酸，100g 无水硫酸钠，加水溶解后稀释至 1 L。

**1.2.4　1.0%三氯化铁溶液**

称取 10 g $FeCl_3 \cdot 6H_2O$，加入 500 ml 1.2%的盐酸溶液，溶解后用水稀释至 1 L。

**1.2.5　0.80 mol/L 硫酸溶液**

量取 42 ml 硫酸慢慢倒入水中，稀释至 1 L。

**1.2.6　10%钼酸铵溶液**

10 g 钼酸铵加入约 60℃的水溶解，冷却后定容至 100 ml。

**1.2.7　2.0%抗坏血酸**

2 g 抗坏血酸溶于水中，定容至 100 ml，现用现配。

**1.2.8　磷标准溶液配制**

磷标准溶液：将磷酸二氢钾 105℃烘干 2 h，冷却 30 min，称取 0.878 0 g 用水溶解后，加入 3 ml 浓硝酸，用水稀释至 1 L，此溶液磷浓度为 200 mg/L。

**1.2.9　磷标准工作溶液**

将磷标准溶液用水准确稀释 10 倍后使用，此溶液浓度为 20 mg/L。

## 二、试验方法

### 2.1　标准曲线绘制

移取已配好的磷标准工作溶液 0、2、4、6、8、10 ml 于 50 ml 容量瓶中，分别加入 0.80 mol/L 硫酸溶液 4 ml，10%钼酸铵 0.4 ml，2.0%抗坏血酸 0.5 ml，加水稀释至刻度，立即摇匀；显色 20 min，在 723A 型分光光度计 660 nm 下测定溶液吸光度，并绘出标准曲线附图 1。

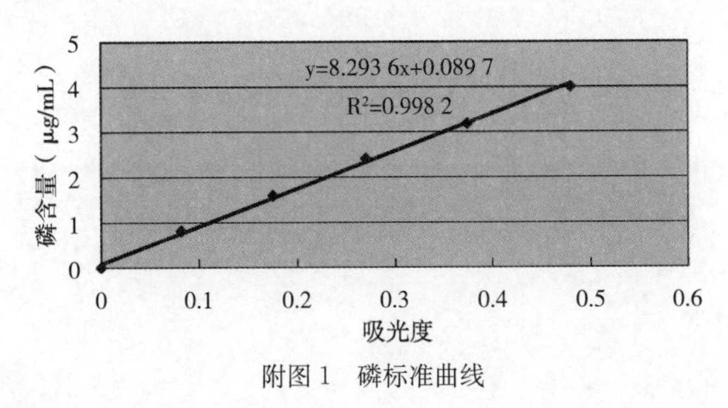


附图 1　磷标准曲线

### 2.2　分析方法

（1）称取饲料样品 1 g（精确到 0.000 1 g），放入 150 ml 带盖锥形瓶中，准确加入 1.2%盐酸溶液 100 ml（植酸含量低于 0.5%的样品加 50ml），150 rpm 振荡 1 h，用定性滤纸过滤。

（2）准确移取滤液 10 ml 于 20 ml 离心管中，加 1.0%三氯化铁溶液 4 ml（植酸磷含量低于 0.5%的样品加 2 ml），置于沸水浴中 30 min，取出后迅速冷却至常温，2 000 rpm 离心 25 min。

（3）弃去上清液，向沉淀物中加入 5 ml 浓硝酸和 2 ml 浓硫酸，将沉淀物搅起，用水冲洗，全部转入 50 ml 凯氏瓶中，并加入 2 粒玻璃珠，防止暴沸；将凯氏瓶置于调温电热套上消解至冒白烟，加 10 ml 蒸馏水煮沸至沉淀全部溶解，冷却到常温后将液体全部转移至 100 ml 容量瓶中，定容，摇匀，静置 10 min。

（4）准确移取消解液 10 ml 于 50 ml 容量瓶中，加入 0.80 mol/L 硫酸溶液 4 ml，10%钼酸铵 0.4 ml，去离子水 30 ml，摇匀，加 2.0%抗坏血酸 0.5 ml，加水稀释至刻度，立即摇匀；准确显色 20 min，在 723A 型分光光度计 660 nm 下测定溶液吸光度；

### 2.3　植酸磷含量计算公式

$$植物磷\% = \frac{cp \times V_5 \times V_1 \times V_3}{m_1 \times V_2 \times V_4}$$

式中：

$cp$——显色液中植酸磷的浓度，ug/ml；

$m_1$——称取饲料样品质量；

$V_1$——加 1.2%盐酸的体积；
$V_2$——移取滤液体积；
$V_3$——沉淀物溶解液定容体积；
$V_4$——移取消解液体积；
$V_5$——显色液定容体积。

# 附录 2 饲料有效磷的测定——体外透析法

植物性饲料中的磷由植酸磷和非植酸磷组成，是满足动物磷营养需要的重要来源之一。有机磷主要以植酸或植酸磷的形式存在（约占植物性饲料总磷的 2/3）。无机磷主要以磷酸氢钙、磷酸二氢钙、磷酸钙、磷酸氢钠、磷酸氢二钠等形式存在，它们是饲料中有效磷的主要组成部分。有效磷（缩写 AP）是指饲料总磷中可被动物利用的部分，并且植物性饲料有效磷含量与饲料总磷、非植酸磷、植酸磷含量和植酸酶活性之间存在密切的关系。因此，以有效磷来确定饲料中磷的含量和动物磷的需要量，是研究发展的必然趋势。体外透析法是通过人工模拟动物的消化过程，通过透析率的测定来反映饲料养分被动物消化吸收的情况。研究表明，透析率与动物试验所测得的消化率之间具有很好的相关关系，且透析法具有操作简单、可重复性和精确性强，节省人力、物力，在饲料磷生物学效价评定中可广泛应用。以下为体外透析法测定饲料中有效磷含量的具体操作流程。

## 一、试剂和材料

除非另有说明，本方法所用试剂均为分析纯，水为 GB/T 6682 规定的三级水。清洗试验用器皿不要用含磷清洗剂。

### 1.1 试剂

**1.1.1** 胃蛋白酶（比活为 1：3 000）。

**1.1.2** 胰蛋白酶（比活为 1：250）。

**1.1.3** Palafilm 胶；封口膜。

**1.1.4** 盐酸；分析纯。

**1.1.5** Tris（$C_4H_{11}NO_3$）。

**1.1.6** 氯化钠（NaCl）。

**1.1.7** 氯化钾（KCl）。

**1.1.8** 氯化钙（$CaCl_2$）。

**1.1.9** 六水氯化镁（$MgCl_2 \cdot 6H_2O$）。

**1.1.10** 葡萄糖（$C_6H_{12}O_6$）。

**1.1.11** 透析袋：直径 3.1 cm，透析分子 8 000 ΦMW。

### 1.2 试剂配制

**1.2.1** 胃蛋白酶溶液：内含 750 U/mL 胃蛋白酶（1.1.1）＋0.18 mol/L HCl（1.1.4）。

**1.2.2** 胰蛋白酶溶液：浓度为 2.4 mg/mL，相当于在日粮样品中的含量为 2.4 mg/g。

**1.2.3** Tris-Krebs 缓冲液（现配现用）：溶液组成为 Tris 15.5 mmol/L（1.1.5）、NaCl 120.7 mmol/L（1.1.6）、KCl 5.6 mmol/L（1.1.7）、$CaCl_2$ 2.5 mmol/L（1.1.8）、水合 $MgCl_2$ 1.2 mmol/L（1.1.9）、葡萄糖 11.5 mmol/L（1.1.10）。

## 二、主要仪器和设备

实验室常用仪器设备及以下设备。

2.1 分析天平：感量 0.1 mg。

2.2 恒温水浴：39℃±0.1℃。

2.3 磁力搅拌器。

2.4 回旋式振荡器。

## 三、试验方法

### 3.1 分析方法

**3.1.1** 胃蛋白酶消化：准确称取 1 g 待测饲料样品，放入 10 mL 玻璃试管中，加入 4 mL 胃蛋白酶溶液（1.2.1），振荡摇匀，用 Palafilm 胶（1.1.3）密封，在 39 ℃的水浴中恒温培养 75 min。

**3.1.2** 胰蛋白酶消化：采用半透膜透析法，将经胃蛋白酶消化后的食糜与 1 mL 胰蛋白酶溶液（1.2.2）混匀后，为了使样品无损的转入透析袋，用 10 mL Tris-Krebs 缓冲液（1.2.3）分 3 次冲洗样品入透析袋，结扎透析袋口。将透析袋放入 120 mL 三角瓶，向三角瓶中加入 50 mL 39 ℃ Tris-Krebs 缓冲液，用 Palafilm 胶密封，继续在 39 ℃的水浴中恒温培养 270 min。

**3.1.3** 磷的测定：取 10 mL 透析液于 50 mL 容量瓶中，采用钼蓝法测定其中磷含量，钼蓝法参照贺建华《饲料常规养分分析（2020）》。

### 3.2 磷透析率计算公式

$$透析率=[(D-D')/(W\times A)]\times 100\%$$

式中，$D$ 表示待测饲料透析磷含量（mg）；

$D'$表示空白处理的透析液磷含量（mg）；

$W$ 为样品的风干重（g）；

$A$ 为风干样中磷的含量（mg/kg）。

**图书在版编目（CIP）数据**

磷营养与调控技术及其在动物生产中的应用 / 方热军主编. —北京：中国农业出版社，2024.4
ISBN 978-7-109-31145-9

Ⅰ.①磷… Ⅱ.①方… Ⅲ.①磷—应用—动物营养—研究 Ⅳ.①S816

中国国家版本馆 CIP 数据核字（2023）第 179387 号

---

中国农业出版社出版
地址：北京市朝阳区麦子店街 18 号楼
邮编：100125
责任编辑：周晓艳　弓建芳　张林芳
版式设计：杨　婧　　责任校对：吴丽婷
印刷：北京通州皇家印刷厂
版次：2024 年 4 月第 1 版
印次：2024 年 4 月北京第 1 次印刷
发行：新华书店北京发行所
开本：787mm×1092mm　1/16
印张：9.25
字数：230 千字
定价：98.00 元

---